KB234038

살아있는 과학 교과서 1

# 살아있는 과학 교과서 Science

## 1 과학의 개념과 원리

홍준의
최후남
고현덕
김태일

Humanist

# 낱낱의 지식을 넘어 과학적 이해력으로

**과학은 왜 배울까?**

우리가 경험할 수 있는 가장 아름다운 것은 신비함이다.
신비함이야말로 모든 진실한 예술과 과학의 근원이다.
_알베르트 아인슈타인

"엄마, 과학자가 되고 싶어요!" 초등 학생 시절, 이렇게 과학에 대한 호기심과 재미에 푹 빠져 있던 아이들도 중학생만 되면 골치 아픈 과목으로 과학을 꼽는다. "물리·화학·생물·지구과학. 생각만 해도 머리 아파요." 수업 시간에 '도대체 과학은 왜 배우는 건가요?' 하는 눈빛을 보내는 학생들을 보면서 과학 교사인 우리는 거꾸로 이런 질문을 되풀이해 왔다. '왜 이 아이들에게는 과학이 신비하지도, 즐겁지도, 아름답지도 않은 걸까?'

《살아있는 과학 교과서》의 기획과 집필은 이처럼 학교 현장에서 학생들과 교사가 던지는 상반된, 원초적인 질문에서 출발하였다. 많은 학생들이 과학에 재미를 붙이지 못하고 어려워하는 이유는 크게 두 가지였다. 첫째, 아이들은 과학 과목에 복잡한 실험과 계산, 골치 아픈 이론이 가득하다고 여긴다. 둘째, 아이들은 과학 시간에 배우는 내용이 자신의 삶에 어떤 의미가 있고 어떻게 쓰이는지를 잘 이해하지 못한다.

따라서 우리의 화두도 크게 두 가지로 모아졌다. 첫째, 과학의 개념과 원리를 익히고 과학적으로 사고하는 즐거움을 맛보게 할 수 있는 방법은 무엇일까? 둘째, 과학이 인간의 삶과 밀접한 연관을 맺으며 발전해 왔고, 특히 오늘날에는 과학과 생활이 떼려야 뗄 수 없는 관계에 있다는 걸 느끼게 할 수 있는 방법은 무엇일까? 고민과 논의를 거듭한 끝에 우리가 찾은 대안은 '통합 과학' 이었다. 통합 과학이란, 한 가지 과학적 주제에 대해 물리학·화학·생물학·지구과학의 통합적 시각으로 접근하는 것을 말한다.

________

**왜 통합 과학인가?**

우리가 살고 있는 우주는 별의 중심부에서 원자들이 만들어지는 곳이다.
또한 1초에 수천 개의 태양과 같은 별들이 태어나고,
태어난 지 얼마 되지 않은 행성의 대기와 바다에서,
햇빛과 번개에 의해 불꽃처럼 생명이 탄생하는 곳이다.
_칼 세이건

태양이 빛과 열을 공급해 주지 않으면 지구의 생물은 살아갈 수 없다. 태양을 구성하는 성분 물질은 가벼운 수소와 헬륨 기체이다. 태양의 수소는 자체의 중력에 의해 수축하면서 높은 밀도로 압축되고, 마침내 중심부에서부터 수소 핵융합 반응이 일어난다. 이 때 생겨나는 엄청난 에너지 때문에 태양이 빛을 내고, 우리는 그 덕에 살고 있다. 태양을 비롯한 별들이 핵융합 반응을 거치는 동안 헬륨·탄소·질소·산소·네온·마그네슘·철 같은 원소가 생성되고, 이 물질들은 지구와 모든 생명체를 이루는 기본 성분이 된다.

지구의 지각은 암석으로 되어 있고 암석은 광물이라는 작은 알갱이들로 이루어져 있으며, 광물은 한 종류 이상의 원소로 구성되어 있다. 그리고 지각을 구성하는 물질과 우리가 일상 생활에서 사용하는 물질은 형태만 다를 뿐 성분 원소들은 모두 같다. 심지어 나의 몸을 구성하는 성분도 지각의 구성 원소와 크게 다르지 않다. 우리가 숨쉴 때 꼭 필요한 산소와 암석을 구성하는 산소는 똑같은 것이다.

우리가 배우는 과학은 멀리 우주로부터 지구의 물과 흙, 우리의 몸 그리고 눈에 보이지 않는 자연계의 미세한 물질에 이르기까지 모든 것에 관련되어 있다. 그리고 우리가 살면서 마주치는 과학적 주제는 물리적 현상, 화학적 현상 등 분야별로 나누어서 접근할 수 있는 것이 아니다. 하나의 현상 속에 각 분야가 유기적인 관계를 맺고 복잡하게 얽혀 있는 것이다. 예를 들어 힘과 운동은 물리학만의 주제가 아니라 생물학의 주제이기도 하며, 화학 변화는 생물학의 주제이면서 지구과학의 주제이기도 하다.

통합 과학은 과목별로 분절된 지식을 암기하는 것을 넘어서서 과학적 현상과 주제를 종합적으로 이해하려는 접근법이다. 우리는 이 방법이 과학과 삶의 관계를 온전히 이해하고, 과학의 기본 원리를 종합적으로 파악하며, 진정한 과학적 사고력을 키우는 길이라고 생각한다.

———

## 우리는 모두 과학자이다

질문을 멈추지 않는 것이 가장 중요하다.
…… 매일 이 불가사의한 세계에 대해
조금이라도 이해하려고 노력하는 걸로 충분하다.
결코 신성한 호기심을 잃어서는 안 된다.
_알베르트 아인슈타인

저녁 식사를 마친 아버지가 여섯 살배기 딸아이의 손을 잡고 공원으로 산책을 나간다. 딸이 손가락으로 하늘을 가리키며 묻는다.

"어? 아빠 저 달 좀 보세요. 전에는 공처럼 동그랬는데 오늘은 반쪽이 되었어요. 누가 달을 반으로 잘랐나요? 아플 텐데……."

사랑스런 눈으로 아이의 초롱초롱한 눈빛을 바라보던 아버지는 딸아이를 덥석 안아 올려서 이야기를 시작한다.

"달은 매일 조금씩 모양이 바뀐단다. 왜 그러냐면 말이야……."

이 순진한 꼬마는 이미 과학적 탐구를 하고 있다. 주변에서 일어나는 자연 현상에 대해 '왜?'라는 질문을 던지고 그 해답을 찾기 위해 생각하는 과정이 바로 과학이다. 그냥 그러려니 하고 지나치는 것이 아니라 '바람은 왜 불까?', '구름은 왜 생길까?', '설탕은 왜 물에 녹을까?' 하는 질문을 던질 때, 과학적 탐구가 시작된다.

누구나 어린아이일 때 곧잘 이런 과학적 질문을 던졌을 것이다. 그러나 학년이 올라가면서 점차 과학에 대한 호기심과 흥미를 살리기보다는 시험을 통과하는 데 필요한 세세한 지식의 조각을 외는 데 열중하게 되는 게 현실이다. 이렇게 과학적 호기심과 질문이 점점 사라지면서 자연 세계와의 연결 고리는 시험과 사회의 기대라는 숲에 파묻혀 버리고 만다.

우리가 과학을 배우는 목적은 단순히 낱낱의 지식을 머릿속에 가득 채우기 위해서가 아니라, 관찰력·탐구력·합리적 판단력 같은 과학적 사고 능력을 익히기 위해서이다. 과학적으로 생각하는 사람은 외부 세계뿐만 아니라 자기의 내면 세계를 탐구하고 이해할 수 있는 힘을 기를 수 있다. 여러분이 이 새로운 교과서를 통해 호기심에서 비롯된 질문을 던지고 그 문제를 과학적으로 사고하는 과정을 거치는 동안, 과학이 복잡한 이론 체계이기 이전에 우리의 삶 속에 녹아 있는 것임을 확인할 수 있을 것이다.

---

**과학은 21세기 청소년의 필수 교양이다**

과학자라는 직업에는 시민이 일반적인 의무에 대해
지는 책임 외에 특수한 책임이 따른다. ……
특히 과학자는 대중이 가까이하기 어려운 지식을 갖고 있거나,
그것을 쉽게 습득할 수 있기 때문에
그런 지식이 잘 쓰이도록 하는 데 전력을 다해야 한다.
_세계과학자연맹의 〈과학자 헌장〉

우리의 일상 생활은 온통 과학으로 둘러싸여 있다. 간단한 예를 하나만 들어 보자. '에어컨은 왜 벽면 위쪽에 설치하는 것일까?' 에어컨은 찬 공기를 만들

어 낸다. 에어컨에서 나온 찬 공기는 주변의 공기보다 무겁다. 따라서 아래쪽으로 이동하면서 상대적으로 더운 공기를 위쪽으로 밀어 올린다. 곧, 공기의 대류 현상을 통해 실내 온도를 낮추는 것이다. 가정·학교·거리 그 어느 곳에든 과학은 우리 삶의 곳곳에 스며들어 있다. 생활이 곧 과학인 셈이다.

더욱이 오늘날 과학은 사회·정치·경제·문화 등 우리의 삶 전체를 좌우하는 엄청난 힘을 가지게 되었고, 과학자는 환경 문제·생명 문제·핵 문제 등 인류의 생존과 직결되는 일을 다루고 있다. 과학 연구가 그 어느 때보다도 일상 생활에 결정적인 영향을 미치고 있는 것이다. 예를 들어, 유전자에 대한 새로운 지식과 인체에 나노 칩을 집어 넣어 활용하는 기술은 우리 몸의 건강과 기능을 회복할 수 있는 새로운 길을 열어 줄 것이다. 하지만 이 같은 과학의 성과가 자칫하면 인류 전체를 재앙으로 몰아넣을 수 있는 파괴력을 갖춘 것도 사실이다.

따라서 21세기의 시민은 자신과 인류의 삶 자체를 좌우하는 과학의 영역을 더 이상 전문가들의 손에만 맡겨 둘 수 없게 되었다. 스스로 풍부한 과학적 소양과 안목을 갖추고, 과학의 문제에 대한 윤리적 판단력을 가져야 한다. 그리고 과학자들도 자신의 고유 영역에만 매달리는 태도를 벗어남과 동시에 과학자의 사회적 책임을 다할 수 있는 건강한 철학과 교양을 쌓아야 한다. 이것이 21세기의 교양 있는 시민으로, 때로는 전문 과학자로 성장할 청소년들에게 과학이 필수 교양이 되어야 하는 까닭이다.

우리 필자들은 이 책이 교과서이자 참고서로, 또 때로는 한 권의 교양서로 읽히길 바란다.

**2006년 3월**
홍준의 · 최후남 · 고현덕 · 김태일

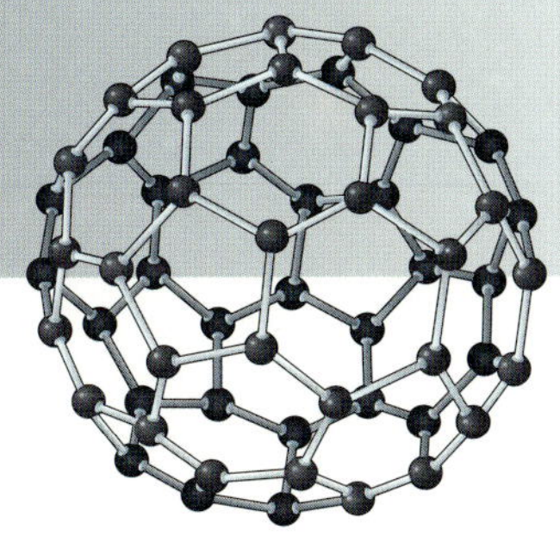

# 1

## 과학은 어떻게 시작되었나

# 과학은 어떻게 시작되었나

### 신이 우주를 다스리다

200만 년 전, 지구에 처음 나타난 인류의 조상들은 여기저기를 어슬렁거리며 먹을 것을 찾거나, 새로운 것이 보일 때마다 호기심 어린 시선으로 탐색하곤 했을 것이다. 그들에게서 자연에 대한 과학적 이해를 기대하기란 매우 어려운 일이었다. 그러나 원시 인류는 숱한 탐색과 관찰, 그리고 시행착오를 통해 단편적인 경험과 지식들을 모았고, 그것을 생활에 이용하기 시작했다. 예를 들어, 불 속에 들어간 점토가 새로운 성질을 갖는다는 사실을 우연히 알아낸 그들은 토기를 만들어 사용하게 되었고, 들판에서 이런저런 풀을 뜯어 먹다가 독초를 씹어서 목숨을 잃기도 했지만 그 과정에서 약초를 찾아내기도 했을 것이다.

그러나 그들을 둘러싼 세상과 자연 현상들 가운데는 여전히 이해하기 어려운 것들이 많았다. 돌을 서로 부딪쳐서 불을 만들 수는 있었지만, 하늘에서 번개가 치면서 불이 생기는 현상을 설명하기란 어려웠다. 동료가 몸이 아파 쓰러지거나 죽어 가는데도 그 이유를 도무지 알 수가 없었다. 옛 사람들은 이처럼 설명하기 어려운 현상들을 신의 뜻이라고 생각했다. 고대인들이 생각한 신은 여러 가지 모습을 하고 있었으며 매우 뛰어난 능력을 갖고 있었다. 복잡한 자연 현상이나 천체의 운동은 신의 뜻에 따른 것이며, 특별한 경우에는 인간의 삶까지도 신이 주관한다고 믿었다. 따라서 신을 달래는 것은 삶의 중요한 영역

**복희와 여와**
중국 신화에 인류의 시조로 등장하는 부부 신이다. 상반신은 사람, 하반신은 뱀의 모습을 하고 있으며, 하체는 나선형으로 꼬여 있다. 이들의 머리 위에는 태양, 발 밑에는 달, 주위에는 별이 둘러싸고 있다. 음양의 원리에 따라 우주와 인간이 탄생했음을 표현한 것이다.

천지를 창조한 신, 반고

이 되었고, 주술사들이 큰 영향력을 행사하기 시작하였다.

설명하기 어려운 자연 현상의 배후에 신이 있다고 믿을 때는 따로 복잡한 해석이 필요 없다. 모든 것을 신의 뜻으로 받아들이면 아무런 문제가 없기 때문이다. 예를 들어, 중국에서는 거인 '반고'가 천지를 창조했다고 믿었고, 이집트에서는 태양을 태양신 '라'의 눈알이라고 믿었다. 인도에는 창조의 신 '브라흐마'가 있었다. 그렇게 믿는 사람들에게 자연은 더 이상 호기심을 갖고 탐구하거나 분석할 대상이 아니었다. 이 같은 믿음은 자연에 대한 인간의 깊이 있는 사고를 억제하는 역할을 하였다.

**창조의 신 브라흐마**
인도 신화의 브라흐마는 우주의 영원한 에너지를 상징한다. 우주를 창조할 때 능동적인 역할을 한 절대자를 인간의 모습으로 표현하였다.

## 자연의 법칙을 탐구하다

해와 달과 별들은 언제 어떻게 생겨났을까? 그것들은 왜 떴다가 지는 걸까? 산과 강과 풀과 나무와 돌, 그리고 모든 생명체들은 처음에 어떻게 생겨났으며 왜 생겨났다가 스러지는 걸까? 인류가 자신과 자신을 둘러싼 세계에 대해 이 같은 근원적인 질문을 던지기 시작한 때는 기원전 1000년에서 500년 사이라고 한다. 이 시기에 중국에서 《주역》이 성립되었고, 그리스의 고대 자연 철학이 싹트기 시작하였다.

《주역》을 만든 황하 문명의 주인공들은 우주와 만물이 생겨나고 움직이는 원리를 음과 양 그리고 64괘로 설명했으며, 유럽 문명의 시조인 탈레스<sup>Thales, B.C.</sup>

**태양신 라 Ra**
이집트의 태양신 라가 여성 사제에게 에너지를 보내 주고 있다. 라는 낮에 배를 타고 하늘을 가로지른 뒤, 밤에는 세상의 밑에 있는 바다를 지나 다시 동쪽으로 되돌아온다.

624 ~ B.C. 546는 만물의 근원은 물이라고 하였다. 천문학자이며 수학자인 탈레스는 지구는 커다란 바다 위에 떠 있는 편평한 판이며, 나무나 돌들은 물이 변한 것이라고 믿었다. 그에 따르면, 지진은 더 이상 바다의 신인 포세이돈의 능력이 아니었다. 바다 위에 떠 있는 땅덩어리가 물의 진동에 의해 흔들릴 때 지진이 발생한다고 생각한 것이다. 탈레스의 제자인 아낙시만드로스<sup>Anaximandros, B.C.</sup> 610 ~ B.C. 546는 번개는 제우스의 작품이 아니라 구름이 두 조각으로 갈라지면서 생기는 현상이라고 주장하였다.

물론 지금의 우리는 그들의 생각이 틀렸다는 것을 알고 있다. 하지만 중요한 것은 그들이 자연의 비밀에 대해 질문을 던지고 스스로 해답을 얻기 위해 노력하였다는 점이다. '세상은 무엇으로 이루어졌을까?' 라는 질문은 인류가 신화

를 벗어나 과학의 세계로 들어섰음을 보여 주는 중요한 전기였다. 이 때부터 자연 현상에 대한 해석은 신의 섭리에서 인간의 머리로 옮겨 왔다. 그러나 그 때의 철학자들은 여전히 소박한 관찰과 사색만으로 자연을 해석하려 하였다. 누구의 주장이 옳은지를 증명할 필요가 없었고, 누구라도 자기 나름대로 이론을 세울 수 있었다. 열심히 자연 현상을 관찰하고 그 뒤에 숨겨진 법칙을 찾으려고 노력하였지만, 여전히 관념의 한계를 벗어나지 못한 것이다.

## 논리적인 설명을 시도하다

서구인들이 단지 머릿속 생각만이 아니라 객관적인 관찰을 통해 얻은 사실을 바탕으로 자연 현상을 설명하기 시작한 것은 아리스토텔레스가 등장한 이후부터라고 할 수 있다. 당시의 철학자들은 지구가 편평하다고 생각하였다. 그러나 아리스토텔레스는 월식이 일어날 때 달에 비친 지구의 그림자를 관찰하고, 육지에서 멀어지는 배가 수평선 아래쪽부터 사라진다는 사실을 들어 지구가 둥글다고 주장하였다. 그는 이처럼 세심한 관찰을 통해서, 또 자연에 존재하는 다른 사물을 통해서 자연을 이해하려 하였다. 더 나아가 아리스토텔레스는 어떤 주장을 하려면 그것이 논리적인 설명으로 뒷받침되어야 한다고 강조했다. 이러한 그의 생각은 다른 학자들에게도 전파되었다.

아리스토텔레스가 자연을 해석한 방법은 이전의 철학자들이 진리를 탐구한 방법과는 다른 것이었다. 그는 관념적 사고에서 벗어나 눈에 보이는 것만이 진리라고 믿었다. 그래서 자연을 세심하게 관찰하고 복잡한 현상들이 서로 어떻게 연관되는지를 연구하여, 그것을 기록으로 남기기 시작하였다. 이러한 아리스토텔레스의 능력과 업적은 후대의 학자들에게 큰 영향을 미쳤으며, 이 무렵부터 오늘날 우리가 사용하는 과학적인 방법이 형성되기 시작하였다.

자연을 관찰하는 것은 결코 간단한 일이 아니다. 왜냐 하면 자연이 항상 질서를 유지하고 있는 것도 아니며, 사물들 사이에 어떤 연관성이 있는 것처럼 보이는 경우도 많지 않기 때문이다. 따라서 똑같은 자연 현상을 관찰하고서도 저마다 다르게 설명할 수 있다. 따라서 자연의 비밀을 정확히 알아 내려면 논리적이고 체계적인 설명 방법이 필요하다는 점을 인식한 것은 과학 발달의 중

아리스토텔레스
Aristoteles, B.C.
384~B.C.322
고대 그리스의 철학자.
형이상학에 몰두한 스승
플라톤과 달리, 자연계와 인간
사회에 대한 방대하고 과학적인
연구를 진행했다. 근대 과학이
탄생하기 이전까지, 그의 이론은
최고의 진리로 여겨졌다.

요한 출발점이다. 이 같은 생각을 토대로 뒷날 누구나 객관적으로 인정할 수 있는 과학 이론과 법칙들이 등장하게 된 것이다.

## 과학사, 질문과 탐구의 역사

과학은 인간의 자연에 대한 호기심과 탐구심에서 비롯되었다. 그리고 '내가 알고 있는 것이 정말 진실일까?', '이것이 과연 옳은 것일까?' 하는 끊임없는 질문들이 과학의 역사를 만들어 왔다. 고대 그리스에서 철학과 더불어 태동한 과학은 중세를 지나는 동안 종교의 틀 속에 갇혀 암울한 시기를 보냈다. 그러나 문예 부흥 운동으로 일컬어지는 르네상스와 종교 개혁을 거치는 동안 과학은 신학의 억누름에서 벗어나 새로운 기틀을 마련하였다. 그리고 17세기에 이르러 과학은 실험적 방법과 수학적 논리를 바탕으로 한 새로운 방법론을 내세우며 철학과 구분되는 새로운 영역을 구축하기 시작하였다.

근대의 과학자들은 아리스토텔레스를 비롯한 철학자들의 책 속에 있는 내용을 그대로 믿지 않았다. 새로운 관찰과 실험을 거치면서 거의 2,000년 동안 진리로 믿어 온 것들의 오류가 밝혀지기 시작하였다. 17세기 말이 되면서 과학자들은 수학·물리학·생물학·화학·천문학 같은 순수 과학의 영역에 관심을 모으기 시작하였다. 고대에 자연 현상의 근원과 진실에 대한 물음에서 출발한 자연 철학이 실험적 방법론을 중심으로 하는 근대 자연 과학으로 새롭게 발전하기 시작한 것이다.

오늘날 과학은 고도로 발달하여 매우 세분화되고 전문화되었다. 한때는 몇몇 탁월한 과학자들이 혼자 힘으로 엄청난 자연의 비밀을 밝혀내곤 했지만, 이제는 하나의 문제를 해결하기 위해 여러 영역의 과학자들이 공동으로 노력하는 경우가 많다. 더욱이 컴퓨터를 통해 구축된 범세계적 네트워크는 과학의 발달에 중요한 영향을 미치고 있다.

과학의 역사는 진리 탐구의 역사이다. 우리는 진리라는 것이 언제든 새롭게 바뀔 수도 있다는 사실을 알고 있다. 그 동안 내가 믿어 온 것들에 대해 '왜?'라는 질문을 던지는 순간 새로운 진리에 대한 탐구가 시작되는 것이다. 오늘도 새로운 진리를 알아 내기 위한 과학자들의 노력은 계속되고 있다.

아이작 뉴턴
Isaac Newton,
1642~1727
영국의 과학자이자 수학자.
"플라톤과 아리스토텔레스는
나의 친구다. 그러나 내 가장
친한 벗은 진리다."라는 그의
말처럼, 고대의 자연 철학을
넘어서 근대 과학의 기틀을
마련하였다.

# 2 | 힘

# 1 | 식물이 물을 끌어올리는 힘

집에서 화초를 기를 때 물 주는 것을 게을리 하면 잎들이 금방 시들어 축 늘어진다. 이 때 물을 주면 얼마 안 있어 잎들이 생기를 되찾아 싱싱하게 살아나는 것을 눈으로 직접 확인할 수 있다. 식물은 펌프 같은 것도 갖고 있지 않은데 어떻게 물을 뿌리 끝에서 잎까지 보낼 수 있을까?

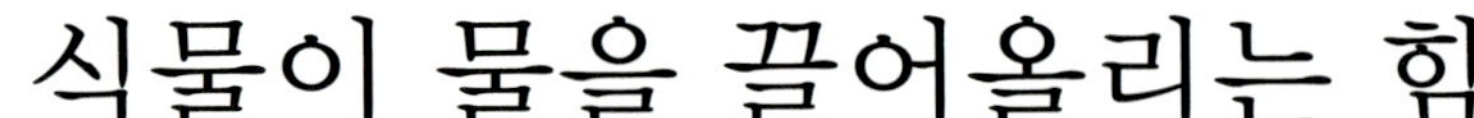

**자이언트 세쿼이아 giant seguoia**
아메리카삼나무라고도 불리며, 세계에서 가장 크고
가장 오래 살아 있는 나무로 유명하다.

**| 물은 광합성의 원료 |** 식물의 생장에는 물이 필요하다. 동물과 달리 식물은 잎에서 광합성을 통해 생장에 필요한 양분을 만들어 내는데, 물은 바로 그 원료가 된다.

물은 높은 곳에서 낮은 곳으로 흐른다. 지구 중심으로부터 중력을 받기 때문이다. 그러나 식물은 지구 중심과는 반대 방향으로 자란다. 따라서 식물이 줄기 끝에 달려 있는 잎에 물을 공급하려면 중력의 반대 방향으로 물을 끌어올려야 한다.

미국의 캘리포니아 레드우드 국립공원에는 세계에서 키가 가장 큰 세쿼이아가 있다. 이 나무는 키가 무려 112m에 이르며, 뿌리는 땅 속으로 약 15m까지 뻗어 있다고 한다. 따라서 물이 뿌리에서 나무의 꼭대기에 있는 잎까지 도달하려면 127m나 끌어올려져야 한다. 펌프 같은 장치도 보이지 않는데 대체 물이 어떻게 그 높은 곳까지 올라갈 수 있는 것일까? 식물은 어떤 힘을 이용하여 뿌리에서부터 잎까지 물을 끌어올릴까?

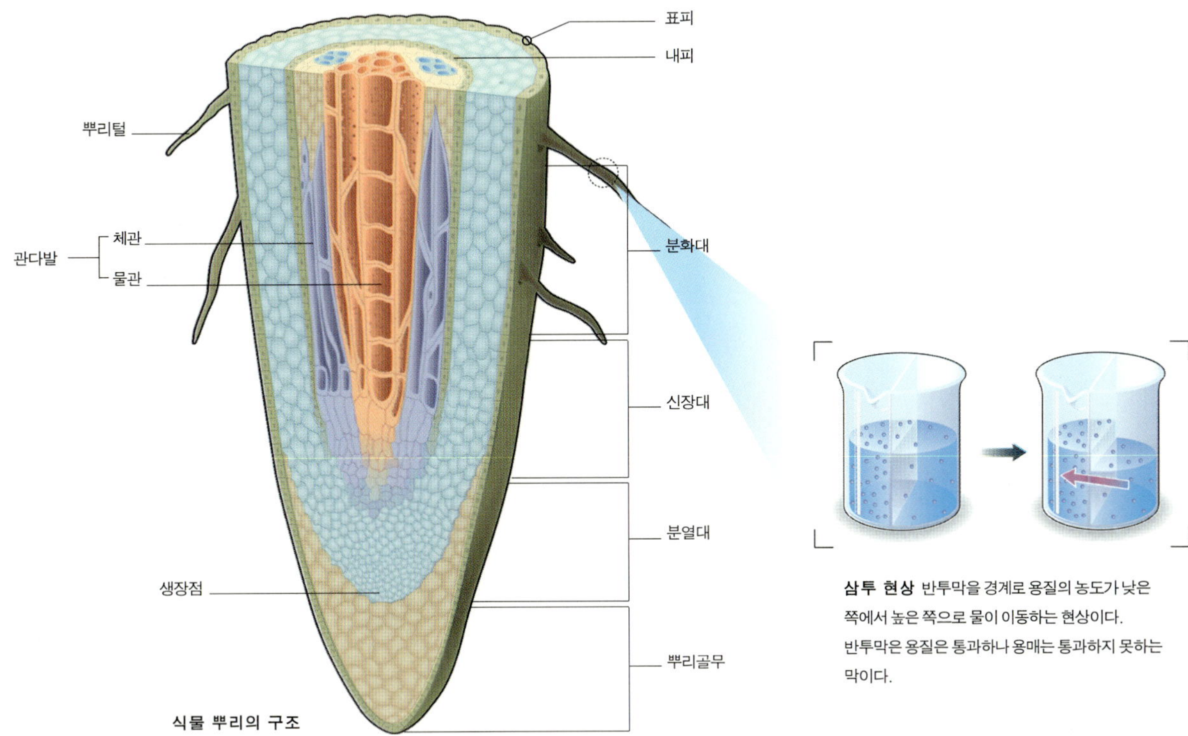


**삼투 현상** 반투막을 경계로 용질의 농도가 낮은 쪽에서 높은 쪽으로 물이 이동하는 현상이다. 반투막은 용질은 통과하나 용매는 통과하지 못하는 막이다.

**| 뿌리에서 생기는 힘 |** 호박이나 수세미의 잎을 모두 떼어 내고 ＊뿌리와 줄기만 남기고 자른 후 뿌리 끝을 물에 넣어 보면, 잘린 줄기 끝에서는 물이 힘차게 솟아오르지는 않지만 계속해서 올라온다.

＊뿌리털을 둘러싼 세포막을 경계로 안쪽은 땅에 비해 여러 가지 유기물과 무기물들이 더 많이 섞여 있어서 뿌리 바깥보다 용액의 농도가 높다. 다시 말해 뿌리털 안은 농도가 높은 반면, 흙 속에 포함되어 있는 물은 농도가 낮다. 이 때 농도의 균형을 맞추기 위해 흙 속에 있는 물 분자는 뿌리털의 세포막을 거쳐 물 분자가 상대적으로 적은 뿌리 내부로 들어온다. 이처럼 농도가 낮은 흙 속의 물이 농도가 높은 뿌리 쪽으로 이동하는 것을 ＊삼투 현상이라고 한다.

잎이나 줄기가 없는 상태에서 뿌리만 있어도 삼투 현상에 의해 물을 이동시키는 힘이 생기는데, 이를 뿌리압이라고 한다. 즉 뿌리압이란, 뿌리에서 물이 흡수될 때 밀고 들어오는 압력에 의해 물이 상승하는 것을 말한다.

**뿌리**
뿌리 끝에는 생장점을 중심으로 한 분열 조직이 있으며, 그 주위를 뿌리골무가 덮고 있다. 세포가 분열하면서(분열대) 신장하고(신장대), 특정한 기능을 가진 세포로 분화한다(분화대).

**뿌리털**
뿌리털은 표피세포가 변형된 것으로, 분화대 이상에서 나타난다. 식물의 수분 흡수는 뿌리털을 통해서만 이루어진다.

을 꽂아 보면 유리관을 따라 물이 올라가는 것을 관찰할 수 있다. 이처럼 가는 관과 같은 통로를 따라 액체가 올라가거나 내려가는 것을 모세관 현상이라고 한다.

모세관 현상은 물 분자와 모세관 벽이 결합하려는 힘이 물 분자끼리 결합하려는 힘보다 더 크기 때문에 일어난다. 따라서 관이 가늘수록 물이 올라가는 높이가 높아진다.

식물체 안에는 뿌리에서 줄기를 거쳐 잎까지 연결된 물관이 있다. 물관은 말 그대로 물이 지나가는 통로인데, 지름이 약 75*㎛로 너무 가늘어 눈으로는 볼 수 없다. 이처럼 식물은 물관의 지름이 매우 작기 때문에 모세관 현상으로 물을 끌어올리는 힘이 생긴다.

㎛
마이크로미터, 미크론이라고도 한다.
1㎛는 0.001mm와 같은 길이이다.
$1㎛ = 10^{-6}m = 10^{-4}cm = 10^{-3}mm$

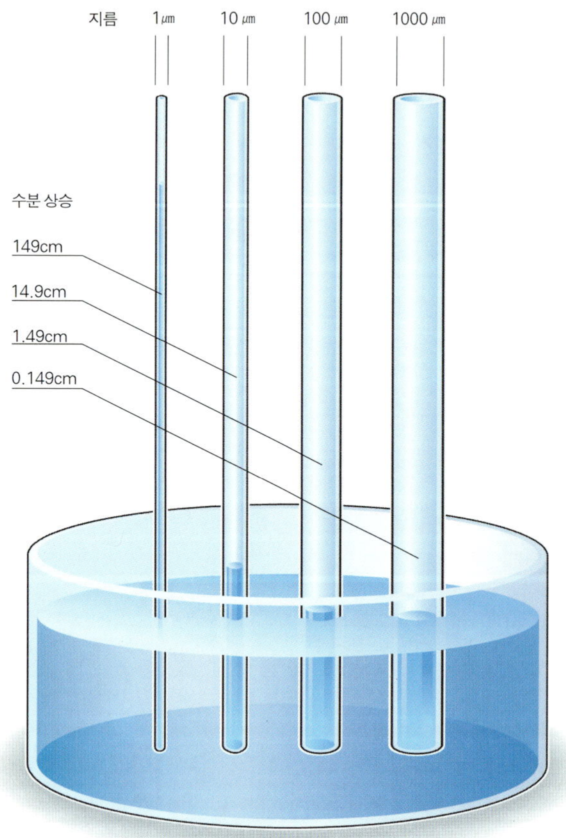


 뜨거운 햇볕이 내리쬐는 더운 여름철에는 큰 나무가 만들어 주는 그늘이 그렇게 고마울 수가 없다. 나무가 만들어 주는 그늘이 건물이 만들어 주는 그늘보다 더 시원한 이유는 무엇일까?

나무의 잎에서는 물을 수증기 상태로 공기 중으로 내보내는데, 이 때 물이 주위의 열을 흡수하기 때문에 나무의 그늘 아래가 건물이 만드는 그늘보다 훨씬 시원한 것이다.

식물의 잎에는 기공이라는 작은 구멍이 있다. 기공을 통해 공기가 들락날락하거나 잎의 물을 공기 중으로 날려 보내기도 한다. 이처럼

**모세관 현상** 모세관 현상에 의한 수분 상승은 물의 응집력과 표면장력에 의해 나타난다. 모세관 안의 수분 무게는 수분 상승을 억제한다. 모세관 안에 물의 양이 적을수록, 즉 모세관이 좁을수록 수분이 더 높이 상승한다. 일반적으로 식물의 물관은 지름이 75㎛인데, 이 경우 수분 상승의 높이는 2cm 정도이다. 식물의 높이에 비해 모세관 현상에 의한 수분 상승은 미미하다.

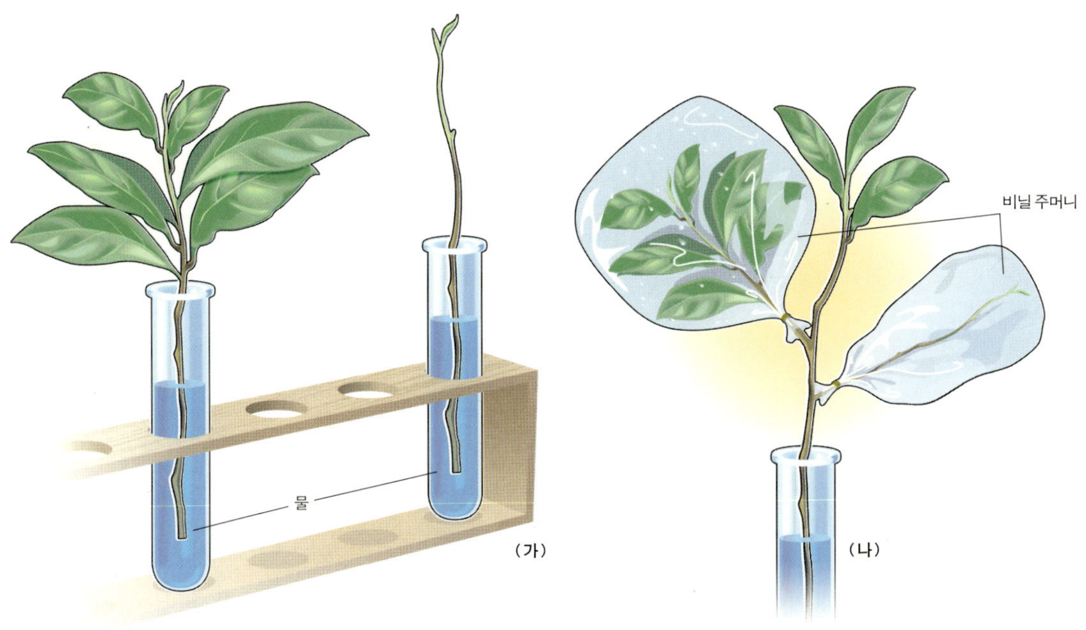


**증산 작용 실험** (가)는 잎이 달린 나뭇가지와 잎이 없는 나뭇가지를 물에 담갔을 때 물이 줄어든 정도를 비교하는 실험이며, (나)는 잎이 있고 없음에 따라 수분이 발산되는 정도를 알아보는 실험이다. 실험 결과, (가)에서는 잎이 달린 나뭇가지가 담긴 시험관의 물이 더 많이 줄어들었으며, (나)에서는 잎이 있는 가지를 씌운 비닐에 물방울이 생겼다.

식물체 내의 수분이 잎의 기공을 통하여 수증기 상태로 증발하는 현상을 증산 작용이라고 한다.

가로 세로가 $10 \times 10$cm인 잔디밭에서 1년 동안 증산하는 물의 양을 조사한 결과, 놀랍게도 55t이나 되었다. 이는 $1\ell$짜리 페트병 5만 5,000개 분량에 해당하는 물의 양이다. 상수리나무는 6~11월 사이에 약 9,000kg의 물을 증산하며, 키가 큰 해바라기는 맑은 여름날 하루 동안 약 1kg의 물을 증산한다.

기공의 크기는 식물의 종류에 따라 다른데 보통 폭이 $8\mu$m, 길이가 $16\mu$m 정도밖에 되지 않는다. 크기가 $1$cm$^2$인 잎에는 약 5만 개나 되는 기공이 있으며, 그 대부분은 잎의 뒤쪽에 있다. 이 기공을 통해 그렇게 엄청난 양의 물이 공기 중으로 증발해 버린다. 증산 작용은 물을 식물체 밖으로 내보내는 작용으로, 뿌리에서 흡수된 물이 줄기를 거쳐 잎까지 올라가는 원동력이다.

잎의 세포에서는 물이 공기 중으로 증발하면서 아래쪽의 물 분자를 끌어올리는 현상이 일어난다. 즉, 물 분자들은 서로 잡아당기는 힘으로써

**기공이 닫혀 있을 때**

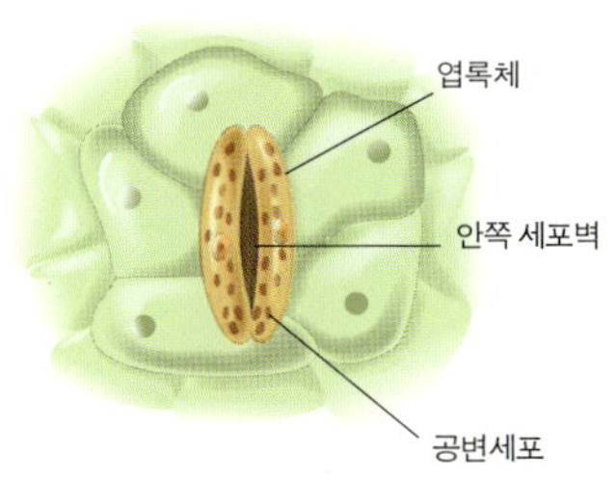


**기공이 열려 있을 때**

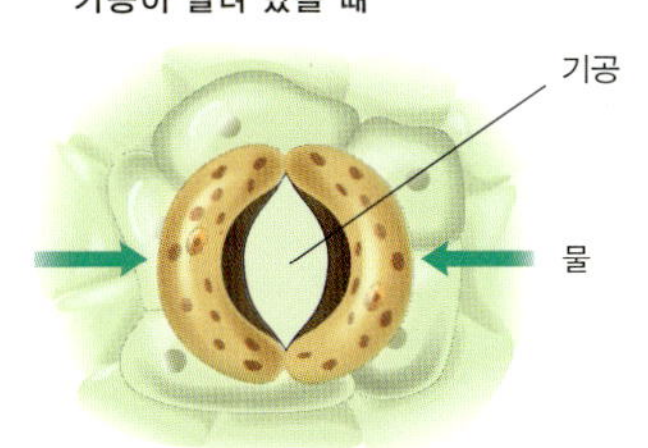


**식물의 기공**
식물의 기공을 통해서 수분이 공기 중으로 증발되기도 하고 기체가 출입하기도 한다. 기공을 이루는 공변세포의 안쪽 세포벽이 두터워 공변세포가 팽창하면 기공이 열리고 그 반대가 되면 닫힌다.

연결되는데, 이는 물 기둥을 형성하는 것과 같다. 사슬처럼 연결된 물 기둥의 한쪽 끝을 이루는 물 분자가 잎의 기공을 통해 **빠져** 나가면 아래쪽 물 분자가 끌어올려지는 것이다. 증산 작용에 의한 힘은 식물이 물을 끌어올리는 요인 중 가장 큰 힘이다.

**| 식물이 물을 끌어올리는 이유 |** 지금까지 살펴본 것처럼 식물이 물을 뿌리에서 흡수하여 잎까지 보내는 데는 뿌리압, 모세관 현상, 증산 작용으로 생긴 힘이 복합적으로 작용한다. 뿌리압이 아래쪽에서 위로 미는 힘이라면, 증산 작용은 위에서 잡아당기는 힘이다. 모세관 현상은 물관 내에서 물 분자가 서로 떨어지지 않고 연결되어 좁은 관을 효율적으로 이동할 수 있도록 한다.

식물이 물을 끌어올리는 가장 중요한 이유는 무엇일까? 뿌리에서 흡수한 물이 잎까지 보내져야 *광합성이 일어날 수 있기 때문이다. 그뿐 아니라 흙 속에 있는 무기 양분도 흡수해야 하고, 경우에 따라서는 식물체의 온도가 상승하는 것을 막아 주어야 하기 때문이다.

**광합성**
녹색 식물이 빛에너지를 이용하여 물과 이산화탄소로 양분(포도당)과 산소를 생산하는 과정을 말한다.

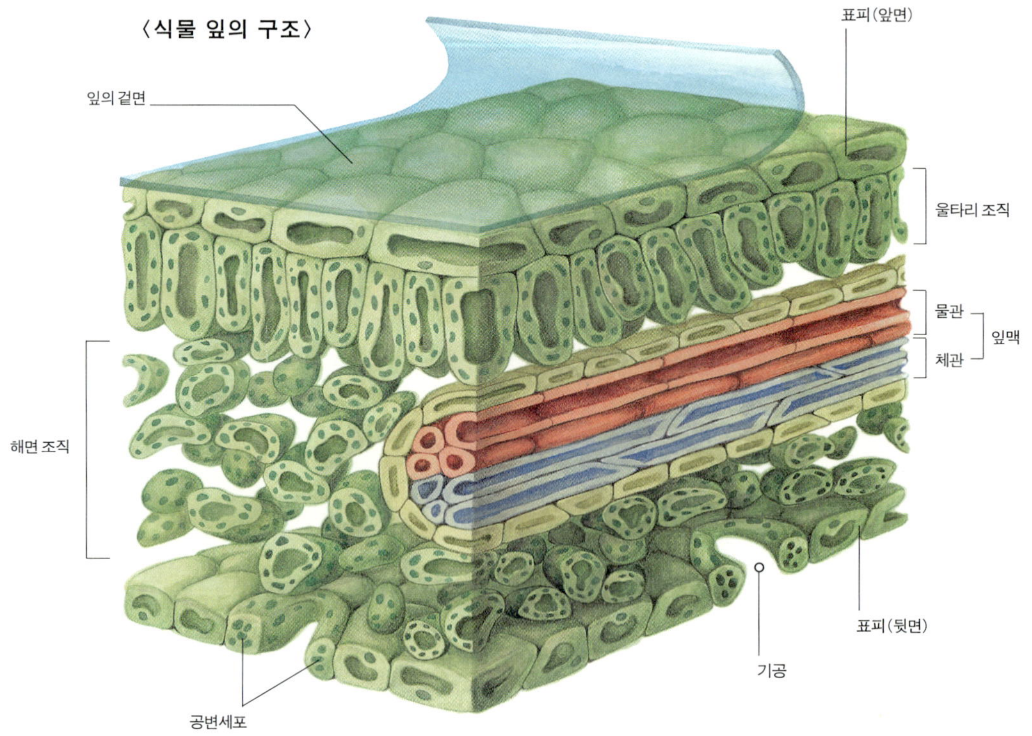

〈식물 잎의 구조〉

## 식물이 물을 끌어올리는 3가지 원리

식물이 물을 끌어올리는 데는 삼투 현상으로 인한 뿌리압, 모세관 현상, 증산 작용 등이 복합적으로 작용하여 이루어진다. 뿌리압 또는 삼투 현상과 모세관 현상이 물을 밀어올리는 힘이라면, 증산 작용은 위에서 물을 끌어올리는 힘이다.

# 2 | 지각에서 작용하는 힘

2011년 3월 일본 동북부 지방의 해역에서 발생한 지진은 대규모 해일과 함께 원자력 발전소 붕괴에 따른 방사능 유출 사고를 일으키면서 전 세계를 불안과 공포로 휩싸이게 하였다. 이 지진은 지각이 이동하면서 발생한 것이다. 겉으로는 그토록 단단해 보이는 지각이 어떻게 움직일 수 있을까? 또한 지진이나 해일은 왜 발생하는 것일까?

**2011년 쓰나미**
2011년 3월 일본 동북부 해안에서 발생한 지진으로 요동친 바닷물이 거대한 파도로 돌변하여 해안 지역을 덮쳤다.

**지진**
지구 내부에서 작용하는 힘에 의해 땅 속의 거대한 암반이 갑자기 갈라지면서 그 충격으로 땅이 흔들리는 현상을 말한다.

**| 지진으로 살펴본 지각의 움직임 |** *지진은 우리가 경험하는 자연 재해 중에서 가장 큰 인명 피해와 재산의 손실을 가져온다. 2004년 12월 인도네시아 수마트라 지진과 2011년 3월 일본 동북부 태평양 해역에서 발생한 지진은 대규모의 지진 해일을 동반한 것이어서 더욱 큰 피해를 가져왔다. 쓰나미<sup>Tsunami</sup>라 불리는 지진 해일은 해저 지각의 융기나 침강 등과 같은 상하 운동에 의해 발생한다. 즉, 해저 지각이 이동하면서 해수면이 높아지고 그 파장이 사방으로 전달될 때 해일이 일어나는 것이다.

1906년 미국 캘리포니아 주 연안에서 발생한 지진은 리히터 규모 8.3을 기록하면서 건물 붕괴에 따른 화재로 약 700명의 사상자를 냈다. 그런데 이 지진은 지진 연구를 획기적으로 촉진하는 계기가 되었으며, 지진의 발생 원인을 찾는 데 중요한 단서를 제공하였다.

이 지역에는 오래 전부터 지층이 서로 갈라져 어긋나 있는 단층이 있었다. 그런데 이 단층을 경계로 양쪽의 지각이 서서히 이동하고 있었던 것이다. 단층과 가까운 지역의 양쪽에서는 위치 변화가 거의 나타나지 않았지만, 단층에서 멀리 떨어진 지역에서는 상당한 위치 변화를 보였다. 이것은 이미 지층이 상당히 휘어져 있었다는 것을 의미한다. 오랜 시간에 걸쳐 휘어지던 지층은 결국 그 한계를 견디지 못하고 단층면이 끊어지면서 양쪽 지역이 완전히 갈라져 버렸고, 이로 인해 대규모의 지진이 발생한 것이다.

**미국 캘리포니아 주에 있는 산안드레아스 단층**
산안드레아스 단층은 1,000만 년 동안 1년에 약 5cm의 속도로 태평양 판과 북아메리카 판을 서로 마찰시키면서 수평 이동시켜 지진을 발생시켰다.

이 지역의 지진 발생 원인을 알아보기 위해 간단한 실험을 해 보자. 긴 나무 막대를 하나 준비하고 막대의 양쪽 끝에 힘을 가해 보자. 막대에 힘을 가해 구부릴 경우, 막대는 *탄성력으로 인해 본래의 상태로 되돌아가려고 한다. 그러나 탄성의 한계를 넘는 순간 부러지고 만다. 이 때 막대가 부러지는 소리와 함께 양손에서는 진동이 느껴질 것이다. 이 원리가 샌프란시스코의 지진 원인을 밝혀내는 데 그대로 적용되었다. 즉, 막대에 힘을 가하여 부러뜨릴 때 막대의 탄성 에너지가 소리나 진동으로 변했듯이 샌프란시스코에서 발생한 지진도 오랫동안 단층에 가해지고 있던 힘이 탄성의 한계를 넘어 분출되면서 지층이 끊어져 커다란 진동을 일으킨 것이다.



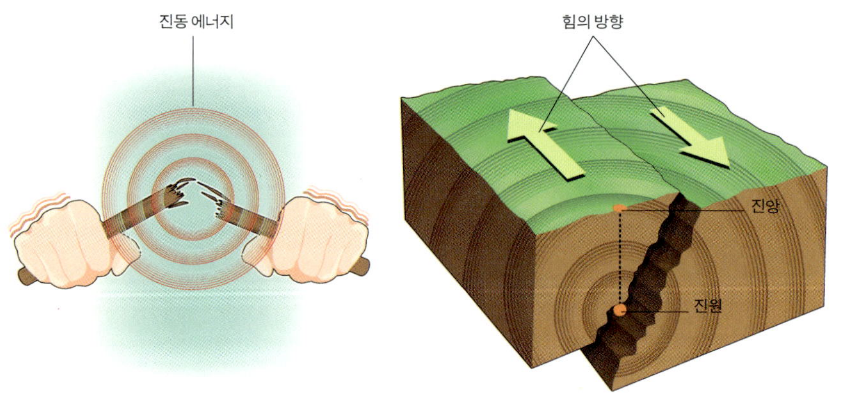


**| 판들의 마찰로 생긴 지진 |** 지진은 샌프란시스코의 경우처럼 항상 단층면이 있을 때만 일어나는 것일까? 사실 지구 내부에서는 날마다 1,000~5,000회 정도의 지진이 일어나고 있다. 이러한 지진은 세계 전 지역에서 골고루 발생하지 않고 어느 일정 지역에서 집중적으로 일어나고 있다. 이와 같이 지진이 자주 발생하는 지역을 '지진대'라고 하며, 태평양을 둘러싸고 있는 거대한 지진대를 환태평양 지진대라고 한다. 이웃 나라 일본에서 잦은 지진이 발생하는 것도 환태평양 지진대에 속하기 때문이다.

그런데 지진대에서 발생하는 지진 현상은 샌프란시스코에서 발생한 지진처럼 지각의 탄성 한계로 설명하는 것만으로는 충분하지가 않다. 이들 지역에서 발생하는 지진의 원인을 설명하기 위해 등장한 것이 *'판 구조론'이다.

*판은 두꺼운 암석층으로 이루어져 있지만 고정되어 있지는 않다. 이 판들은 그 아래의 맨틀 위를 마치 물 위에 뜬 빙산처럼 서로 독립적으로 미끄러져 다닌다. 판의 아래쪽에 있는 *맨틀 층이 오랜 시간에 걸쳐 서서히 움직이기 때문에 그 위에 있는 판은 수평 방향으로 이동한다. 판들은 그 이동 방향이 서로 다르기 때문에 판의 경계 지역에서는 미끄러지거나 갈라지기도 하며 충돌하기도 하는데, 이 때의 충격으로 단층과 지진이 발생한다. 일본의 경우에도 주로 판들의 마찰로 지진이 일어난다. 일본 동쪽 해안 부근은 판의 경계 지역에 해당하는 곳인데, 해양 쪽에서 이동해 온 판이 아시아 대륙의 아래쪽으로 파고들면서 판끼리 부딪쳐 그 충돌로 지진이 발생한다.

**판 구조론**
표면이 크고 작은 여러 개의 판으로 나뉘어 있으며, 이 판들이 이동하면서 지진·화산 활동·조산 운동 등이 일어난다는 이론이다.

**판**
단단한 지각 외에도 지각의 아래쪽에 위치한 맨틀의 상층부까지 포함하는 두께 100km 정도의 단단한 암석층을 가리킨다.

**맨틀**
지구의 지각과 핵 사이에 있는 중간층 지각 바로 밑에서부터 2,900km 깊이까지의 부분이다.

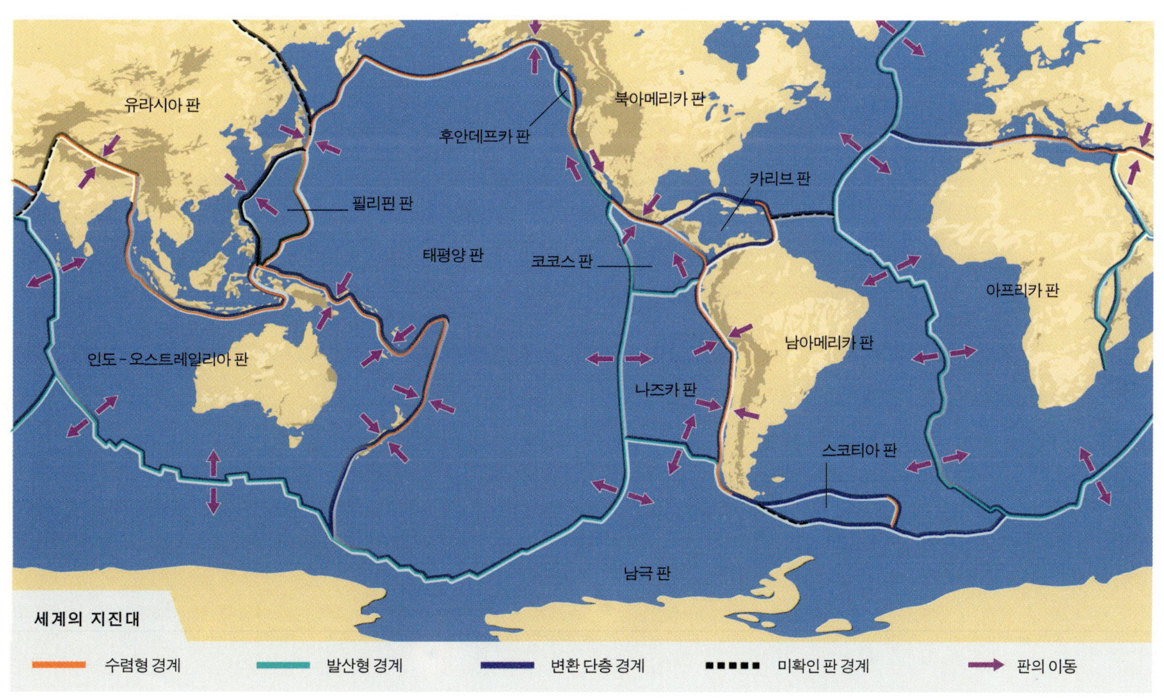

**정동진의 해안 단구**
정동진의 해안가에는 독특한 계단
모양의 지형이 발달해 있다. 이는
해수의 침식으로 평평하게 변한 해식
대지가 지각의 융기 운동에 의해
해수면 위로 솟아오른 것이다.

**다도해**
우리 나라 남서해안은 복잡한
리아스식 해안과 다도해가 발달해
있는데, 이는 지각이 침강하면서
형성된 대표적인 지형이다.

| 상하로 움직이는 지각 |  지각이 이동하여 형성된 독특한 지형들이 지구 곳곳에 있다. 지각은 마치 얼음 덩어리가 물 위에 떠 있는 것처럼 맨틀 위에 떠 있으면서 평형을 이루고 있다. 따라서 지각의 위쪽에서 누르는 힘이 커지면 아래쪽으로 가라앉으며, 반대로 누르는 힘이 약해지면 위쪽으로 솟아오른다.

오랜 시간에 걸쳐 지각에 수평 방향이나 수직 방향으로 힘이 작용하면 큰 피해를 가져오는 지진이 일어나거나 거대한 산맥이 만들어지는 등 커다란 지각 변동이 일어난다. 히말라야 산맥, 우리 나라의 정동진에서 볼 수 있는 계단 모양의 지형 및 남서해안의 복잡한 해안과 많은 섬들도 모두 지각의 운동에 의해 형성된 지형들이다.

아주 오래 전, 인간이 지구상에 등장하기 이전부터 지각 운동은 있어 왔고 앞으로도 끊임없이 일어날 것이다. 그에 따라 지구 표면의 모습도 계속해서 바뀔 텐데, 그 때쯤이면 지금 발을 딛고 서 있는 우리 나라는 어떤 모습일까?

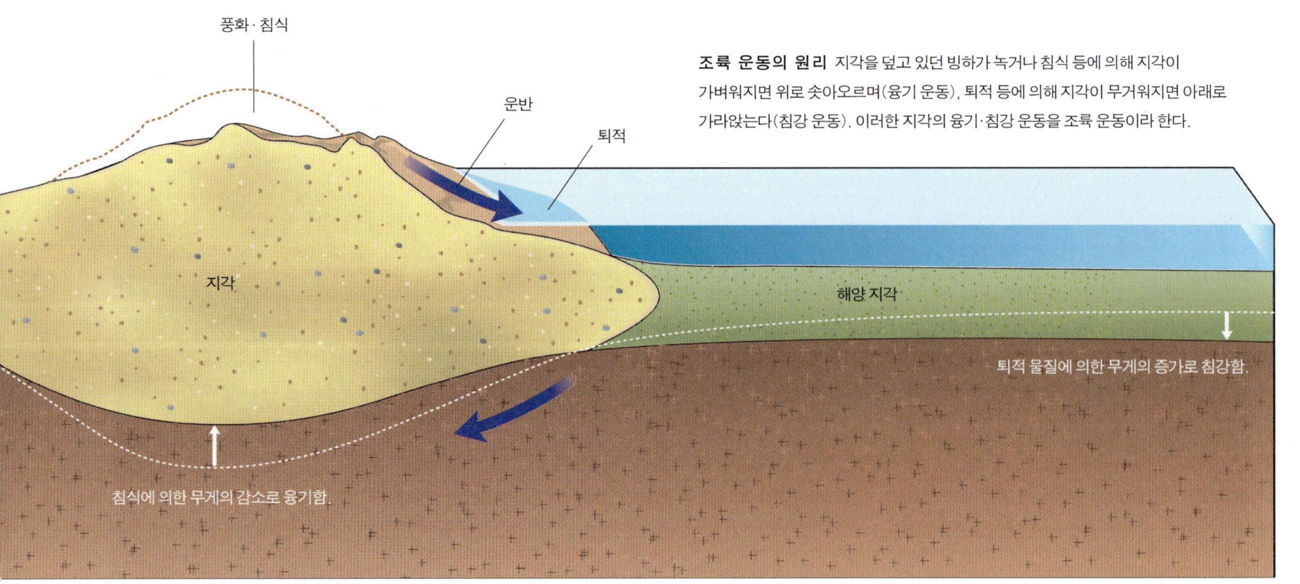

## 사원의 돌기둥에 조개의 흔적이 발견된 이유

이탈리아의 나폴리 만에는 기원전 3세기경에 세워진 세라피스 사원이 있는데, 지금은 돌기둥만 남아 있다. 그런데 이 돌기둥의 아래쪽에서 6m가 되는 지점에 조개가 파 놓은 구멍이 발견되었다. 바다 생물인 조개의 흔적이 어떻게 육지의 사원 돌기둥에 남아 있는 것일까?

지구의 표면은 단단한 지각으로 둘러싸여 있는데, 지각은 퇴적이나 침식 등과 같은 여러 가지 원인에 의해 오랜 시간에 걸쳐 서서히 상하로 움직인다. 이 때 어떤 지역의 지각이 가라앉으면 해수면이 높아지면서 바다에 잠기게 되고, 반대로 지각이 위로 솟아오르면 상대적으로 해수면이 낮아지게 된다. 기원전에 건립된 세라피스 사원도 당시에는 분명 육지에 세워졌다. 하지만 그 지역의 지각이 가라앉으면서(침강) 사원까지 바닷속으로 잠겼던 것이다. 이 때 물 속에 잠긴 사원의 돌기둥에 조개들이 구멍을 뚫고 살게 되었다. 그 후 바다에 잠겨 있던 육지가 다시 바다 위로 올라오면서(융기) 조개들이 뚫어 놓은 구멍이 발견된 것이다. 조개 구멍이 나 있는 위치를 볼 때, 지각은 약 2,000년 동안 6m에 이르는 상하 운동을 한 셈이다.

세라피스 사원의 돌기둥

# 맨틀의 대류 운동

겉으로 보기에 지각은 매우 평온하고 움직이지 않는 것처럼 보인다. 그러나 거대한 지각도 아주 오랜 시간에 걸쳐 서서히 움직이고 있으며, 이 지각을 움직이는 강력한 원동력은 지각의 아래쪽에 있는 맨틀의 대류 운동이다. 맨틀은 유동성 있는 고체 물질로 전 지구적으로 움직이고 있다. 그리고 이러한 맨틀에 실려 지각이 갈라지거나 서로 충돌하면서 다양한 지각 변동을 일으키게 된다. 대규모의 지진이나 화산 활동은 바로 이러한 지각의 움직임에 의해 일어나는 현상들로, 주로 지각이 서로 다른 방향으로 이동하는 경계 지역에서 나타나고 있다.

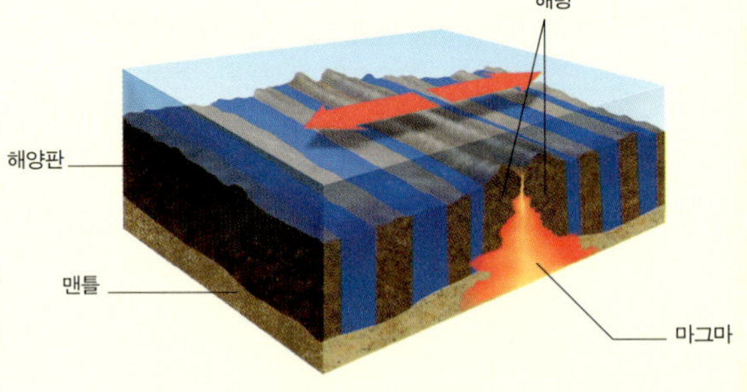


❶ **발산형 경계** 두 종류의 판이 서로 멀어지는 구역으로 생성형 경계라고도 하며, 2개의 판이 멀어지면서 생긴 공간을 메우기 위해 마그마가 상승한다. 해저에서 발견되는 해령을 중심으로 양쪽으로 해양 지각이 생성되며, 화산 활동이 활발하고 지진이 발생한다.

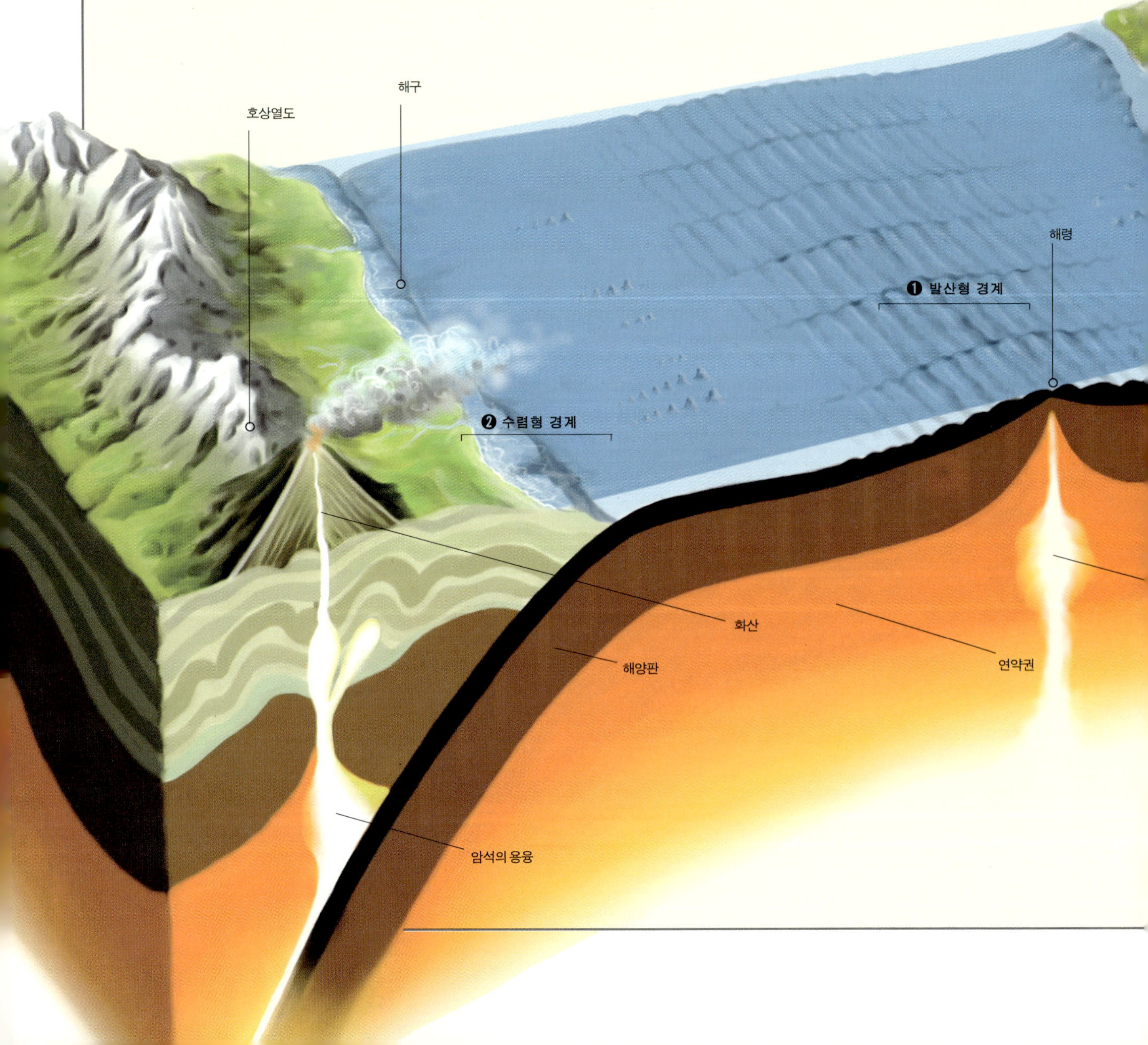

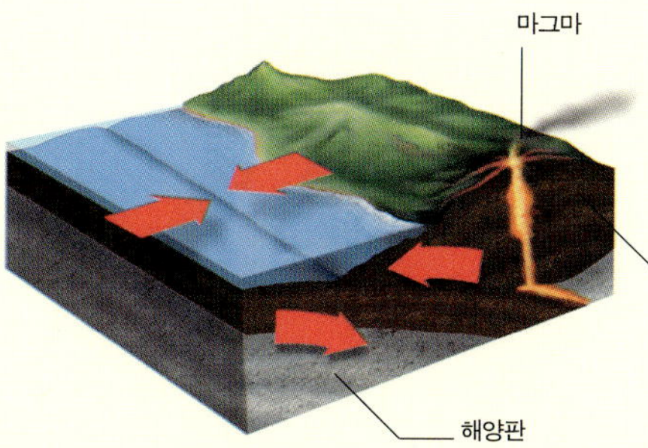

❷ **수렴형 경계** 판이 서로 가까워지는 구역으로 소멸형 경계라고도 한다. 무거운 해양판이 맨틀 속으로 침강하는 것을 섭입이라고 하며 침강하는 판은 소멸한다. 해구가 잘 발달하며 두 판이 충돌하면서 서로 밀려 올라가 대규모의 습곡 산맥을 형성하기도 한다.

❸ **변환 단층형 경계** 판이 서로 만나도 판의 생성이나 소멸이 일어나지 않고 어긋나며, 평행 이동 경계 혹은 변환 단층형 경계라고도 한다. 해령 부근에서 두 판이 서로 반대 방향으로 이동하면서 수평 단층이 형성되는 곳을 가리킨다. 드물게 육지에서도 발견되는데 산안드레아스 단층이 대표적인 예이다.

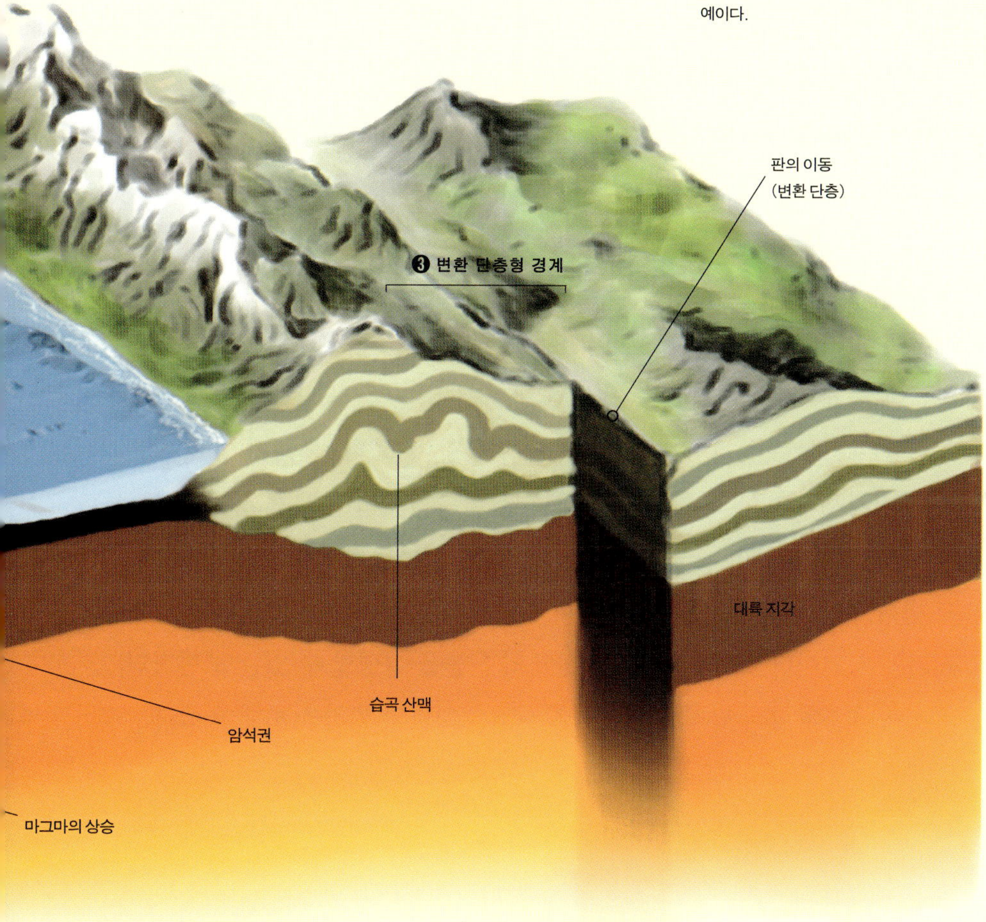

**변환 단층** 변환 단층은 판이 서로 다른 방향으로 수평 이동하는 곳에서 형성된다. 위 지역의 경우 점선을 경계로 양쪽 지역의 지층이 끊어진 모습을 볼 수 있다.

**호상열도** 호상열도는 해구를 따라 평행하게 분포하는 긴 화산섬으로 두 해양판이 충돌하는 경계 지역에서 높은 열과 압력에 의해 발생한 마그마가 분출하면서 형성된 것이다.

**해령** 해령은 마그마의 상승으로 인해 새로운 해양 지각이 생성되는 곳이다. 해저 화산 활동으로 인해 많은 광물이 녹아 있는 분수가 마치 연기를 뿜는 굴뚝처럼 분출되고 있다.

# 3 | 자연계의 힘과 운동

지난 주말에 가족과 함께 가까운 산에 올랐다. 비가 많이 내려서인지 흘러내리는 계곡의 물줄기가 그렇게 시원할 수가 없었다. 바람에 굴러가는 낙엽을 밟으며 생각하였다. '왜 물은 아래로만 흐를까?'



**| 물체를 움직이는 힘 |** 주변을 둘러보자. 움직이는 물체가 수없이 많이 있을 것이다. 나무에 매달린 사과는 아래로 떨어지고, 물은 낮은 곳을 향하여 흐르며, 연기는 하늘로 올라간다. 또한 하늘의 태양과 별들은 하루에 한 바퀴씩 지구 주위를 돌고 있는 것처럼 보인다.

운동 경기나 게임에도 규칙이 있듯이 우리 주변에 있는 물체의 운동도 간단한 규칙으로 설명할 수 있다. 물체의 움직임, 다시 말해 자연계에서 일어나는 모든 운동은 *힘의 법칙으로 설명할 수 있다. 물체에 힘이 작용하면 정지해 있던 물체가 움직이기도 하고 움직이던 물체가 정지하기도 한다. 또한 운동하던 물체의 속력이 변하기도 하고 운동 방향이 달라지기도 한다. 이처럼 힘은 물체에 작용하여 물체의 모양이나 운동 상태를 변화시키는 원인이다. 그러나 인류는 물체의 운동을 설명할 수 있는 보편적인 법칙, 즉 힘의 법칙을 찾기까지 약 2,000년의 세월을 보내야 했다.

**| 아리스토텔레스의 운동관 |** 기원전 4세기경 고대 그리스의 철학자 아리스토텔레스는 운동에 대해 최초로 종합적인 설명을 했다. 그는 지구상의 모든 물질은 물·불·공기·흙의 4가지 원소로 이루어져 있으며, 모든 물질은 본래부터 아래나 위로 운동하는 성질을 가지고 있다고 생각하였다. 즉, 물과 흙으로 이루

어진 물질(바위·강물·모래 등)은 아래로 떨어지려는 성질을 가지고 있
고, 공기와 불로 이루어진 물질(연기·불꽃 등)은 위로 올라가는 성질을
가지고 있다는 것이다. 아리스토텔레스는 천체에 대해서도 설명했는데
천체는 이 4가지 성분과는 전혀 다른 제5원소, 즉 에테르로 이루어졌다
고 보았다. 또한 천체는 영구적이고 변하지 않는 원운동을 계속한다고
주장하였다.

이처럼 아리스토텔레스는 물체의 움직임을 물체가 원래 지니고 있는
본성으로 설명하였다. 곧 지상의 물체는 물·불·공기·흙의 비율에 따라
위로 올라가거나 아래로 내려가려고 하는 성질이 결정되며, 천체는 본성
적으로 원운동을 한다고 생각한 것이다. 이러한 본성에 의한 운동은 멈
추지 않고 계속되지만, 돌을 옆으로 던진 경우처럼 외부의 원인에 의한
강제적인 운동은 언젠가는 정지한다고 보았다. 실제로 발로 찬 공은 시
간이 지나면 멈추고, 스케이트를 지치다가 가만히 서 있으면 언젠가는
정지하지 않는가!

아리스토텔레스의 이 같은 운동관은 물체의 운동을 잘 설명하는 것처
럼 보인다. 그래서 그의 생각은 중세를 거쳐 르네상스 시대까지 서양 사
람들의 과학적 사고를 지배하였다.

아리스토텔레스는 무거운
물체일수록 땅의 본성이 크기 때문에
아래로 빨리 떨어진다고 보았다. 즉,
물체는 자신의 무게에 비례하는
속도로 떨어진다고 생각하였다.

자유 낙하하는 물체의 가속도는
물체의 무게(중력) 및 질량과 관계
있다. 중력은 물체를 가속화하며,
질량은 가속에 저항한다. 따라서
공기의 저항이 없다면 가벼운 물체와
무거운 물체는 동시에 떨어진다.

**| 뉴턴, 힘의 개념을 세우다 |** 중세 시대가 끝나고 관측과 실험을 통해 새로운 사실이 하나씩 발견되면서 아리스토텔레스의 생각이 잘못되었다는 주장이 나오기 시작하였다. 이 때 결정적인 역할을 한 사람은 갈릴레오였다. 갈릴레오는 무거운 물체와 가벼운 물체가 동시에 낙하하는 것을 보여 주어, 무거운 물체일수록 아래로 떨어지려는 본성이 더 크기 때문에 빠르게 낙하한다고 주장한 아리스토텔레스의 생각이 잘못되었음을 밝혔다.

여기서 물체의 운동을 설명하는 데 새로운 *패러다임이 등장한다. 뉴턴Isaac Newton, 1642~1727은 힘의 개념을 도입하여 물체의 운동을 설명하였다. 뉴턴이 생각한 힘은 무엇이었을까? 간단한 필통 실험으로 뉴턴이 생각한 힘의 개념을 알아보자.

손에 든 필통을 놓았다고 가정해 보자. 필통은 지구의 중심을 향하여 아래로 떨어진다. 필통의 운동 상태가 변하고 있다는 것을 알 수 있다. 필통뿐 아니라 나무에 매달린 사과도 지구의 중심을 향하여 떨어지고, 위로 던져 올린 돌멩이도 다시 아래로 떨어진다. 이처럼 지구는 모든 물체를 잡아당기는 힘이 있는데, 뉴턴은 이 힘을 * '중력' 이라고 하였다.

중력의 법칙으로 지구상의 물체뿐 아니라 달의 운동이나 태양 주위를 도는 행성의 운동도 설명할 수 있다. 우주를 탐험하기 위해 쏘아 올리는

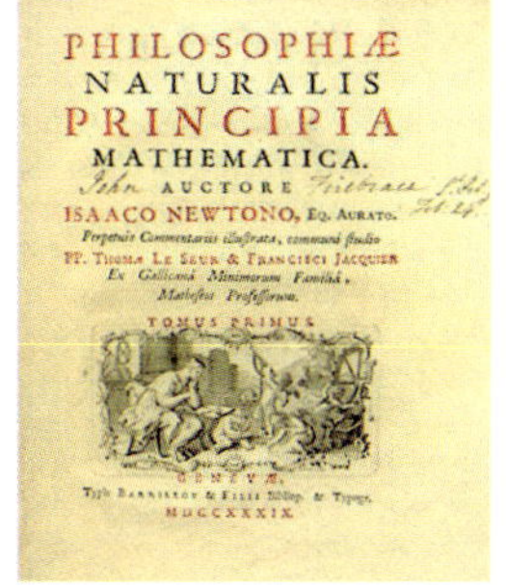

**힘과 운동** 나무에 매달려 있던 사과가 아래로 떨어지고, 인공위성이 지구 주위를 돌고, 나무 도막이 미끄러지다가 멈추는 것과 같이 우리 주변에서 볼 수 있는 모든 운동은 힘으로 설명할 수 있다.

《프린키피아》
1687년에 발간된 근대 고전 역학의 완성판. 물리학 역사상 가장 큰 영향을 끼친 책으로, 운동의 3가지 법칙을 비롯하여 뉴턴 역학의 모든 것이 담겨 있다.

우주 탐사선의 운동도, 지구 주위를 도는 인공위성의 궤도를 계산하는 데도 중력의 법칙을 이용한다. 이처럼 우리 주변에는 중력으로 설명할 수 있는 운동이 널려 있다.

이번에는 수평면에 필통을 놓고 어느 한쪽에서 밀어 보자. 필통에 닿은 손가락의 힘에 의해 필통은 움직인다. 뉴턴은 이를 접촉한 상태에서 작용하는 힘이라는 의미로 * '접촉력' 이라고 하였다. 접촉력에는 사람이 작용하는 힘 외에도 마찰력, 탄성력 등이 있다.

마지막으로 정지해 있는 자동차 안에 필통이 놓여 있다고 가정해 보자. 자동차가 갑자기 출발하면 필통은 어떻게 될까? 중력이 작용하거나, 누군가가 접촉하여 민 것도 아닌데 필통은 움직인다. 뉴턴은 이 힘을 *관성력이라고 하였다. 그는 자신의 유명한 저서 《프린키피아》에서 이와 같은 힘의 개념을 도입하여 지상의 물체뿐 아니라 하늘에 있는 행성의 운동도 완벽하게 설명하였다. 그리하여 천체는 더 이상 신이 지배하는 신성한 공간이 아니라 중력이라는 힘에 의해 움직이는 세계가 되었다.

힘은 자연계에서 일어나는 모든 종류의 운동을 설명할 뿐 아니라, 물질 세계를 이루고 있는 작은 입자들의 결합 방식을 설명하는 데도 매우 유용하다. 따라서 자연 현상을 이해하기 위해서는 무엇보다도 먼저 힘의 개념을 이해해야 한다.

**접촉력**
두 물체가 서로 접촉한 상태에서 작용하는 힘으로, 탄성력과 마찰력이 이에 해당한다. 전기력 · 자기력 · 중력은 비접촉력에 해당한다.

**관성력**
정지 상태에서 출발하는 자동차, 회전 운동을 하는 우주선 등과 같이 가속도 운동을 하는 물체를 기준으로 했을 때 나타나는 가상적인 힘이다.

# 4 | 원자들을 결합시키는 힘

설탕은 약간만 가열해도 쉽게 녹는 반면 소금은 탁탁 튀기면서 잘 녹지 않는다. 또한 소금물에서는 전류가 잘 흐르지만 설탕물에서는 잘 흐르지 않는다. 이처럼 서로 다른 성질을 가진 다양한 물질들은 각각 어떻게 이루어져 있을까?

**원자**
물질을 구성하는 기본 입자. 원자의 종류는 110여 가지로, 모두 원자핵과 전자를 가지고 있으며, 기본적으로는 같은 구조로 되어 있다.

**| 원자들의 결합으로 이루어진 물질 |** 모든 물질은 *원자로 이루어져 있다. 원자란 물질을 구성하는 기본 입자를 말한다. 그렇다면 원자는 어떻게 이루어져 있을까? 원자들이 단순히 함께 모여만 있다면 바람이 불거나 툭 치기만 해도 흩어져 버릴 것이다. 하지만 원자들은 어떤 강한 힘으로 결합해 있기 때문에 고유한 성질을 갖는 물질을 이룬다. 이 때 한 원자와 쉽게 결합하는 원자도 있는가 하면 좀처럼 결합하지 못하는 원자도 있다. 예를 들면 소금은 나트륨과 염소 원자들로 이루어져 있고 설탕은 탄소·산소·수소 원자들로 이루어져 있다. 소금을 구성하는 나트륨 원자는 염소 원자와는 쉽게 결합하여 물질을 이루지만, 설탕을 구성하는 탄소 원자와는 잘 결합하지 않는다. 원자 간의 결합을 이해하려면 먼저 원자의 구조부터 이해해야 한다. 원자 내부의 세계로 들어가 보자.

 모든 원자는 중심에 (+)전기를 띤 원자핵
이 있으며, 그 주위를 (−)전기를 띤 전자가 돌고 있다. 이 때 가장 작고
가벼운 원소인 수소 원자는 전자 1개를 가지고 있지만, 다른 종류의 원
자들은 모두 각각 다른 수의 전자들을 가지고 있다. 1개의 원자가 다른
원자와 결합하기 위해 가까이 가면 먼저 바깥쪽에 있는 전자들이 상호
작용을 한다. 이처럼 원자와 원자가 결합하는 데는 전자가 중요한 역할
을 하므로, 먼저 전자들의 구조와 행동을 이해하는 것이 중요하다.

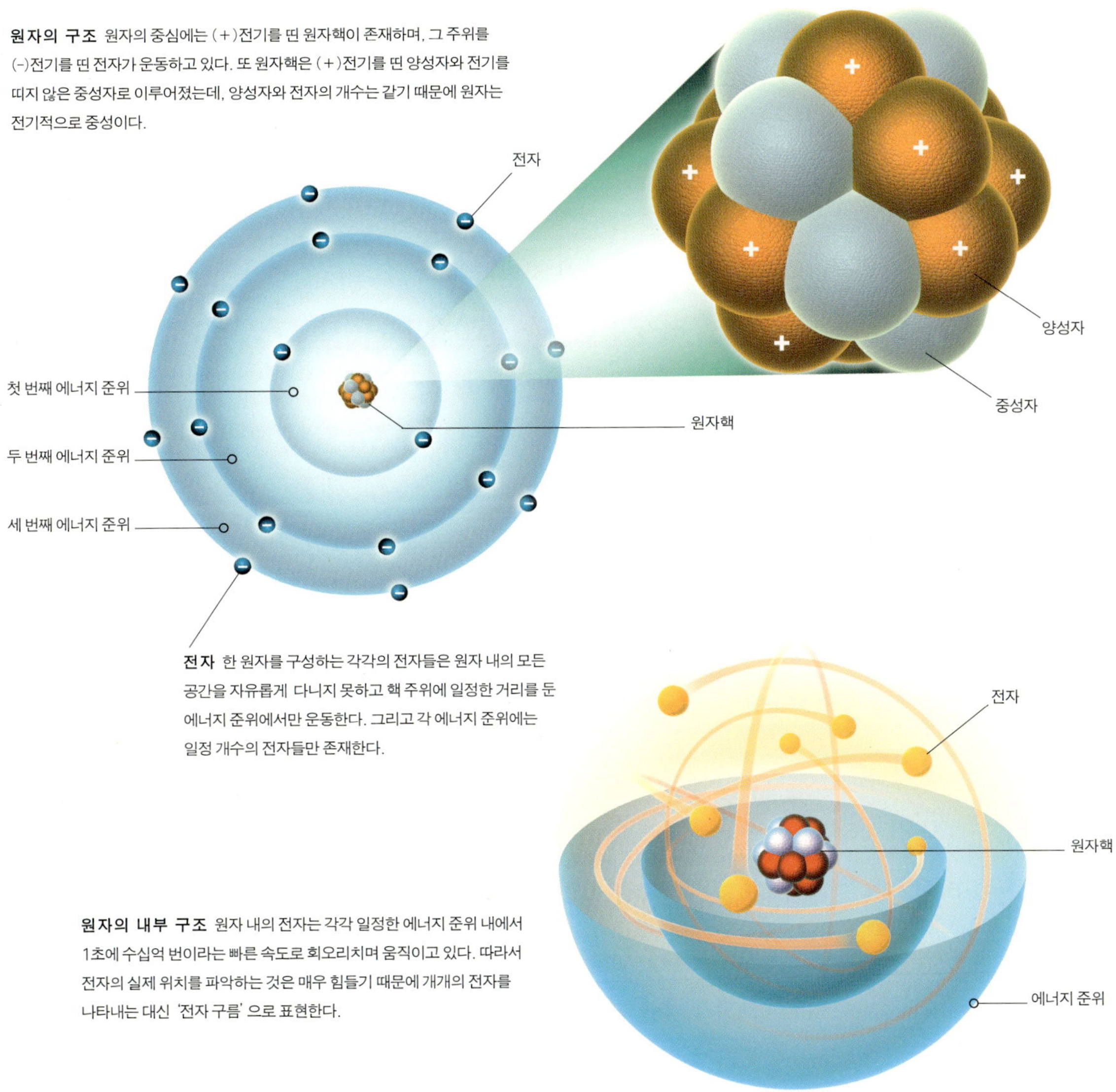



**원자의 구조** 원자의 중심에는 (+)전기를 띤 원자핵이 존재하며, 그 주위를
(−)전기를 띤 전자가 운동하고 있다. 또 원자핵은 (+)전기를 띤 양성자와 전기를
띠지 않은 중성자로 이루어졌는데, 양성자와 전자의 개수는 같기 때문에 원자는
전기적으로 중성이다.

**전자** 한 원자를 구성하는 각각의 전자들은 원자 내의 모든
공간을 자유롭게 다니지 못하고 핵 주위에 일정한 거리를 둔
에너지 준위에서만 운동한다. 그리고 각 에너지 준위에는
일정 개수의 전자들만 존재한다.

**원자의 내부 구조** 원자 내의 전자는 각각 일정한 에너지 준위 내에서
1초에 수십억 번이라는 빠른 속도로 회오리치며 움직이고 있다. 따라서
전자의 실제 위치를 파악하는 것은 매우 힘들기 때문에 개개의 전자를
나타내는 대신 '전자 구름'으로 표현한다.

앞의 그림을 보자. 전자들은 원자핵 주위를 돌지만 어느 곳에서나 자유롭게 움직일 수는 없다. 즉 양파가 한 겹씩 벗겨지는 껍질을 가지고 있는 것처럼, 원자는 핵 주위에 일정 거리를 두고 전자가 들어갈 수 있는 여러 개의 껍질(에너지 준위, energy level)을 가지고 있다. 이 때 전자는 핵에 가까운 껍질에 위치할수록 안정한 상태가 된다. 그리고 각각의 껍질에 들어갈 수 있는 최대 전자 수는 정해져 있다. 이처럼 전자들은 원자 내에서 궤도orbit라고 불리는 일정한 층 내에서만 존재한다.

수소 원자가 가진 1개의 전자는 핵에 가장 가까운 안쪽의 첫 번째 껍질에 위치한다. 수소 원자와 달리 한 원자에 여러 개의 전자가 있는 경우, 먼저 핵에 가장 가까운 첫 번째 껍질에 2개의 전자가 채워지고, 나머지 전자들은 두 번째, 세 번째 껍질순으로 각각 8개씩 채워진다.

이 때 한 원자가 다른 원자와 결합할지의 여부는 가장 바깥쪽 껍질, 곧 최외각 에너지 준위outer energy level에 들어 있는 전자가 결정한다. 이 전자를 원자가전자valence electron라 한다.

이 껍질이 전자들로 가득 차면 원자들은 안정된 구조를 가져 결합하려 하지 않는다. 그러나 채워지지 않았을 경우, 전자를 잃거나 얻는 과정을 통해 최외각 에너지 준위를 채우려고 한다. 최외각 에너지 준위가 전자들로 완전하게 채워진 헬륨(He)·네온(Ne)·아르곤(Ar) 등은 안정된 에너지 상태를 가져 다른 원자들과 잘 결합하지 않는다.

**| 이온 결합, 전자를 주고받으면서 서로 이익을 얻는다 |** 소금(염화나트륨, NaCl)을 이루는 나트륨(Na)은 11개의 전자를 갖고 염소(Cl)는 17개의 전자를 갖기 때문에 오른쪽 그림과 같은 전자 배치를 이룬다.

두 원자 모두 세 번째 전자 껍질에 8개의 전자를 갖고 있어야 안정된다. 그러므로 8개가 안 되면 다른 전자를 받아들여 그 궤도를 마저 채우거나 아니면 아예 비워 버리기 위해 자신이 가진 전자를 내주려고 한다.

오른쪽 그림에서 볼 수 있듯이 나트륨 원자는 1개의 원자가전자를 가지므로, 전자 1개만 떼어 내면 안정된 네온(Ne)의 전자 배치를 이룰 수 있다. 그래서 가장 바깥에 있는 전자 1개를 쉽게 내주려 한다. 한편, 염소 원자는 원자가 전자가 7개인데, 전자 7개를 모두 떼어 내려면 많은 에너지가 필요하기 때문에 전자 1개를 다른 원자에게서 얻어 안정한 전자 배치를 이루려고 한다.

이러한 나트륨과 염소가 만나면, 나트륨 원자는 전자 1개를 아낌없이 내주고 (+)전기를 띤 (+)이온(나트륨 이온, $Na^+$)이 된다. 또한 염소 원자는 나트륨 원자로부터 전자 1개를 받아 (−)전기를 띤 (−)이온(염화 이온, $Cl^-$)이 된다. 그 결과 이들 사이에 강한 전기적 인력이 작용하여 염화나트륨($NaCl$)이라는 소금이 만들어진다.

1개의 소금 입자를 이루는 나트륨 이온과 염화 이온은 각각 (+), (−)의 전기를 띠고 있기 때문에 아래의 그림이 보여 주는 것처럼 나트륨 이온과 염화 이온이 차례대로 무수히 결합하여 소금 덩어리가 된다.



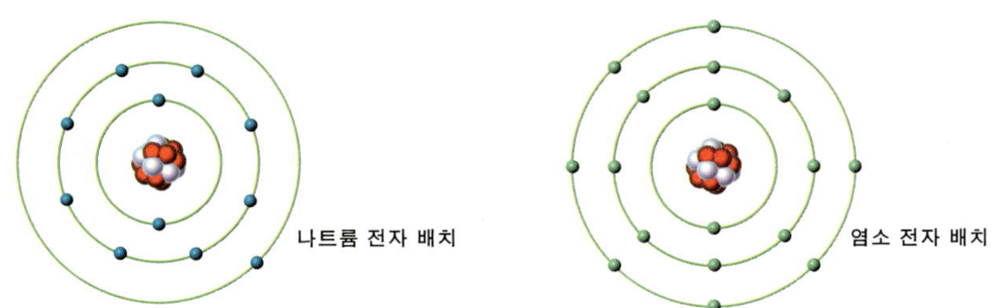


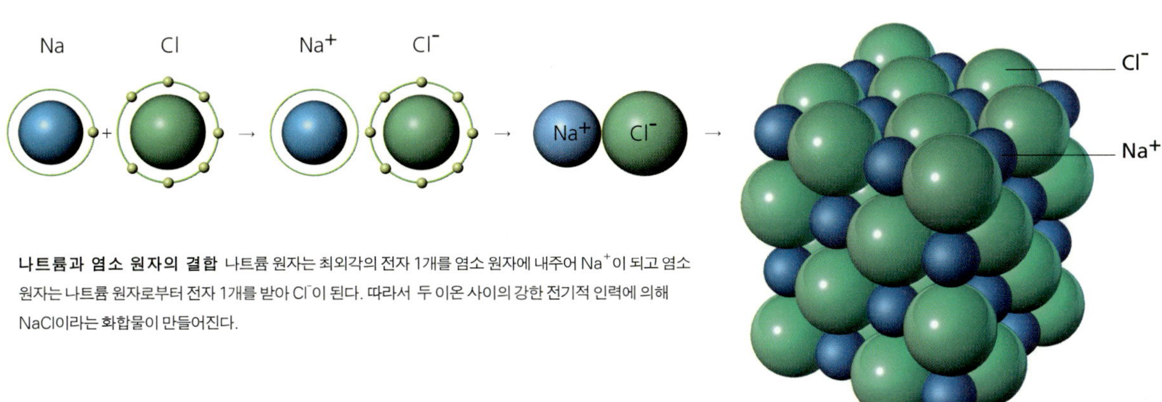


**나트륨과 염소 원자의 결합** 나트륨 원자는 최외각의 전자 1개를 염소 원자에 내주어 $Na^+$이 되고 염소 원자는 나트륨 원자로부터 전자 1개를 받아 $Cl^-$이 된다. 따라서 두 이온 사이의 강한 전기적 인력에 의해 $NaCl$이라는 화합물이 만들어진다.

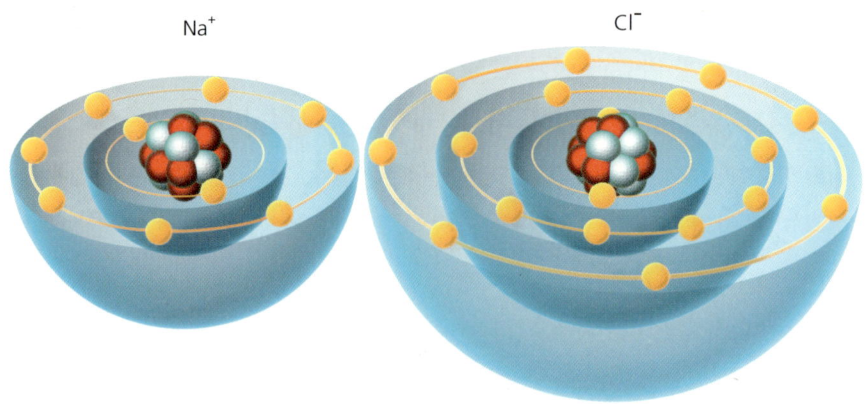



**염화나트륨(NaCl)의 이온 결합** 나트륨 원자는 1개의 최외각 전자를 내주고 염소 원자는
이것을 받음으로써, 두 원자 모두 최외각에 8개의 전자를 채운 안정한 상태가 되면서 결합한다.

이 때 각각의 구성 입자들은 (+), (−)로 대전되어 있으나 (+)이온이 가진
전하의 총량과 (−)이온이 가진 전하의 총량이 같기 때문에 전체로서는 전
기적으로 중성이다. 이처럼 두 원자가 서로 전자를 주고받아 이온이 되어
결합하는 것을 이온 결합ionic bond이라고 한다.

소금처럼 이온 결합으로 만들어진 물질은 고체 상태에서는 구성 입자
들이 쉽게 움직일 수 없다. 각각의 이온들이 서로 잡아당기는 전기적 인
력에 의해 강하게 결합되어 있기 때문이다. 그러나 액체 상태이거나 물에
녹으면 전기를 띤 이온들이 자유롭게 움직일 수 있어 전기를 통할 수 있
다. 또한 (+)이온과 (−)이온의 강한 결합을 끊는 데 많은 에너지가 필요하
므로 이온 결합성 물질들은 녹는점과 끓는점이 비교적 높다. 설탕의 녹는
점이 185℃인 데 비해 소금은 801℃나 되는 것도 바로 이온 결합에서 비
롯한 강한 결합력으로 설명될 수 있다. 그러나 원자들 사이의 결합은 이
렇게 전자를 주고받는 과정으로만 이루어지지는 않는다.

**| 공유 결합, 서로 주기 싫어하는 원자 사이의 타협 |** 염소 원자는 나
트륨 원자와 만나면 소금을 만들지만, 2개의 염소 원자가 만나면 황록
색의 유독한 염소 기체를 만들기도 한다. 전자 1개를 받으려고만 하는
염소 원자들 사이에서 어떻게 결합이 이루어질 수 있을까? 염소 원자들

이 서로 전자를 받으려고만 한다면 이들 사이의 결합은 이루어질 수 없다.

이들이 모두 최외각에 8개씩의 전자 배치를 이루면서 안정적으로 결합하는 방법은 전자를 함께 갖는 것이다. 아래 그림과 같이 2개의 염소 원자는 각각 전자 1개씩을 내놓아 전자쌍을 만들고 이것을 함께 공유하는 방법으로 결합한다. 이와 같이 전기적으로 중성인 상태이면서 전자를 서로 공유하여 안정적인 전자 배치를 이루는 결합을 공유 결합<sup>covalent bond</sup>이라고 한다.

공유 결합을 하는 물질은 이온 결합을 하는 물질처럼 전자가 한 원자에서 다른 원자로 이동하는 것이 아니다. 단지 원래의 원자에 속한 상태에서 다른 원자의 원자핵에도 끌린다. 다시 말해 전자들은 2개의 원자핵에 모두 전기적 인력이 작용하여 끌어당겨진다. 그러므로 공유 결합으로 이루어진 입자는 물에 녹거나 가열하여 액체 상태가 될 때에도 각각의 원자는 결합된 상태 그대로 한 덩어리처럼 행동하는데, 이러한 입자를 분자<sup>molecule</sup>라고 한다.

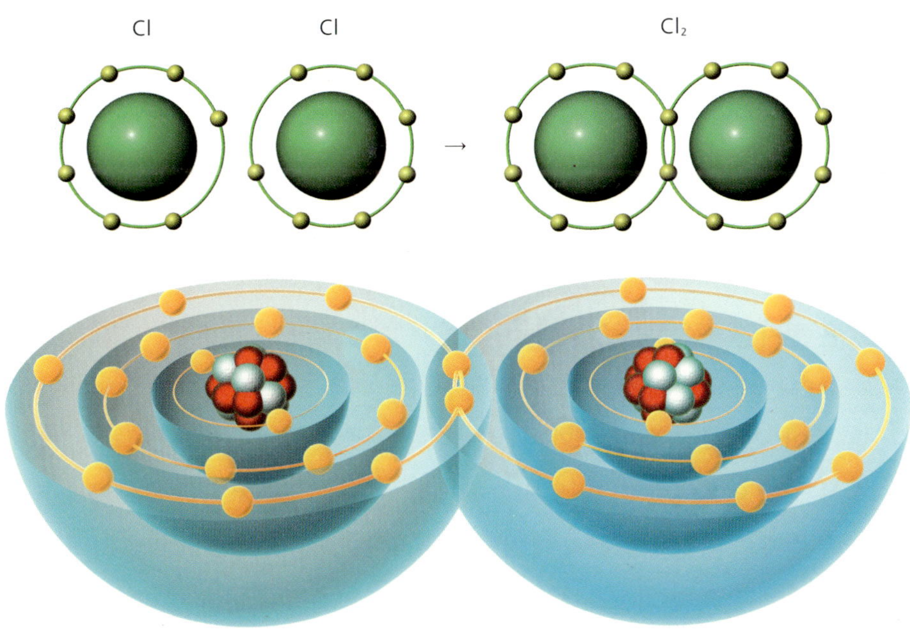


**염소(Cl₂)의 공유 결합** 2개의 염소 원자는 각각 자신이 가진 전자를 1개씩 내놓아 전자쌍을 만들고 이 전자쌍을 공유함으로써, 두 원자 모두 최외각에 8개의 전자를 채우는 안정한 상태가 되면서 결합을 형성한다.

설탕을 구성하는 탄소·산소·수소 원자들은 염소 분자처럼 전자를 서로 공유함으로써 모든 원자가 만족하는 안정된 상태가 된다. 설탕은 물에 녹아도 공유 결합으로 이루어진 중성의 분자로 물 속에 존재하기 때문에 전기가 통하지 않는다. 또한 고체 상태에서도 설탕 분자들은 이온 결합과 달리 전기적 인력이 작용하여 강하게 결합되어 있는 것이 아니기 때문에 소금보다 낮은 온도에서 녹는다.

**|금속 결합, 원자들 사이의 또다른 결합 방법|** 구리·은·철·금 등은 예부터 우리의 생활과 매우 친숙한 금속이다. 이 금속들은 한 종류의 원자로 이루어진 물질인데, 같은 원자들끼리 어떻게 결합하여 금속 고유의 단단한 성질을 가진 물질을 만드는 것일까?

고체 금속은 무수히 많은 원자가 규칙적이며 일정한 배열을 이루고 있는데, 개개의 금속 원자는 최외각 전자 껍질의 전자들을 쉽게 내주려고 한다. 이렇게 금속 원자가 전자를 내놓고 (+)이온으로 되어 일정한 배열을 이루면, 전자들이 이 (+)이온들 사이를 자유롭게 이동해 다니면서 (+)이온들 사이의 반발력을 없애 결합이 유지되도록 해준다, 이렇게 금속내에서 원자들 사이를 자유롭게 움직여 다니는 전자를 '자유 전자' 라 한다. 결론적으로 모든 금속 (+)이온들은 자유롭게 움직이는 전자에 둘러싸여 있고, 이 전자들은 모든 원자핵에 끌어당겨지는 힘을 받으면서 결합이 유지된다. 즉 모든 원자가 전자를 내놓았지만, 한편으로는 모든 원자가 내놓은 전자를 공유하는 것이다.

금속은 자유 전자가 있기 때문에 전기가 매우 잘 통한다. 또한 매우 얇은 종이 모양으로 펴거나 가는 선으로 뽑아낼 수 있다. 금속의 이런 유연성은 금속 이온들이 서로 잘 미끄러질 수 있고 미끄러져서 변형되더라도 금속 원자의 배열은 변하지 않기 때문이다. 또한 금속에 힘이 작용하더라도 금속 이온과 전자들 사이의 인력 때문에 원자들이 함께 붙어 있을 수 있는 것이다. 금속의 열전도성이 좋은 이유도 자유 전자에 의해 열운동이 금속 전체에 빠르게 전달되기 때문이다.

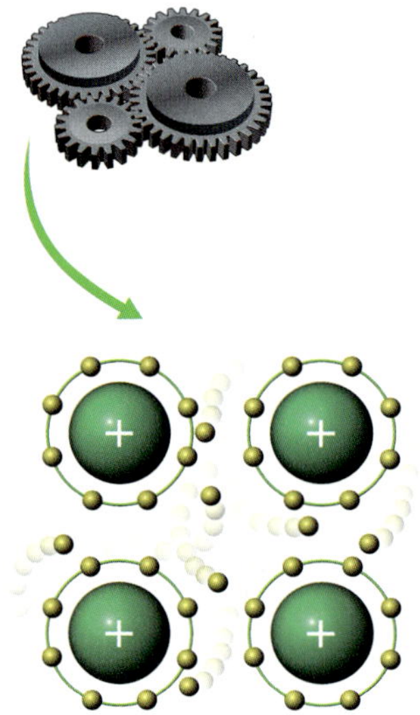

**금속 결합**

모든 금속 원자가 전자를 내놓고 일정 배열을 이루면 자유 전자들이 금속 (+)이온들 사이를 자유롭게 이동하며 결합을 유지시킨다. 자유 전자의 이동 모습은 톱니바퀴가 돌아가는 모습과 유사하다.

## 원자들이 결합하는 이유

서로 다른 원자들은 왜 결합하려고 할까? 원자들은 따로 존재하는 것보다 여러 원자가 결합함으로써 더 안정된 상태가 되기 때문이다. 이 과정에는 원자의 중심에 있는 (+)전기를 띤 원자핵과 (−)전기를 띤 전자 사이의 전기적 인력이 큰 역할을 한다.

이온 결합은 전자를 주고받으면서 이루어지는 것이므로, 전자를 내주기 쉬운 원자와 전자를 받기 쉬운 원자 사이에서 주로 일어난다. 나트륨이나 칼슘 같은 금속 원자들은 원자가 전자를 1, 2개 가지고 있기 때문에 이들 전자들을 쉽게 다른 원자에게 주면서 (+)이온이 되려고 한다. 반면 염소나 산소 등의 비금속 원소들은 원자가 전자를 6, 7개 가지고 있어 다른 원자로부터 전자를 받으려 하거나 공유하여 최외각의 에너지 준위를 채우려고 한다. 그러므로 이온 결합은 전자를 주기 쉬운 금속 원자와 전자를 받기 쉬운 비금속 원자들 사이에서 일어나기 쉽다. 그리고 공유 결합은 전자를 받기 쉬운 비금속 원자들 사이에서 주로 일어난다.

우리 주변의 많은 물질들은 2개 이상의 더 많은 원자들이 결합하여 한 종류의 물질을 만드는 경우도 많고, 또한 다양한 방법으로 결합한다. 110여 가지밖에 되지 않는 원자들 사이에서 이루어지는 이런 다양한 결합 방식으로 셀 수 없이 많은 물질들을 만들고 있으며, 앞으로도 수많은 새로운 물질들이 만들어질 것이다.

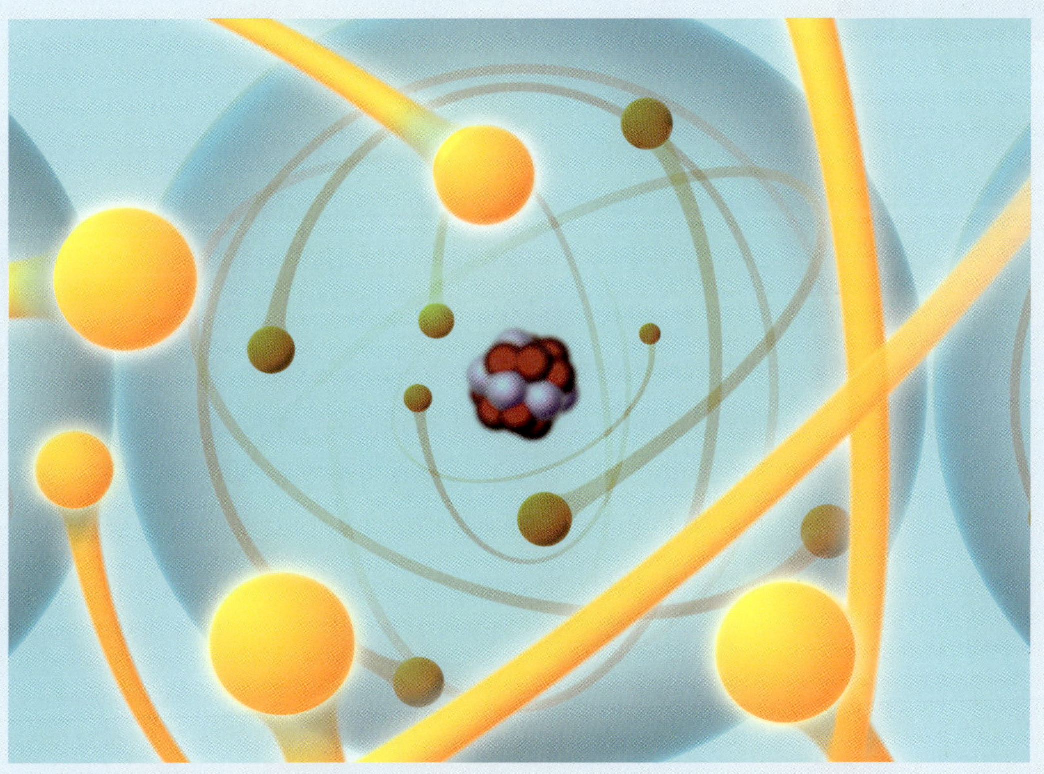

# 5 | 힘과 운동의 법칙

오늘도 지각이다. 간신히 버스에 올라타 안도의 숨을 내쉬고 있을 때, 버스가 갑자기 출발했다. 그 순간 몸이 뒤로 쏠리는 듯싶더니 결국 뒤로 넘어지고 말았다. '아침부터 웬 망신이람?' 버스는 앞으로 가려고 출발했는데 왜 내 몸은 뒤로 쏠린 걸까?

**나선 은하**
은하는 수많은 별들로 이루어져 있고, 그 별들은 매우 빠른 속력으로 회전 운동을 한다.

**│ 정지해 있는 물체는 없다 │** 우주에 있는 모든 물체는 운동을 한다. 지구는 자전 축을 중심으로 자전하면서 태양계의 다른 행성과 함께 태양의 주위를 공전한다. 태양계도 은하계 안에서 다른 별과 함께 운동하고, 은하계도 우주 속의 다른 은하와 함께 운동한다.

존재하는 물체 가운데 운동하지 않는 물체는 없으며, 움직이지 않고 정지해 있는 것은 없다. 그러나 높은 산 위에 고고하게 서 있는 소나무는 아무런 운동도 하지 않는 것처럼 보이며, 책상 위에 놓여 있는 책 또한 정지한 것처럼 보인다. 하지만 실제로 소나무와 책은 지구와 함께 우주 공간 속을 1초에 약 30km 속도로 달리고 있다. 이처럼 지구가 빨리 회전하고 있는데도 우리는 멀미조차 하지 않는다. 왜 그럴까?

달리는 차 안에서 한 남자가 책을 읽고 있다. 이 남자의 입장에서 보면 책은 정지해 있다. 그러나 자동차 밖 도로에 서 있는 사람이 보면 책은 운동하고 있다. 이처럼 보는 입장에 따라 책은 정지해 있기도 하고 움직이기도 한다. 운동은 이와 같이 상대적이기 때문에 운동을 말할 때는 '무엇에 대하여' 또는 '어디에서 보면'과 같은 기준을 밝혀야 한다. 이러한 말이 생략된 경우는 보통 지구의 표면에 서 있는 사람에 대한 운동이라고 가정한 것이다.

지금부터 300여 년 전, 뉴턴은 모든 물체의 운동을 설명할 수 있는 객관적인 법칙을 찾아냈다. 그는 '뉴턴의 운동 법칙'이라 불리는 운동의 3가지 법칙을 통해 우리 주변의 운동뿐만 아니라 천체의 움직임까지도 설명했다.

**| 뉴턴의 운동 제1법칙, 관성의 법칙 |** 우리 나라에도 시속 300km로 달리는 고속철도가 등장했다. 상우는 초고속으로 달리는 고속철도 안에서 식사를 하다가 그만 포크를 떨어뜨리고 말았다. 포크가 떨어지는 위치는 어디일까?

상우의 손을 떠난 포크는 아래쪽으로는 중력을 받지만, 기차가 달리는 방향으로는 힘을 받지 않는다. 포크가 떨어지는 순간에도 고속철도는 앞으로 나아갔으므로 포크는 상우의 뒤쪽에 떨어질까? 만약 그렇다면 얼마나 뒤쪽에 떨어질지 간단한 계산으로 구해 보자.

낙하하는 물체의 이동 거리 공식은 $s=\frac{1}{2}gt^2$이다. 이 공식에 식탁의 높이 $s=0.8$m, 중력가속도 $g=9.8$m/$s^2$을 대입하면 $t=0.4$초가 된다.

시속 300km = 300,000m/3,600s = 83m/s = 초속 83m

포크가 떨어지는 순간 수평 방향의 속력이 0이 된다면, 포크는 뒤로 날아가 뒤쪽 출입문에 박히고 말 것이다.

포크가 아래로 떨어지는 동안 기차와 같은 수평 방향의 속력을 그대로 유지하므로, 포크는 아래로 떨어진다.

다시 말해 식탁의 높이가 80cm라면 포크가 바닥에 떨어질 때까지 걸리는 시간은 약 0.4초이다. 시속 300km인 고속철도의 속력은 초속 약 83m이다. 이는 1초에 83m를 달린다는 뜻이므로 포크가 떨어지는 0.4초 동안에 고속철도는 33m나 앞으로 나아가게 된다. 그 결과 포크는 뒤로 날아가 기차의 출입문에 박히고 말 것이다.

그런데 실제로는 이런 일이 일어나지 않는다. 왜 그럴까? 포크가 아래로 떨어지는 동안에도 기차와 함께 앞으로 갔기 때문이다. 기차가 달리는 방향으로 아무런 힘도 작용하지 않았지만 포크는 초속 33m의 속력을 그대로 갖고 있었던 것이다.

뉴턴은 이와 같은 현상을 관성으로 설명하였다. 운동하는 물체에 힘이 작용하지 않으면 물체는 운동 상태를 그대로 유지하려는 성질을 가지고 있다고 생각한 것이다. 이러한 성질을 '관성' 이라고 한다. 뉴턴의 운동 제1법칙인 관성의 법칙은 다음과 같다.

**관성**
종이의 끝을 손으로 잡고 다른 손으로 종이를 내리쳐 재빨리 빼내면 동전은 떨어지지 않는다.

**물체에 힘이 작용하지 않으면 정지한 물체는 계속 정지해 있고,
운동하고 있는 물체는 현재의 속도를 유지한 채 일정한 속도로 운동을 한다.**

우리는 일상 생활에서 흔히 관성의 법칙을 경험한다. 정지하고 있던 버스가 갑자기 출발하면 우리의 몸은 순간 뒤로 쏠리게 된다. 이는 정지하고 있던 우리 몸이 계속 정지해 있으려는 관성에 의해 몸은 그대로인데 차만 앞으로 가므로 순간 뒤로 넘어지는 것이다. 반대로 달리던 버스가 갑자기 정지하면 관성에 의해 몸은 계속 운동하여 앞으로 가는데 차는 멈추므로 몸만 앞으로 쏠리는 것이다.

그러나 우리는 관성의 법칙과는 다른 경험을 하기도 한다. 마룻바닥에 놓여 있는 물체를 밀면 조금 가다가 곧 멈춘다. 바퀴를 달면 더 멀리까지 굴러가겠지만 언젠가는 멈춘다. 관성의 법칙에 의하면 계속 굴러가야 하는데 어떻게 된 일일까? 물체가 마룻바닥으로부터 힘을 받고 있기 때문이

**에어백**
자동차가 갑자기 멈출 때 운전자를 보호하는 장치가 에어백이다. 센서가 충돌을 감지하면 기체가 폭발하면서 백이 순간적으로 부푼다. 충돌부터 에어백이 완전히 작동하는 데는 보통 0.03~0.05초 정도의 짧은 시간이 걸린다.

다. 물체는 마룻바닥으로부터 운동을 방해하는 힘, 곧 마찰력을 받고 있다. 즉 물체에는 운동 방향과 반대 방향으로 *마찰력이 작용했기 때문에 멈춘 것이다.

**| 뉴턴의 운동 제2법칙, 힘과 가속도의 법칙 |** 정지해 있는 자전거의 페달을 밟으면 자전거는 움직이기 시작한다. 페달을 더 세게 밟으면 자전거는 더 빠르게 움직인다. 장애물을 만나 브레이크를 밟으면 자전거는 멈춘다. 이처럼 힘이 작용하면 자전거의 속력은 변한다.

시간에 따라 속력이 변하는 비율을 나타낸 양을 '가속도'라고 한다. 가속도는 운동 상태가 변하는 정도를 나타내는 것이다. 일반적으로 큰 힘이 작용하면 가속도도 커진다. 그러나 같은 크기의 힘이 작용하더라도 물체의 *질량에 따라 가속도는 달라진다.

같은 힘으로 무거운 볼링공과 가벼운 탁구공을 각각 밀어 보자. 어느 공이 더 쉽게 움직이는가? 또한 두 공이 같은 속력으로 굴러가고 있을 때 어느 것이 더 쉽게 멈추는가? 탁구공이 쉽게 움직이고 쉽게 멈춘다. 볼링

**마찰력**
물체가 다른 물체의 표면에 접하여 움직이려고 할 때 또는 움직이고 있을 때, 그 운동을 방해하는 힘이 접촉면을 따라 작용한다. 이 힘을 마찰력이라고 한다.

**질량**
물체를 구성하는 물질의 양. 즉, 물체의 운동을 변화시키려는 외부 영향에 물체가 나타내는 관성의 크기를 말한다.

공처럼 질량이 클수록 속력을 변화시키기 어렵기 때문이다. 물체의 질량이 클수록 관성이 크기 때문에 질량은 운동의 변화를 방해하는 역할을 하며, 관성의 크기를 나타내는 양이라고 할 수 있다.

이처럼 물체에 작용한 힘과 물체의 질량 및 가속도 사이에는 '힘 = 질량×가속도' 라는 관계가 성립한다. 뉴턴의 운동 제2법칙인 힘과 가속도의 법칙은 다음과 같다.

물체에 작용하는 힘 = 물체의 질량 × 가속도

$$\longrightarrow \quad F = ma$$

**물체의 가속도는 그 물체에 작용하는 힘의 크기에 비례하고, 물체의 질량에는 반비례한다.**

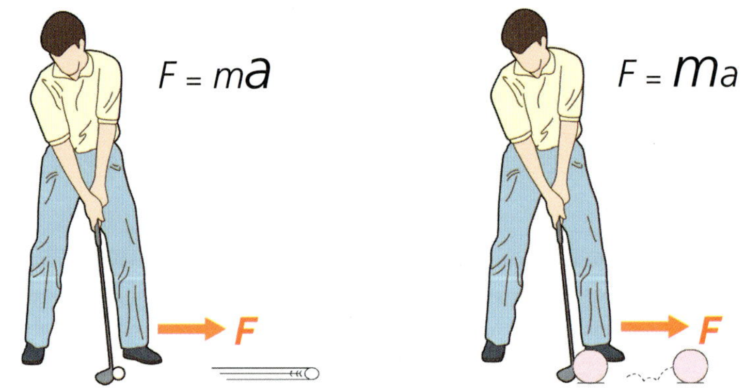


뉴턴의 운동 제2법칙을 이용하면 질량이 다른 물체에 같은 크기의 힘을 작용할 때의 결과를 비교할 수 있다.
질량이 큰 물체에 작용하는 힘은 상대적으로 작은 가속도를 만든다.

이 간단한 공식은 인류가 가장 많이 사용하는 공식 가운데 하나다. 대포에서 쏜 포탄이 날아가는 경로를 구하거나, 브레이크를 밟았을 때 자동차가 움직이는 거리를 구할 때도 이 공식을 이용한다. 로켓을 쏘아 달로 보낼 때에도 이 공식을 이용하여 그 경로를 계산한다.

**| 뉴턴의 운동 제3법칙, 작용과 반작용의 법칙 |** 민규와 지수가 스케이트를 신고 얼음판 위에 마주 서 있다. 둘 다 손을 앞으로 내민 상태에서

지수가 민규를 밀면 민규는 뒤로 밀려난다. 지수는 어떻게 될까? 지수도 뒤로 밀려난다. 민규는 지수로부터 힘을 받았기 때문에 뒤로 밀려나지만, 지수는 왜 밀려나는 것일까? 지수는 민규로부터 힘을 받았기 때문이다. 지수가 민규에게 힘을 작용할 때 일방적으로 밀기만 하는 것이 아니라, 지수도 반드시 민규로부터 되밀리는 힘을 받게 된다.

뉴턴은 이를 운동의 제3법칙으로 정리하였다. 뉴턴의 운동 제3법칙인 작용과 반작용의 법칙은 다음과 같다.

$F_{AB}$는 $B$가 $A$에 작용하는 힘 = $-F_{BA}$는 $A$가 $B$에 작용하는 힘

$$F_{AB} = -F_{BA}$$

한 물체가 다른 물체에 힘을 작용하면 다른 물체도 힘을 작용한 물체에 크기가 같고 방향이 반대인 힘을 작용한다. 물체 $A$가 물체 $B$에 힘을 작용하면, 동시에 물체 $B$도 물체 $A$에 크기가 같고 방향이 반대인 반작용의 힘을 가한다.

우리는 작용과 반작용의 법칙을 수없이 경험한다. 예를 들어 야구방망이로 야구공을 치면 야구공도 야구방망이를 되민다. 야구방망이가 야구공을 치는 작용에 대하여 야구공이 야구방망이를 미는 반작용이 생긴 것이다. 작용과 반작용의 크기는 같지만 운동의 제2법칙에 의해 가속도는 달라진다. 즉, 야구공은 야구방망이와 야구방망이를 쥐고 있는 사람에 비해 질량이 작으므로 가속도가 크게 붙어 멀리 날아간다.

뉴턴의 운동 제3법칙을 이용하여 사람이 걸어가는 과정을 설명해 보자. 작용과 반작용의 힘은 크기가 같고 방향이 반대이다. 사람이 걸을 때 다리는 지구를 밀고 이 반작용으로 지구도 다리를 되민다. 즉, 사람과 지구의 양쪽에 크기가 같고 방향이 반대인 힘이 각각 작용하는 것이다. 이 때 지구는 질량이 크기 때문에 가속되지 않지만 사람은 질량이 작아 쉽게 가속된다. 따라서 사람은 지구의 반작용력에 의해 걸어다닐 수 있는 것이다.

**작용과 반작용**
야구방망이로 야구공에 작용을 가하면 야구공도 야구방망이에 반작용을 가한다. 이 때 작용과 반작용의 크기는 같고 방향은 반대이다.

야구를 통해 살펴본 뉴턴의 운동 법칙

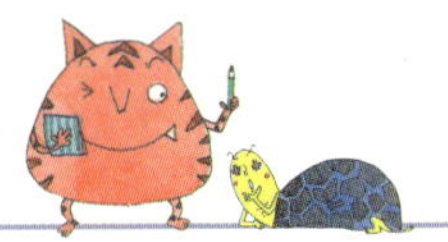

# 뉴턴이 말하는 운동의 3법칙

야구에서는 뉴턴의 운동 법칙이 거의 모든 곳에 적용된다. 투수가 공을 던지고, 타자가 공을 친 다음 뛰어가고, 타자가 친 공이 날아가는 방향을 수비수가 예측하여 잡고, 이 공을 다시 던지고……. 야구의 이 모든 과정은 뉴턴의 운동 법칙으로 설명할 수 있다. 모든 스포츠가 그러하듯이, 모든 선수에게 똑같은 물리 법칙이 적용되지만 선수의 기량과 감독의 작전에 따라 경기 결과는 달라진다. 야구는 9회 말이 끝나 봐야 아는 것 아닌가!

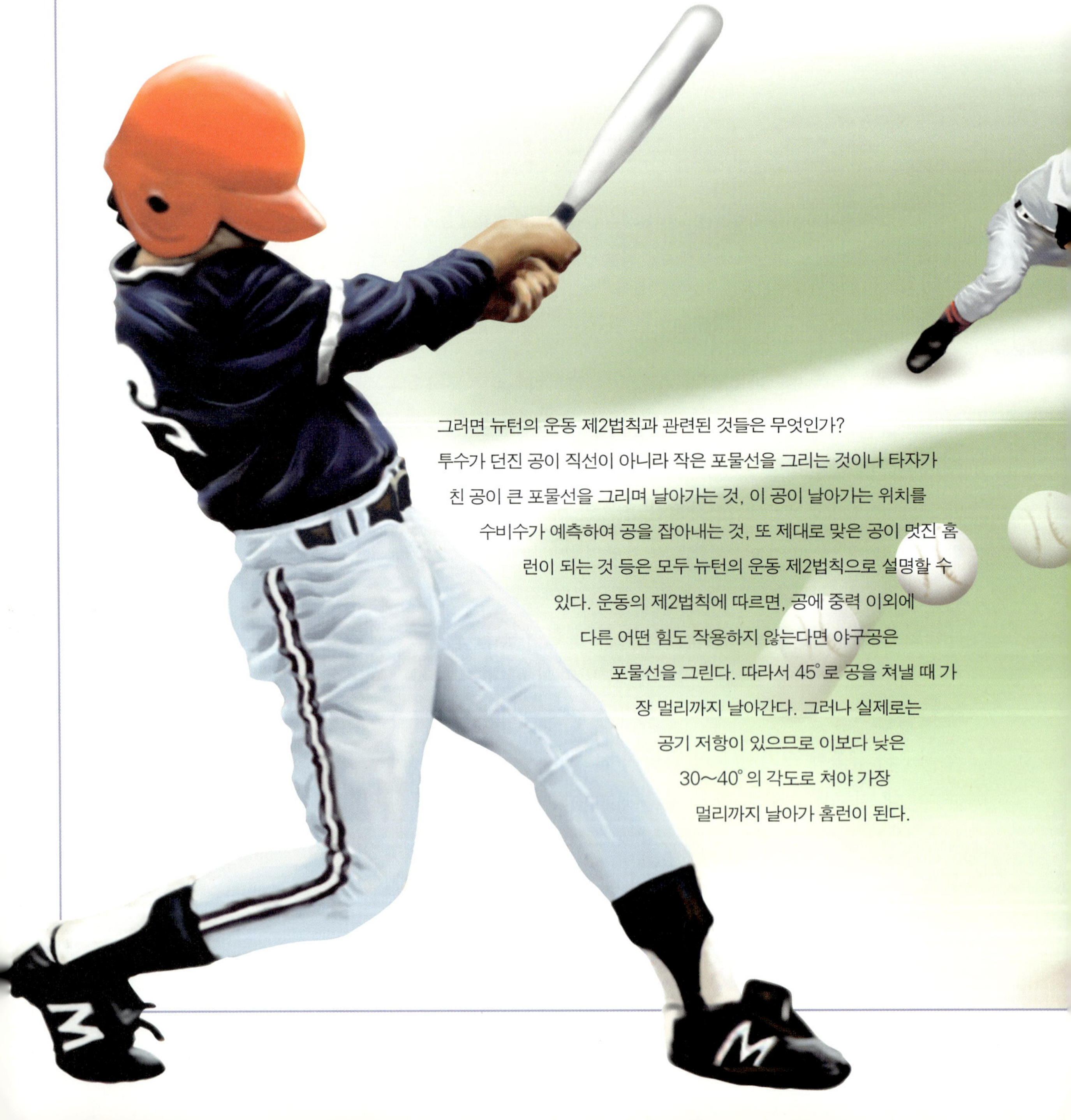

그러면 뉴턴의 운동 제2법칙과 관련된 것들은 무엇인가? 투수가 던진 공이 직선이 아니라 작은 포물선을 그리는 것이나 타자가 친 공이 큰 포물선을 그리며 날아가는 것, 이 공이 날아가는 위치를 수비수가 예측하여 공을 잡아내는 것, 또 제대로 맞은 공이 멋진 홈런이 되는 것 등은 모두 뉴턴의 운동 제2법칙으로 설명할 수 있다. 운동의 제2법칙에 따르면, 공에 중력 이외에 다른 어떤 힘도 작용하지 않는다면 야구공은 포물선을 그린다. 따라서 45° 로 공을 쳐낼 때 가장 멀리까지 날아간다. 그러나 실제로는 공기 저항이 있으므로 이보다 낮은 30~40° 의 각도로 쳐야 가장 멀리까지 날아가 홈런이 된다.

관성의 법칙과 관련된 재미있는 행동을 살펴보자. 타자가 공을 친 다음 1루로 달려갈 때는
있는 힘을 다해서 달린 다음 1루 베이스에 멈추지 않고 그대로 통과한다. 그런데 2루나
3루 또는 홈으로 달려가는 주자는 베이스에 멈추려고 슬라이딩을 한다. 왜 그럴까? 야구
규정상 1루 베이스는 밟고 지나가도 되지만 2루·3루·홈 베이스는 공이 왔을 때
밟고 있어야 하기 때문이다. 즉 2루·3루·홈으로 힘차게 달려온 주자는 베이스에서
멈추고 베이스를 밟고 있어야 한다. 따라서 관성이 큰 주자는 효과적으로
베이스에 멈추기 위해 슬라이딩을 한다. 주자는 자신의 온몸을 땅과 마찰시켜
마찰력을 최대로 하여 베이스에 멈추는 것이다.

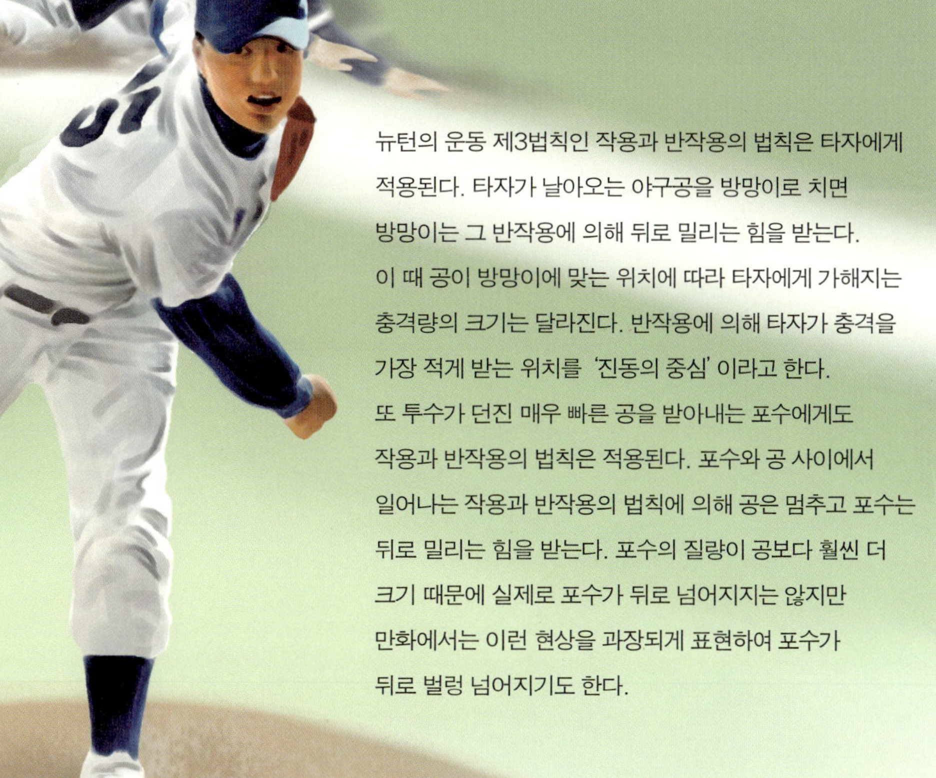

뉴턴의 운동 제3법칙인 작용과 반작용의 법칙은 타자에게
적용된다. 타자가 날아오는 야구공을 방망이로 치면
방망이는 그 반작용에 의해 뒤로 밀리는 힘을 받는다.
이 때 공이 방망이에 맞는 위치에 따라 타자에게 가해지는
충격량의 크기는 달라진다. 반작용에 의해 타자가 충격을
가장 적게 받는 위치를 '진동의 중심' 이라고 한다.
또 투수가 던진 매우 빠른 공을 받아내는 포수에게도
작용과 반작용의 법칙은 적용된다. 포수와 공 사이에서
일어나는 작용과 반작용의 법칙에 의해 공은 멈추고 포수는
뒤로 밀리는 힘을 받는다. 포수의 질량이 공보다 훨씬 더
크기 때문에 실제로 포수가 뒤로 넘어지지는 않지만
만화에서는 이런 현상을 과장되게 표현하여 포수가
뒤로 벌렁 넘어지기도 한다.

# 스윙 바이란 무엇일까?

1977년 8월 20일에 발사된 보이저 2호는 목성(1979년 7월 9일), 토성(1981년 8월 22일), 천왕성(1986년 1월 24일), 해왕성(1989년 8월 25일)을 차례로 최단 시간에 탐사하여 귀중한 정보를 지구까지 보내 주었다.

보이저 2호가 지구로부터 71억km나 떨어져 있는 해왕성까지 가는 데 걸린 기간은 12년이다. 매우 긴 시간으로 생각될지도 모른다. 하지만 핼리혜성이 태양 근처에서 해왕성 궤도까지 가는 데 약 38년이 걸리는 것을 생각한다면 그렇게 긴 시간은 아니다. 보이저 2호가 이렇게 빠르게 날아갈 수 있었던 까닭은 무엇일까?

천문학자들은 보이저 2호를 발사한 1977년에 목성·토성·천왕성·
해왕성이 탐사하기에 매우 적절한 위치에 놓여 있는 사실을 알게 되
었다. 따라서 이 기간은 우주 탐사선이 최단 경로를 따라 행성들을
방문할 수 있는 절호의 기회였다. 행성 사이의 거리가 짧은 것은 물
론이고 탐사선이 행성을 지날 때 행성이 끌어당기는 힘을 이용하여
가속할 수 있었기 때문이다. 행성의 중력을 이용하여 탐사선을 가
속하는 방법을 '스윙 바이swing by'라고 한다.

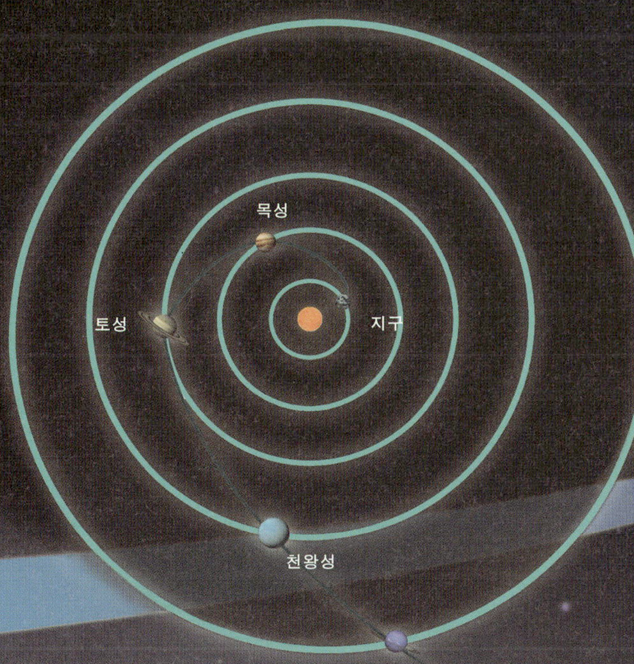


1977년은 행성들이 매우 적절한
위치에 있었기 때문에 보이저 2호는
최단 경로를 따라 행성들을 방문할 수
있었다. 이 때 적절한 위치란 행성들
사이의 거리가 짧은 것은 물론이고,
탐사선이 행성을 지나면서 그 중력을
이용하여 가속될 수 있는 위치에
있었다는 것을 의미한다.

그림을 보면서 스윙 바이의 원리에 대해 알아보자. 그림 a의 롤러코스터는 왼쪽에서 아래를 향해 내려갈 때 가속된다. 그러나 오른쪽으로 올라갈 때에는 감속되기 때문에 원래의 속도로 되돌아가고 만다. 그림 b는 목성을 기준으로 했을 때 탐사선이 목성 부근에서 지나가는 궤도이다. 그림 b는 그림 a의 경우와 같이 탐사선이 목성에 접근할 때에는 끌려가면서 가속된다. 그러나 목성의 중력을 뿌리치고 빠져 나갈 때에는 감속된다. 이 때 속력이 증가한 만큼 감속되기 때문에 탐사선의 속력은 빨라지지 않는다.

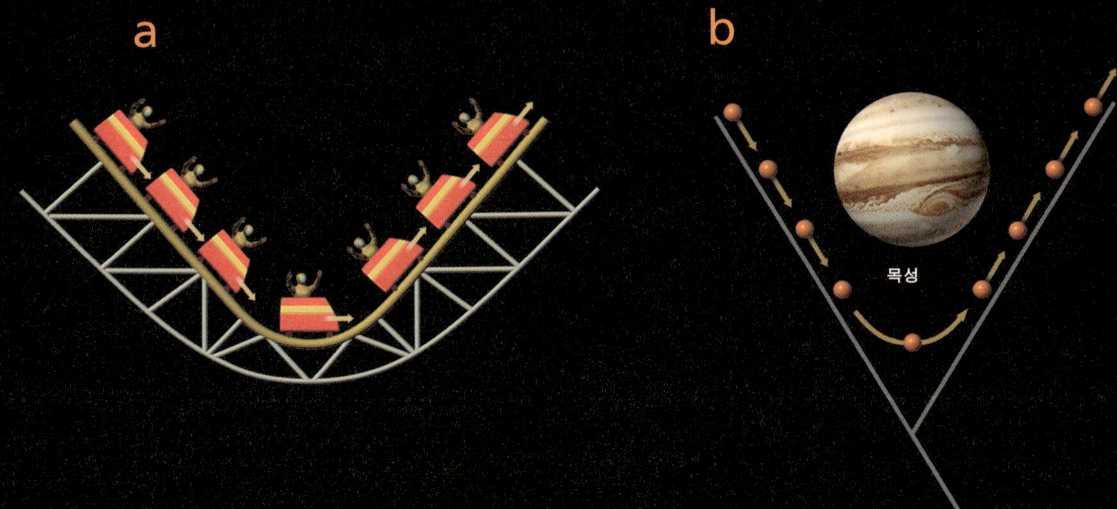


그런데 탐사선은 어떻게 가속되는 것일까? 탐사선은 행성이 태양 주위를 도는 공전 속도를 이용한다. 그림 c는 스윙 바이에 의해 생기는 탐사선의 속도 증가를 나타낸 것이다.

탐사선이 목성에 접근했을 때 목성은 타원 궤도를 그리며 태양에 대해 초속 13.1km로 멀어지고 있었다. 목성에 대한 탐사선의 속도 13.7km/s와 앞에서 말한 태양에 대한 목성의 속도 13.1km/s를 합성하면 태양을 기준으로 한 탐사선의 속도는 15.4km/s가 된다. 그림 c는 탐사선이 20° 각도로 방향을 바꾸었을 때 속도 벡터가 변하는 모습을 나타낸 것이다.

탐사선이 목성 부근을 통과할 때 진행 방향이 바뀌면서 나중에는 두 속도 벡터의 방향이 일치하게 된다. 이와 같은 과정으로 탐사선의 속도는 초속 15.4km에서 초속 27.8km로 증가한다. 다시 말해 탐사선이 목성으로부터 벗어날 때의 운동 방향이 목성의 공전 방향과 일치하도록 함으로써 탐사선의 운동 속도를 빠르게 할 수 있는 것이다.

이와 같은 과정을 통해 목성은 자신이 가진 운동량의 일부를 탐사선에 주고 있으므로 목성의 공전 속도는 느려지게 된다. 그러나 행성과 탐사선의 질량 차이는 매우 크기 때문에 행성이 느려지는 것은 무시할 수 있다.

보이저 2호는 이와 같은 방법으로 가속되어 해왕성까지 가는 데 걸리는 시간을 단축할 수 있었다. 보이저 2호는 1989년에 해왕성에 접근하여 사진을 찍어 지구로 보낸 후, 현재 태양계를 벗어나 먼 우주를 향해 끊임없이 날아가고 있다.

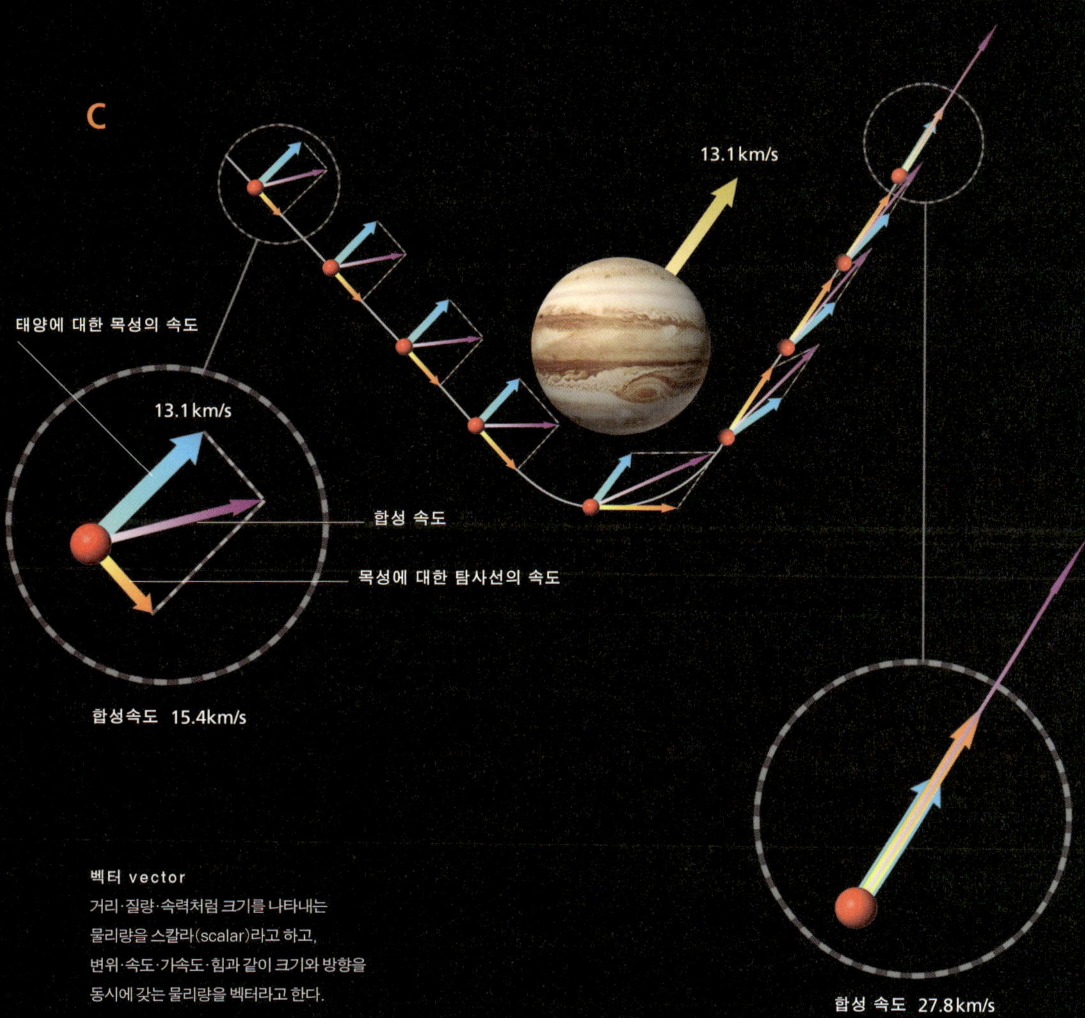


벡터 vector
거리·질량·속력처럼 크기를 나타내는
물리량을 스칼라(scalar)라고 하고,
변위·속도·가속도·힘과 같이 크기와 방향을
동시에 갖는 물리량을 벡터라고 한다.

# 가짜 힘의 정체

자전거를 타고 굽은 길을 돌면 직선 운동을 하려는 성질 때문에 몸이 바깥쪽으로 쏠리는데, 이를 방지하기 위해 몸을 안쪽으로 기울인다.

자동차를 타고 가다가 휘어진 길에서 회전하면 몸은 바깥쪽으로 쏠린다. 또 인공위성 속에 있는 사람은 무중력 상태가 된다. 이런 현상은 어떤 힘으로 설명할 수 있을까? 회전하는 자동차의 외부에서 작용하는 힘은 중력과 마찰력뿐이다. 자동차가 회전 운동을 하기 위해서는 회전의 중심 방향으로 작용하는 구심력이 필요한데, 이 구심력의 역할을 하는 것이 중력과 마찰력이다. 그런데 구심력이란 '중심을 향하는 힘' 이란 뜻으로 자동차에 탄 사람이 바깥쪽으로 쏠리는 것과는 반대 방향으로 작용한다.

자동차가 굽은 길을 돌 때 사람은 가속 운동하는 자동차 안에 있기 때문에 바깥쪽으로 작용하는 힘이 없어도 바깥쪽으로 쏠리는 것이다. 사람은 관성에 의해 일정한 방향으로 직선 운동을 하고, 자동차는 원 운동을 하기 위해 안쪽으로 방향을 바꾸기 때문에 바깥쪽으로 쏠리는 힘을 받게 된다. 이와 같이 관성 때문에 원 운동하는 물체가 바깥쪽으로 받는 힘을 '원심력' 이라고 한다. 그러나 이 힘은 가속 운동을 하는 곳, 곧 가속 좌표계에서 물체의 운동을 설명하는 가짜 힘이다.

가짜 힘은 어떤 힘 때문에 생긴 힘도 아니고 가짜 힘에 대응하는 반작용을 만들어 내지도 않는다. 따라서 회전하는 자동차에서 사람의 몸이 바깥쪽으로 쏠리는 것이 구심력의 반작용으로 생긴 원심력 때문이라고 설명하는 것은 잘못된 것이다. 원심력은 가속 좌표계에서 움직이는 물체의 운동을 설명하기 위해 등장한 가짜 힘이지 구심력의 반작용이 아니라는 것이다.

인공위성 속에 있는 사람이 왜 무중력 상태에 있는지도 이 원리로 설명할 수 있다. 인공위성은 일정한 속력으로 지구의 주위를 돌고 있다. 이 때 지구와 인공위성 사이에 작용하는 중력은 구심력 역할을 한다. 중력은 실제로 존재하는 힘이지만 가속 운동 때문에 나타나는 원심력은 가짜 힘이다. 원심력은 상호작용하는 물체가 없으므로 가상적인 힘이 되는 것이다. 따라서 인공위성 속에 있는 사람은 지구 중력과 크기가 같고 방향이 반대인 가짜 힘을 받기 때문에 중력의 효과를 느낄 수 없다.

사실 지구도 가속 운동을 하는 가속 좌표계이므로 지구에 있는 우리도 가짜 힘을 경험한다. 북반구에서 태풍이 시계 반대 방향으로 소용돌이치거나 고기압에서 불어 나가는 바람이 시계 방향으로 휘어지고, 저기압으로 불어 들어가는 바람이 시계 반대 방향으로 휘어지는 것은 가짜 힘의 작용으로 일어난다. 지구에서 느끼는 이 효과를 '코리올리 힘'이라고 한다.

정지해 있거나 직선상에서 일정한 속력으로 운동을 하는 관성 좌표계에서는 뉴턴의 운동 법칙만으로 물체의 운동을 잘 설명할 수 있다. 그러나 속력이나 방향이 변하는 가속 좌표계에서 일어나는 현상은 뉴턴의 운동 법칙만으로는 설명할 수 없다. 가속 좌표계에서만 등장해서 가속 운동하는 물체의 운동을 설명해 주는 힘이 가짜 힘이다. 가짜 힘은 물리학 용어로 '관성력'이라고 한다. 운동하던 물체가 갑자기 정지하거나 방향을 바꾸면, 그 물체는 지금까지 운동하던 방향으로 계속 운동하려고 한다. 여기서 '계속 운동하려고 한다.'는 말을 '가짜 힘을 받는다.'로 바꿀 수 있다.

구심력이 작용하지 않으면 자동차는 곡면의 접선 방향으로 미끄러진다.

자동차가 굽은 길을 돌 때 자동차 바퀴와 지면 사이의 마찰력이 구심력 역할을 한다. 자동차가 회전하는 데 필요한 힘보다 마찰력이 적게 작용하면 자동차는 직진하거나 미끄러지게 된다.

# 3

열

# 1 | 물질의 상태를 바꾸는 열

뜨거운 국을 먹을 때 우리는 숟가락에 국을 뜬 다음, 입으로 먼저 후~ 불어서 식힌 뒤 먹는다. 입김의 온도가 국보다 낮아서 국을 식히는 효과도 있겠지만, 입김을 불어 줌으로써 빠르게 증발시키는 효과도 크게 작용한다. 왜 빠르게 증발시키면 국이 빨리 식는 걸까?

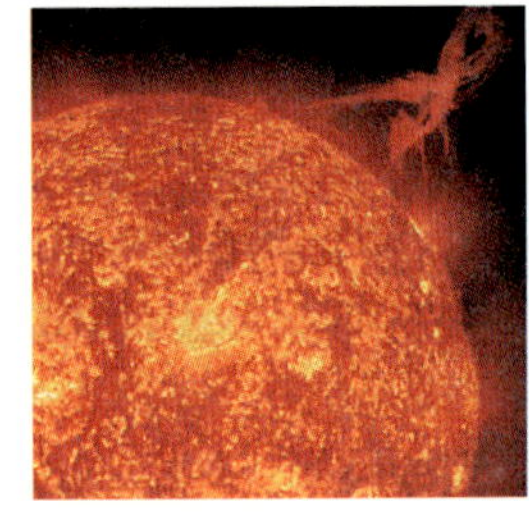

**플라스마 plasma**
매우 높은 온도에서 이온이나 전자, 양성자와 같이 전하를 띤 입자들이 기체처럼 섞여 있는 상태를 말한다. 고체·액체·기체와는 전혀 다른 성질을 갖고 있어 '물질의 제4상태'라고 부른다. 태양을 비롯한 우주의 99% 이상이 플라스마로 구성되어 있다고 한다.

**| 물질은 고체·액체·기체 중 한 가지 상태로 존재한다 |** 우리는 물 없이는 단 한순간도 살지 못한다. 지구상에 있는 모든 생명체는 물 없이는 살 수 없다. 다행히 지구는 물의 행성이라고 할 만큼 물이 풍부하다.

자연계에서 물은 얼음이나 눈 같은 고체 상태, 물과 같은 액체 상태, 수증기 같은 기체 상태로 존재한다. 이 3가지 상태의 물질은 각각 겉모양이 다르지만 모두 똑같은 크기와 모양을 지닌 물 분자, 즉 수소 원자 2개와 산소 원자 1개로 이루어져 있다.

지구상의 모든 물질은 고체·액체·기체의 3가지 중 한 가지 상태로 존재한다. 물질의 상태에 따라 나타나는 겉모양은 다르지만 그 구성 입자는 같다. 그렇다면 3가지 상태의 물질이 가지는 겉모양의 차이는 어떻게 설명할 수 있을까?

공기 중 수증기·빙산·바다를 이루는 물은 모두 같은 물 분자로 이루어져 있다.

**| 물질의 상태 변화 |** 대부분의 물질은 고체 상태일 때 입자 사이의 간격이 좁고 규칙적으로 배열되어 있다. 입자들 사이에는 강한 인력이 작용하므로 개개의 입자들은 자유롭게 움직일 수 없고, 단지 제자리에서 진동만 할 뿐이다. 따라서 고체 상태의 물질은 일정한 겉모양을 가지고 있으며, 겉모양과 크기가 쉽게 변하지 않는다. 그러나 고체 물질을 가열하면 각각의 입자들은 운동이 활발해져 주변 입자들 사이의 인력을 끊고 액체 상태가 된다.

　액체 상태의 입자들은 고체 상태일 때보다는 입자들 사이의 거리가 멀고, 불규칙적으로 배열되어 있어 서로 자리를 바꾸는 정도로 움직일 수 있다. 또한 흐르는 성질이 있어 담긴 그릇의 모양에 따라 모습이 쉽게 변하지만 부피는 일정하다. 액체 상태의 물질에 계속 열을 가하면 입자들은 기체 상태로 변한다.

　기체 상태의 입자들은 고체나 액체에 비해 서로 멀리 떨어져 있고 활발하게 운동하기 때문에 부피가 크게 늘어난다. 따라서 어떤 그릇에 담아도 그릇 전체의 부피를 차지하려고 할 뿐 아니라 쉽게 변한다. 예를 들어, 10mL의 병에 가득 담겨 있는 기체를 100mL의 병에 옮겨 담더라도 개개의 기체 분자들이 매우 활발하게 운동하기 때문에 이내 100mL 병 전체를 가득 채운다. 이 때 기체를 이루는 분자 개수는 그대로이지만, 분자들 사이의 거리가 그만큼 멀어지기 때문에 병 전체의 부피를 차지하게 되는 것이다. 이와 같이 물질을 가열하거나 냉각시키면 물질의 상태가 변한다. 고체 물질을 가열하면 액체 상태가 되고 계속

가열 · 냉각에 의한 상태 변화

**기체** 분자 간의 거리가 멀고 불규칙적 배열.

**액체** 분자 간의 거리가 비교적 가까우며 불규칙적 배열.

**물질의 상태 변화와 입자 배열** 고체 상태를 구성하는 입자는 매우 규칙적이고 촘촘한 배열을 이루지만, 차츰 열을 받으면 입자들의 운동이 활발해지면서 입자 배열도 불규칙적으로 되고 입자들 사이의 간격도 점점 커진다.

**고체** 촘촘하고 규칙적인 배열.

더 가열하면 기체 상태가 되는 것에서 알 수 있듯이, 물질은 상태에 따라 열에너지의 양이 다르다. 즉, 기체는 액체보다, 액체는 고체보다 많은 열에너지를 가지고 있다.

따라서 물질을 구성하는 입자들은 주위에서 열을 흡수하거나 주위에 열을 방출하면서 상태가 변할 수 있다. 그러나 물질의 상태가 변해도 각 상태의 물질을 구성하는 입자들 사이의 거리나 인력 등만 변하는 것일 뿐 입자 자체가 변하는 것은 아니기 때문에 그 성질은 변하지 않는다. 그렇기 때문에 가열이나 냉각에 의해 물질을 다시 원래의 상태로 되돌릴 수 있다.

**| 물질의 상태 변화에 꼭 필요한 열 |** 병원에서 주사를 맞을 때에는 먼저 알코올을 묻힌 솜으로 문지른다. 이 때 그 부위가 시원해지는 것을 느낄 수 있다. 피부에 묻힌 알코올이 빠르게 증발하면서 그 부분의 온도가 낮아지기 때문이다. 즉, 피부 표면에 상태 변화가 일어나면서 우리의 몸이 열을 빼앗기기 때문에 나타나는 현상이다. 이런 원리는 실제로 생활 곳곳에서 응용되고 있다.

고열이 날 때 몸을 알코올과 물을 섞어 문지르면 체온을 낮출 수 있다.



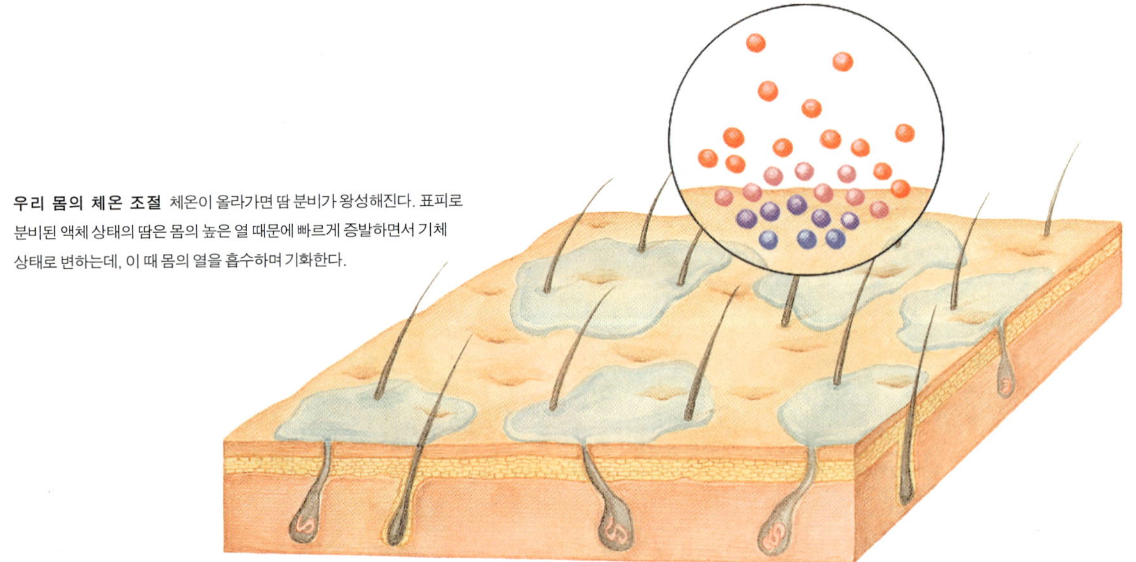

**우리 몸의 체온 조절** 체온이 올라가면 땀 분비가 왕성해진다. 표피로 분비된 액체 상태의 땀은 몸의 높은 열 때문에 빠르게 증발하면서 기체 상태로 변하는데, 이 때 몸의 열을 흡수하며 기화한다.

또한 더운 여름날 샤워를 하고 나서 선풍기 바람을 쐬면 아주 시원하다. 이는 몸에 묻은 물이 증발하면서 몸의 열을 흡수해 가기 때문이다. 또 시원한 물을 마시려고 할 때 물에 얼음을 넣는데, 얼음은 물이 가진 열을 흡수하면서 녹기 때문에 차가워진다. 0℃의 얼음 1g이 0℃의 물로 변하는 데 약 80cal의 열을 흡수한다고 한다.

반면 열을 방출하는 상태 변화를 이용하여 열을 얻는 경우도 있다. 우리는 더운 날 주변을 시원하게 만들고자 물을 뿌리지만, 북극의 이뉴잇족은 오히려 주변을 따뜻하게 만들기 위해 물을 뿌린다고 한다. 왜 이뉴잇족들은 이글루 안에 물을 뿌릴까? 이글루에 물을 뿌리면 그 곳의 평균 기온이 영하 이하로 매우 낮기 때문에 금방 얼어붙는다. 물은 자신이 갖고 있던 열을 내보내면서 어는데, 그 열로 인해 물을 뿌리지 않았을 때보다 주변이 따뜻해지는 것이다.

이뉴잇족의 지혜를 우리 조상들에게서도 찾아볼 수 있다. 우리 조상들은 겨울에 과일을 보관할 때 창고 여기저기에 물이 담긴 그릇을 놓았다. 그러면 온도가 많이 내려가도 그릇에 담긴 물이 과일보다 먼저 얼면서 열을 방출하여 과일을 얼지 않게 보관할 수 있었던 것이다.



### 뜨거운 물이 미지근한 물보다 빨리 어는 이유

추운 겨울날, 세차를 하려고 자동차에 뜨거운 물을 부었더니 바로 얼어 버렸다. 그런데 미지근한 물을 부었을 때는 바로 얼어붙지 않았다. 왜 뜨거운 물이 미지근한 물보다 더 빨리 어는 걸까?

자동차에 뜨거운 물을 부으면 미지근한 물을 부었을 때보다 뿌연 김이 더 많이 생기는데, 이는 뜨거운 물에서 증발 현상이 더 활발하게 일어나기 때문이다. 액체 상태의 물 분자가 기체 상태의 분자로 변하기 위해서는 주위 분자들 사이에 작용하는 인력을 끊고 자유로운 운동을 할 수 있도록 열을 흡수해야 한다. 그런데 뜨거운 물은 증발 속도가 빠르고 자동차에 부은 물은 그릇에 담겨 있을 때보다 표면적이 더 넓기 때문에 증발하는 물 분자들의 수는 훨씬 많아진다. 이렇게 증발이 활발하게 일어나면 남은 물이 가진 열의 양은 빠르게 줄어들고 그만큼 온도는 더 빨리 낮아진다. 비밀의 실마리는 뜨거운 물에서 활발하게 일어나는 물의 상태 변화에 있었던 것이다.

# 2 | 온도와 열

물은 100℃에서 끓고 철은 1,500℃에서 녹는다. 또한 태양의 표면 온도는 약 6,000℃이고 중심의 온도는 1,500만℃나 된다고 한다. 물체의 온도는 몇 ℃까지 높이고, 몇 ℃까지 내릴 수 있을까? 열과 온도는 서로 어떤 관계에 있을까?

| 온도, 분자 운동의 정도를 나타내는 값 | 텔레비전 뉴스에서 기상 캐스터가 "오늘 아침 최저 기온은 영하 10℃이고, 낮에도 영하에 머물겠습니다."라고 말하면 대부분의 사람들은 영하 10℃가 얼마나 추운지 알고 있기 때문에 따뜻하게 입고 나가야겠다고 생각한다. 게다가 사람들은 활동하기에 적절한 실내 온도는 18~20℃이며, 목욕하기에 알맞은 물의 온도는 36~37℃라는 것도 알고 있다. 이처럼 우리는 물체의 온도를 측정함으로써 따뜻하고 차가운 정도를 짐작할 수 있다.

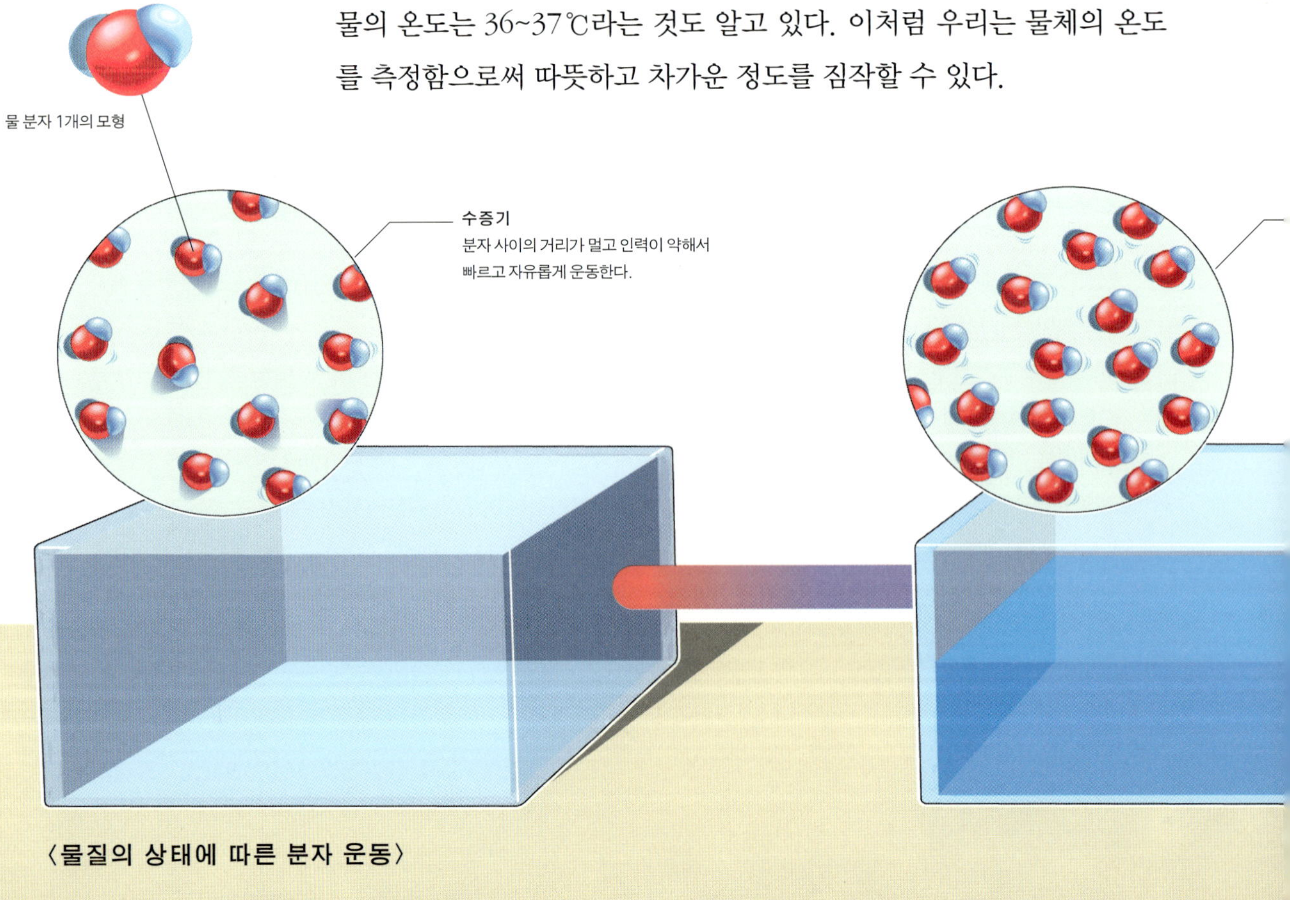

〈물질의 상태에 따른 분자 운동〉

온도는 물체의 따뜻하고 차가운 정도를 나타내는 값이다. 하지만 이 같은 설명만으로 온도에 대해 다 알았다고 말할 수 있을까? 사실 온도는 물질을 이루고 있는 분자 세계를 들여다볼 수 있는 눈을 가질 때 정확히 설명할 수 있다.

작은 통 속에 향을 피워 연기가 어떻게 움직이는지 현미경으로 관찰해 보면, 연기 입자들이 불규칙하게 움직이는 것을 볼 수 있다. 아인슈타인은 수많은 공기 분자들이 활발하게 운동하면서 연기 입자에 충돌하기 때문에 이 같은 현상이 일어나는 것이라고 주장하였다. 눈에 보이지는 않지만 공기 분자들이 활발하게 운동하고 있다고 생각한 것이다. 사실 물질을 이루고 있는 분자들은 끊임없이 운동하는데, 이를 분자 운동이라고 한다.

물질의 온도는 그 물질을 이루고 있는 원자나 분자의 운동이 얼마나 활발하게 일어나고 있느냐와 관련이 있다. 40℃ 물 속에 포함되어 있는 물 분자들은 0℃ 물 속에 들어 있는 물 분자들보다 훨씬 더 빠르게 움직이며, 따뜻한 난로 주위에 있는 공기 분자들이 찬 곳에 있는 공기 분자들보다 훨씬 더 격렬하게 움직인다.

물질을 이루고 있는 분자들의 운동은 무한정 빨라질 수 있다. 따라서

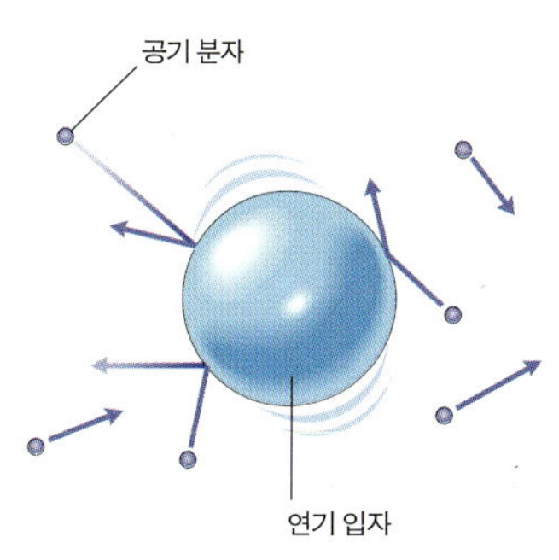



**공기 분자의 운동**
수많은 공기 분자들이 연기 입자와
충돌하기 때문에 연기 입자들이
불규칙하게 움직인다.

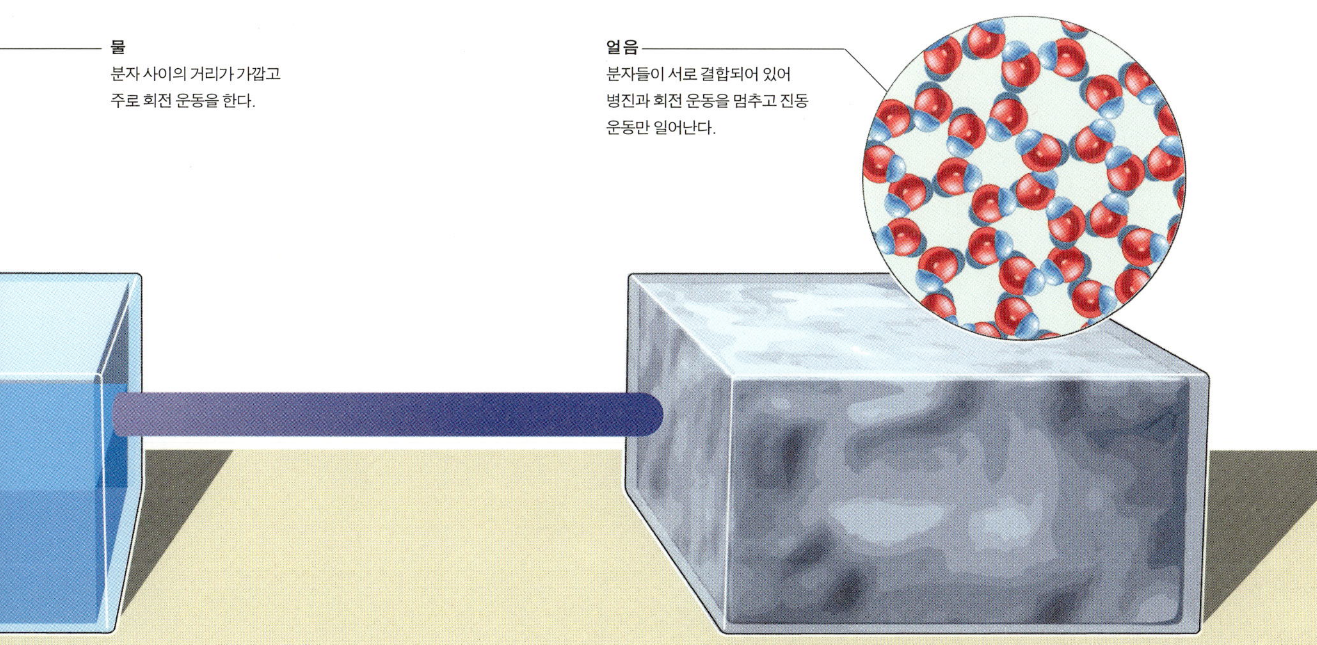

물질의 온도는 얼마든지 높일 수 있으므로 몇 천만℃, 몇 억℃의 온도도 가능하다. 그러나 더 이상 내릴 수 없는 가장 낮은 온도는 존재한다. 분자 운동이 점점 느려지면 결국에는 멈추기 때문이다. 과학자들은 실험을 통하여 더 이상 내릴 수 없는 가장 낮은 온도는 -273℃라는 사실을 확인하였다. 아무리 온도를 내려도 -273℃ 이하로는 내릴 수 없기 때문에 -273℃를 *절대 0도라고 한다.

**|열, 분자 운동이 전달되는 현상|** 40℃의 물이 들어 있는 비커를 0℃의 물 속에 넣고, 온도계로 두 물의 온도 변화를 측정해 보자. 시간이 지나면 40℃ 물의 온도는 낮아지고, 0℃ 물의 온도는 높아져 결국은 두 물의 온도가 같아진다. 40℃ 물에서 0℃ 물로 열이 이동하였기 때문에 두 물의 온도가 같아진 것이다. 이처럼 열이 한 물체에서 다른 물체로 이동하면 두 물체의 온도가 모두 변한다. 따라서 열은 물체의 온도를 변화시키는 원인이라고 할 수 있다.

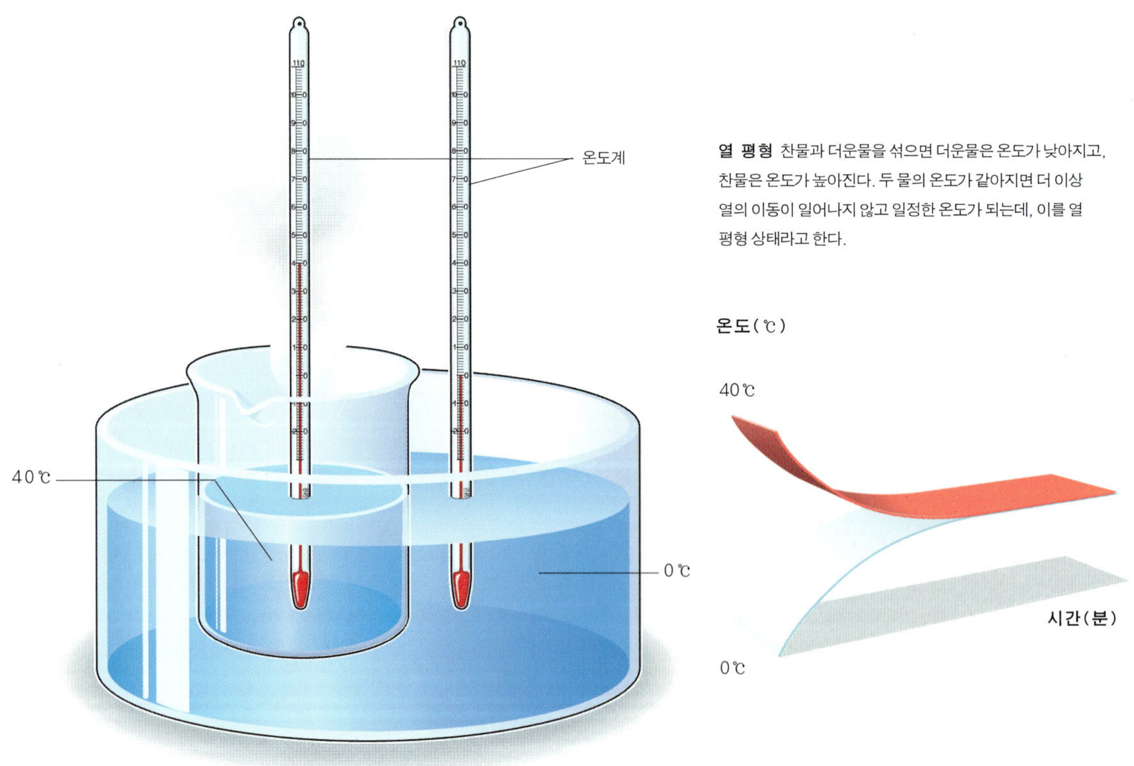


**열 평형** 찬물과 더운물을 섞으면 더운물은 온도가 낮아지고, 찬물은 온도가 높아진다. 두 물의 온도가 같아지면 더 이상 열의 이동이 일어나지 않고 일정한 온도가 되는데, 이를 열 평형 상태라고 한다.

물질을 이루는 분자들의 운동으로 온도를 설명한 것처럼, 열이 이동하는 현상도 분자 운동으로 설명할 수 있다. 열이 이동하는 것은 한 물체의 분자 운동이 다른 물체로 전달되는 현상이다.

　뜨거운 물이 들어 있는 컵에 차가운 숟가락을 넣어 보자. 뜨거운 물 속의 물 분자들은 활발하게 운동하고, 숟가락을 구성하는 원자들은 온도가 낮기 때문에 느리게 운동한다. 숟가락을 물 속에 넣으면 매우 빠르게 움직이는 물 분자들이 숟가락 표면에 충돌하고, 이 때문에 숟가락 원자들이 차츰 빨리 움직이기 시작한다.

　반대로 빠르게 움직이던 물 분자들의 운동은 약해진다. 많은 물 분자들이 숟가락 원자에 부딪히면 숟가락 원자들의 운동도 점점 더 활발해지므로 숟가락의 온도는 올라간다. 그러나 물 분자들의 운동은 느려지기 때문에 물의 온도는 내려간다. 이와 같이 열의 이동은 분자 운동이 전달되는 현상이라고 할 수 있다.

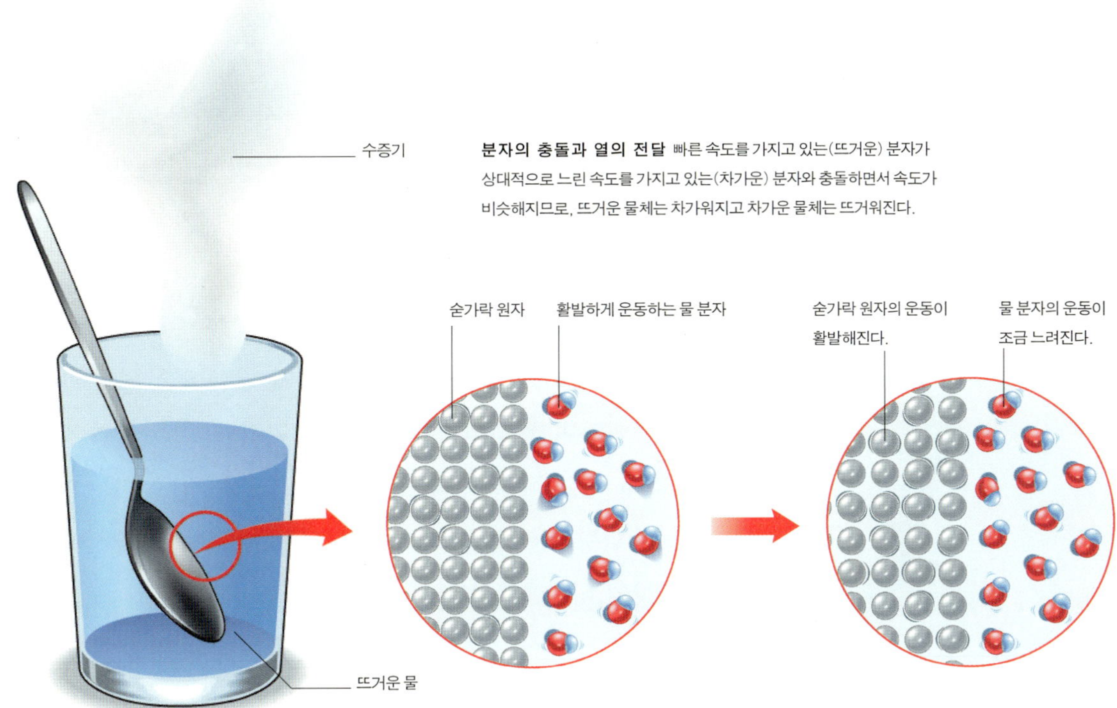

# cal

**| 열의 이동에는 방향이 있다 |** 열은 온도가 높은 곳에서 낮은 곳으로 이동한다. 40℃ 물과 0℃ 물이 있으면 40℃ 물에서 0℃ 물로 열이 이동하고, 따뜻한 난로 옆에 서 있으면 난로에서 몸으로 열이 이동한다. 이와 같은 열의 이동은 두 물체의 온도가 같아질 때까지 일어나고, 두 물체의 온도가 같아지면 더 이상 일어나지 않는다.

한 물체에서 다른 물체로 이동한 열의 양은 잴 수 있다. 열의 양을 '열량'이라고 하는데 단위는 칼로리(cal)를 사용한다. 1cal는 물 1g을 1℃ 높이는 데 필요한 열량이다. 따라서 물 2g을 1℃ 높이기 위해서는 2cal가 필요하고, 물 3g을 1℃ 높이기 위해서는 3cal가 필요하다. 물 1g의 온도를 점점 높이는 경우도 마찬가지다. 물 1g을 1℃ 높이기 위해서는 1cal가 필요하고, 2℃ 높이기 위해서는 2cal가 필요하다. 따라서 물 $X$g을 $Y$℃ 만큼 높이기 위해서는 $(X \times Y)$cal의 열량이 필요하다는 것을 알 수 있다. 예를 들어 1ℓ짜리 주전자에 가득 들어 있는 10℃ 물의 온도를 100℃까지 높이는 데 필요한 열량은 $1,000$g $\times 90$℃ $= 90,000$cal $= 90$kcal이다.

**| 물질에 따라 온도 변화의 정도가 다르다 |** 여름철 한낮에 해수욕장에 있을 때, 백사장은 뜨거워서 발을 딛기도 힘들지만 바닷물은 상대적으로 시원하다. 반대로 밤이 되면 백사장은 열이 식어서 차갑지만 바닷물은 모래에 비해 따뜻하다. 이는 모래가 물보다 빨리 데워지고 빨리 식기 때문에 일어나는 현상이다.

질량이 같은 물체에 같은 열량을 가하더라도 물체의 종류에 따라 온도가 올라가는 정도는 달라진다. 예를 들어 온도와 질량이 같은 물과 철에 각각 같은 열량을 가하면 철의 온도가 더 많이 올라간다. 이는 물과 철의 비열이 다르기 때문이다. 물질 1g의 온도를 1℃ 높이는 데 필요한 열량을 '비열'이라고 하고, 단위는 cal/g·℃를 사용한다. 물의 비열은 1cal/g·℃이고, 철의 비열은 0.1cal/g·℃이다. 따라서 같은 양의 열을 가할 때 물의 온도가 5℃만큼 올라가면 철의 온도는 50℃만큼 올라간다. 이처럼 비열이 작은 물체는 쉽게 데워지고 쉽게 식는다.

| 물의 비열이 철의 비열보다 10배 더 큰 이유는? |  같은 양의 물과 철을 둘 다 1℃만큼 올릴 때, 운동 에너지가 증가하는 정도는 같다. 온도는 분자들의 운동 에너지를 나타내기 때문이다. 그러나 물의 경우, 이 온도를 얻기 위해 내부 에너지의 일부인 위치 에너지에 더 많은 에너지를 공급해 주어야 한다. 따라서 물의 온도를 올리기 위해서는 더 많은 에너지가 필요하다. 즉, 물이 철보다 비열이 크다.

| 여러 물질의 비열(물 1g기준) | |
| --- | --- |
| 물질 | 비열(cal/g·℃) |
| 물 | 1.00 |
| 바닷물 | 0.94 |
| 에탄올 | 0.55 |
| 얼음 | 0.487 |
| 알루미늄 | 0.211 |
| 유리 | 0.18 |
| 철 | 0.104 |
| 구리 | 0.092 |
| 은 | 0.056 |
| 수은 | 0.033 |



**비열**  역학에서 관성은 운동 상태의 변화에 대한 저항을 뜻한다. 비열은 온도 변화에 대한 저항이므로 열적 관성이라고 볼 수 있다.

# 3 | 동물의 체온 유지

사막여우는 몸에 비해 귀가 엄청 크다. 사막은 덥기 때문에 열을 몸 밖으로 배출하기 위해 사막여우의 귀가 큰 것이라고 한다. 곰의 경우, 먹을 것이 부족한 겨울철에 에너지 소모를 줄이기 위해 겨울잠을 잔다. 그렇다면 사람이 사막여우나 곰처럼 신체적 특징을 이용하거나 겨울잠을 자지 않고도 체온을 유지할 수 있는 까닭은 무엇일까?

**| 사람은 호흡을 통해 에너지를 얻는다 |** 지구상에 있는 모든 생물이 살아가기 위해서는 에너지가 필요하다. 사람 역시 에너지가 제공되지 않으면 생명을 유지할 수 없다. 그러나 생명 활동에 중요한 에너지라 할지라도 지나치게 많이 제공되거나 적은 양이라도 너무 빨리 생성되면 우리 몸이 견뎌 내지 못한다.

과자를 예로 들어 보자. ○○비스킷 한 봉지의 열량은 440kcal이고 과자 한 조각에는 약 7.3kcal의 열량이 들어 있다. 과자 4조각을 태우면 1컵 분량의 물을 끓일 수 있는 정도의 열이 발생한다. 우리가 먹은 과자가 몸속에서 한꺼번에 열로 변한다면 우리 몸은 금새 다 타 버리고 말 것이다. 그러나 과자를 먹었다고 해서 몸이 타지는 않는다. 우리 몸은 섭취한 양분을 분해하여 서서히 열이 생길 수 있도록 조절하고 있다.

**| 사람의 몸에서 열은 어떻게 생성되는 걸까? |** 우리는 먹어야 산다는 말을 많이 한다. 음식을 먹지 않으면 기운이 없고 살이 빠지며 추위를 느낀다. 기운이 없거나 추위를 느끼는 것은 에너지가 부족할 때 나타나는 현상이고, 살이 빠진다는 것은 몸을 구성하는 성분이 줄어든다는 의미이다. 따라서 우리가 먹는 밥·고기·생선 등은 생활에 필요한 에너지를 제공한다. 이런 식품에는 탄수화물·단백질·지방 등과 같이 에너지

를 낼 수 있는 영양소가 들어 있기 때문이다. 이 때 주된 에너지원은 탄수화물로 우리의 주식인 밥과 빵의 주성분이다. 그 밖에 물ㆍ비타민ㆍ무기염류 등의 영양소도 있는데, 이들은 우리 몸 속에서 에너지를 방출하지 못한다.

우리가 먹은 음식물은 소화 기관에서 소화된 뒤 체내로 흡수된다. 이렇게 소화된 양분은 혈관을 통해 온몸의 세포로 공급되는데, 세포는 이 양분을 분해하여 생활에 필요한 에너지를 제공한다. 섭취한 양분이 가지고 있는 에너지량은 탄수화물 4kcal/g, 단백질 4kcal/g, 지방 9kcal/g이다. 생활에 필요한 에너지는 이들 양분이 분해되는 과정에서 생성된다. 양분이 낼 수 있는 에너지가 한꺼번에 발생하면 몸에 무리가 따르므로, 우리 몸에서 생활에 필요한 에너지가 합성되는 과정은 마치 여러 계단을 천천히 밟고 내려오는 것처럼 서서히 일어난다. 이 때 에너지는 여러 중간 단계를 거쳐 조금씩 만들어진다. 이 과정에서 '생체 촉매' 라 불리는 *효소는 양분을 분해하는 데 매우 중요한 역할을 한다. 이와 같이 우리의 몸에서 양분을 분해하여 에너지를 얻는 과정을 '세포 호흡' 이라고 한다.

**효소**
우리 몸 속에서 일어나는 반응이 좀더 쉽게 일어날 수 있도록 촉매 역할을 하는 물질. 단백질로 구성되어 있으며 자기 자신은 변하지 않으면서 반응 물질의 화학 변화가 잘 일어나도록 돕는 역할을 한다.

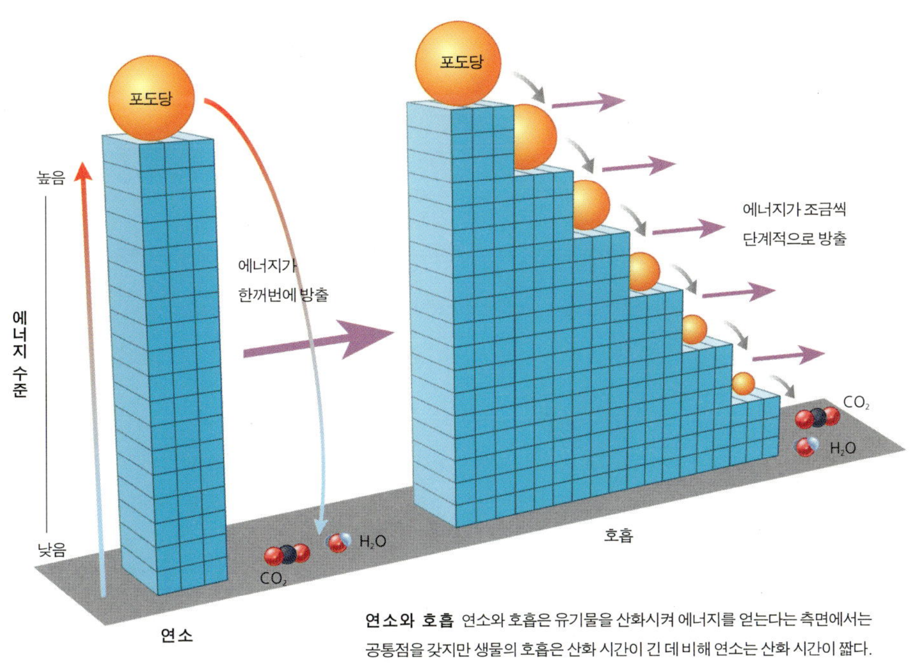


**연소와 호흡** 연소와 호흡은 유기물을 산화시켜 에너지를 얻는다는 측면에서는 공통점을 갖지만 생물의 호흡은 산화 시간이 긴 데 비해 연소는 산화 시간이 짧다.

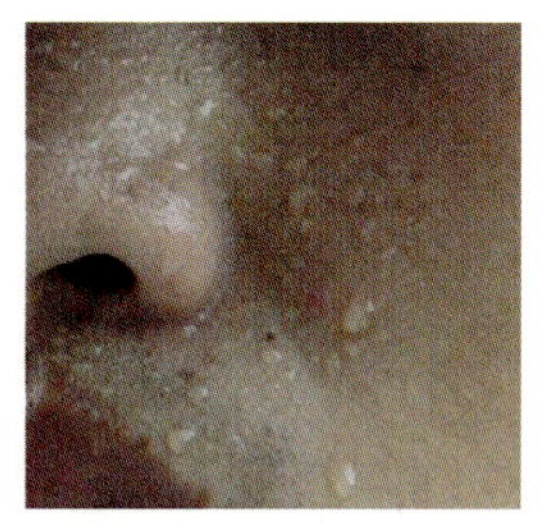

**열의 발산**
체온이 올라가면 땀샘을 통해 땀이
분비되고 땀은 기화되면서
주위로부터 열을 빼앗아 가게 되어
체온이 높아지는 것을 막아 준다.

**간뇌**
척추동물 뇌의 한 부분으로 대뇌와
소뇌 사이에서 내장과 혈관의 활동을
조절하는 기관이다. 자율 신경의
중추이며 체내 환경의 항상성을
유지시키는 기능을 한다.

| **사람의 몸에도 온도 조절기가 있다** | 우리 몸에서 만들어진 에너지는 어떻게 쓰일까? 우리 몸의 각 세포에서 생성된 에너지 중 약 40% 정도만 생명 활동에 필요한 여러 가지 형태의 에너지로 이용되고, 나머지 60%는 열에너지의 형태로 발생된다. 60%의 열에너지는 체온을 일정하게 유지하는 데 중요한 역할을 한다. 만일 기온이 낮아져 60%의 열에너지가 체온을 유지하는 데 부족할 경우, 간에서 나머지 40%의 에너지를 열로 전환시켜 이용한다.

몸에서 발생하는 열 조절 방식은 방 안의 온도 조절기와 같다. 온도 조절기에 온도 센서가 달려 있듯이, 우리의 몸에서는 *간뇌의 시상하부가 센서 역할을 한다. 시상하부는 간뇌의 아랫부분을 말하는데, 체온 조절·물질 대사·수면·생식 등에 관여하는 자율 신경계의 중추로서 생명 유지에 중요한 기능을 담당한다.

그리고 혈액은 온몸을 순환하므로 열을 운반하는 역할도 한다. 그래서 시상하부에서는 이 혈액의 온도에 따라 열을 발생시키기도 하고 열을 발산시키기도 한다. 체온이 내려가면 간에서 여분의 양분을 분해하여 열이 발생되도록 한다. 반대로 체온이 너무 올라가면 어떻게 할까? 우선 열의 발생을 멈추게 한 뒤 땀구멍을 열어 피부 가까이에 있는 혈관을 확장시켜

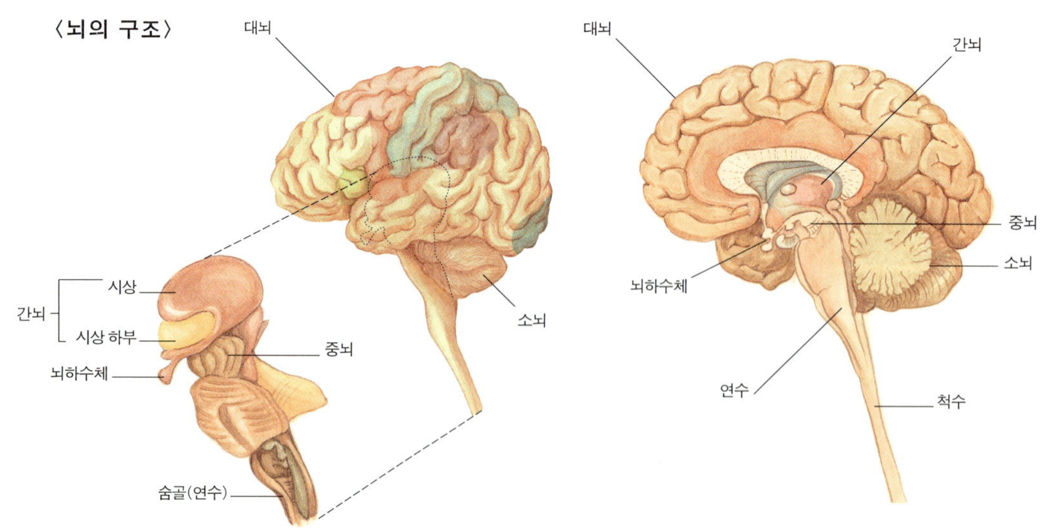

많은 피가 흐르도록 한다. 그렇게 하면 열이 발산되기 때문이다. 그래서 운동을 많이 하면 피부가 붉게 달아오르는 것이다.

**| 동물에 따라 체온 유지 방법이 다르다 |** 동물은 체온을 유지하는 방식에 따라 *정온 동물과 *변온 동물로 나뉜다. 사람을 비롯해 개·고양이·닭 등 정온 동물은 체온 조절이 가능하기 때문에 다양한 기후 조건에서 활동할 수 있다. 그러나 뱀이나 도마뱀, 곤충 등 변온 동물은 체온 조절이 불완전하기 때문에 기후 조건이 맞지 않으면 활발하게 활동할 수 없다. 정온 동물 중에는 먹을 것을 구하기 힘든 겨울이 되면 체온을 유지하기 위해 겨울잠을 자는 동물도 있다. 적게 먹고 조금만 움직여 에너지 소모를 줄이기 위해서이다.

일반적으로 곰은 겨울잠을 자는 동물로 알고 있지만, 모든 곰이 겨울잠을 자는 것은 아니다. 동물원에 있는 곰의 경우 매일 먹이를 충분히 먹을 수 있기 때문에 겨울잠을 자지 않는다. 다람쥐는 겨울잠을 자기 전 도토리나 밤 등의 양식을 땅 속에 묻어 둔다. 추울 땐 잠을 자지만 기온이 따뜻해지면 깨어나 음식을 먹는데, 이런 과정을 반복하면서 겨울을 보낸다.

변온 동물은 음식을 섭취해 몸에서 열을 내는 방식으로 체온을 유지할 수 없다. 그래서 날씨가 추워지면 따뜻한 땅 속이나 동굴로 이동해야 한다. 다람쥐나 곰 등이 자는 잠은 얕은 잠이지만 개구리나 뱀과 같은 변온 동물은 날씨가 따뜻해지는 봄이 될 때까지 죽은 듯이 겨울잠을 잔다.

우리가 보통 오줌을 누게 되면 따뜻한 오줌이 몸 밖으로 빠져 나가기 때문에 순간적으로 체온이 1℃ 정도 내려가게 된다. 이 때 무의적으로 몸을 부르르 떨게 되는데, 이런 행동을 통해 순간적으로 열을 발생시켜 체온을 유지한다. 날씨가 추울 때 몸이 떨리는 것도 마찬가지다. 체온이 일정하게 유지되지 않으면 우리는 생명 활동은커녕 몸을 움직일 수도 없다. 따라서 우리 몸에서 열을 발생시켜 이용하는 것은 가장 기본적인 생명 활동이다.

# 동물은 어떻게 체온을 유지할까?

춥고 먹을 것이 부족한 계절이 다가오면 변온 동물은 겨울잠을 잘 준비를
한다. 변온 동물은 스스로 체온을 조절할 수 있는 능력이 없기 때문에 겨울
이 되면 가사 상태로 잠을 자게 된다.

정온 동물인 일부 포유류 가운데 추운 겨울이 되어 먹을 것을 찾기 어려워
지면 겨울잠을 자는 동물들도 있다. 겨울잠은 땅 속이나 나무 밑에서 자게
되는데, 외부에 비해 비교적 따뜻한 그 곳에서는 추운 겨울을 얼어 죽지 않
고 보낼 수 있기 때문이다.

**개구리**
겨울잠은 몸의 기능을 정지시킨 상태에서
진행된다. 개구리의 몸 속에는 파이브리노젠이라는
부동액과 같은 성분이 있어서 몸이 얼지 않고
최소한의 생명 유지를 가능하도록 해 준다.

**너구리**
유일하게 겨울잠을 자는 개과 동물로 11월에서 3월
초순까지 동면한다. 겨울잠을 자기 전 미리 바위 이끼와
마른풀 등을 긁어 모아 잠잘 곳을 마련해 둔다.

**고슴도치**
10월에서 이듬해 4월까지 겨울잠을 잔다. 동굴이나
나무구멍, 땅 속에서 겨울잠을 자며, 이 때의 체온은
1~2℃까지만 내려가고, 심장 박동 수는 1분에
350번에서 3번 정도로 줄어든다.

오소리
오소리는 10~11월에 겨울잠에 든다. 4개월의 동면중
에너지로 쓰기 위해 지방을 최대한 몸에 축적한다.
오소리는 둥지에서 동면하는데 체온·대사는 그다지
저하되지 않고 때때로 잠을 깨서 먹이를 먹는다.

곰
곰은 나무나 바위로 된 구덩이에서 얕은 수면 상태로
가을에 저장한 지방을 소모하면서 지낸다. 겨울잠을
자는 동안에도 중간중간 일어나서 배설을 하거나
먹이를 먹는다. 이러한 겨울잠은 먹이가 부족한 겨울
동안 움직임을 적게 하여 에너지 소모를 줄이기
위해서일 뿐 겨울 내내 잠만 자는 것은 아니다.

뱀
겨울에 온도 변화가 적은 땅 속에서 겨울잠을
잔다. 이들은 땅 속, 돌이나 쓰러진 나무 밑 등을
이용하여 체온이 내려가는 것을 막는다.

# 4 | 대기 중의 열 순환

태풍은 해마다 여름이 되면 찾아오는 불청객이다. 2003년 9월, 우리 나라에 영향을 미친 태풍 매미는 초속 60m라는 사상 최고의 최대 순간 풍속을 기록하는 등 그 위력이 대단했다. 강한 바람과 폭우를 동반하는 태풍은 막대한 재산 피해와 인명 피해를 가져다준다. 이러한 태풍은 왜 발생하는 것일까?

**대류**
액체나 기체의 순환 운동에 의해 분자가 열에너지를 이동시켜 주는 현상을 말한다.

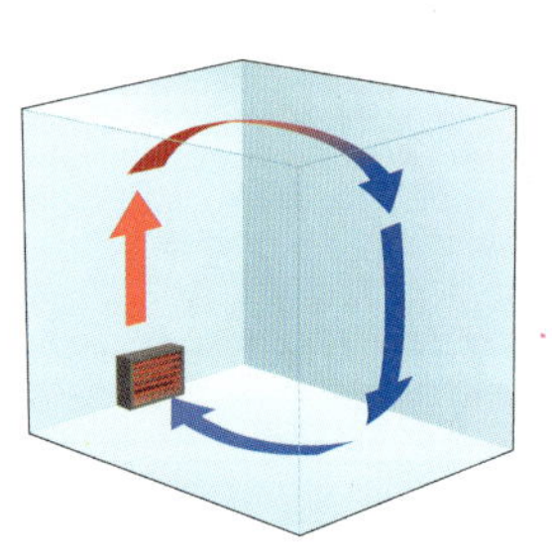

**난로에 의한 공기의 대류**
방 안에 난로를 켜 두면 난로에 의해 가열된 공기가 대류 운동을 하면서 방 안이 따뜻해진다. 이 같은 이유로 여름철에 에어컨을 설치할 때는 위쪽에 두어야 전체적인 냉방 효과를 얻을 수 있다.

| **대기는 직접 이동하면서 열을 전달한다** |  봄철 따사로운 햇살이 비칠 때 지표면에서 피어오르는 아지랑이나, 가열된 난로 위의 가물대는 모습에서 우리는 공기의 흐름을 볼 수 있다. 아지랑이나 난로 위 공기의 흐름은 *대류에 의해 열이 전달되고 있는 모습이다. 기체 상태의 공기는 자체 이동하면서 열을 전달하는데, 공기의 대류는 지역에 따라 온도가 다르기 때문에 일어나는 현상이다.

어떤 지역의 지표면이 가열되는 경우를 생각해 보자. 가열된 곳의 공기 덩어리는 부피가 커지면서 밀도가 작아져 가벼워지므로 위쪽으로 올라간다. 그리고 부족한 공기는 주변으로부터 지표를 따라 보충된다. 한편, 상승한 공기 덩어리는 위로 가면서 냉각되기 때문에 점점 무거워져 다시 아래로 내려오게 된다. 그리고 내려온 공기는 사방으로 퍼져 나가며 다시 공기가 부족한 지역으로 이동한다. 공기는 이러한 과정을 거치면서 순환하는데, 이것이 바로 대류 운동이다.

대류 운동의 결과 지표에 나타나는 공기의 이동을 바람이라고 한다. 바람은 가열된 지역의 열을 다른 지역으로 이동시키는 공기의 움직임이며, 바람을 통해 열은 사방으로 고르게 퍼진다. 만약 공기가 이동하면서 열을 분산시키지 않는다면, 지역에 따라 매우 심각한 에너지의 불균형이 나타날 것이다.

**| 대기의 순환은 열의 순환 과정 |** 태양이 방출하는 열은 *복사에 의해 지구로 전달된다.

열은 태양으로부터 빛의 형태로 이동해 오는데 위치에 따라 햇빛이 들어오는 각도가 달라지며 지표에서는 태양의 고도, 즉 지표와 태양이 이루는 각에 따라 흡수하는 에너지의 양도 달라진다. 이 때 태양의 고도가 높을수록 지표가 흡수하는 복사 에너지의 양은 증가한다. 따라서 저위도 지역일수록 더 많은 복사 에너지를 흡수한다. 물론 지구가 열을 흡수만 한다면 지구 전체의 기온은 계속 상승하겠지만, 실제로는 지구도 에너지를 방출하기 때문에 그런 일은 일어나지 않는다.

그런데 지구가 방출하는 복사 에너지양은 위도에 관계없이 거의 일정하기 때문에 저위도 지역에서는 흡수하는 에너지의 양보다 방출하는 에너지의 양이 적어서 에너지가 남는다. 반면 고위도 지역에서는 그 반대가 되어 에너지가 부족하다. 위도에 따른 이러한 에너지의 불균형은 결국 대규모의 대류 운동을 일으킨다. 전 지구적으로 대기층의 대류 운동이 일어나는 것은 위도에 따른 에너지의 차이 때문이다.

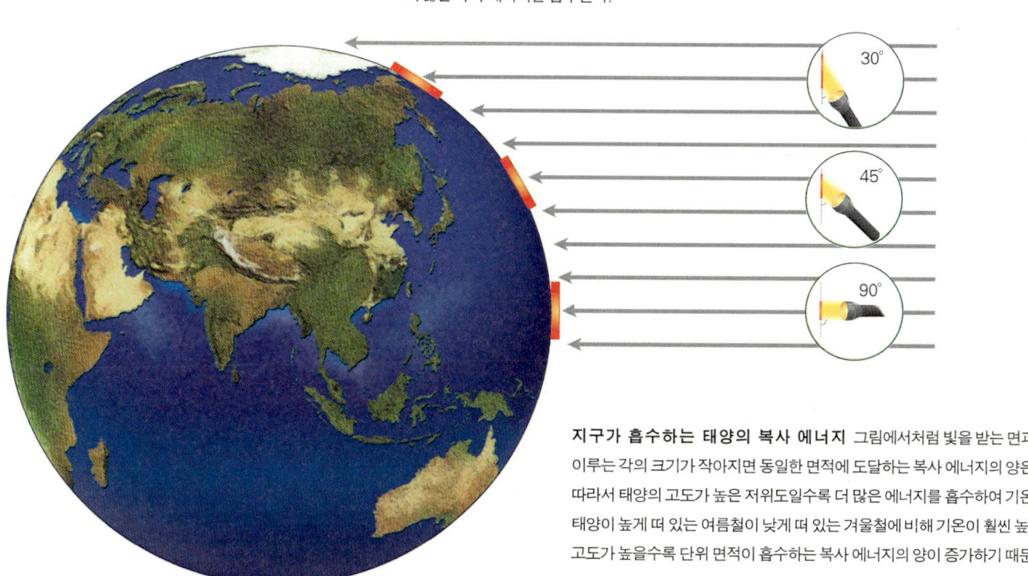


**지구가 흡수하는 태양의 복사 에너지** 그림에서처럼 빛을 받는 면과 손전등이 이루는 각의 크기가 작아지면 동일한 면적에 도달하는 복사 에너지의 양은 감소한다. 따라서 태양의 고도가 높은 저위도일수록 더 많은 에너지를 흡수하여 기온이 높아진다. 태양이 높게 떠 있는 여름철이 낮게 떠 있는 겨울철에 비해 기온이 훨씬 높은 이유도 태양의 고도가 높을수록 단위 면적이 흡수하는 복사 에너지의 양이 증가하기 때문이다.

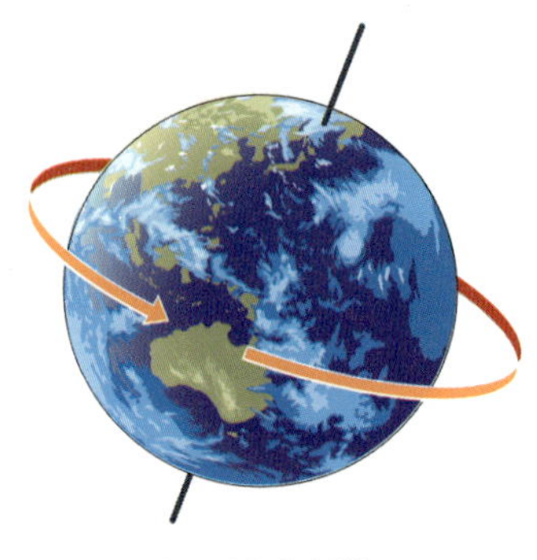

**전향력(코리올리의 힘)**
1828년 프랑스의 코리올리가 정리한
이론으로, 회전하는 물체 위에서
나타나는 가상적인 힘이다. 그 크기는
운동하는 물체의 속력에 비례하고
운동 방향에 수직으로 작용한다.
자전하는 지구에서도 이러한 힘이
나타나는데, 북반구의 경우 운동
방향에 대해 오른쪽으로 작용하며,
남반구의 경우 왼쪽으로 작용한다.
따라서 지표를 따라 이동하는 바람도
전향력에 의해 휘어져서 불게 된다.

이 때 에너지가 남는 적도 부근에서는 공기의 상승 운동이 활발하게 일어
난다. 그리고 부족한 공기를 메우기 위해 고위도 지역으로부터 좀더 차가
운 공기가 흘러 들어온다. 극 지역에서는 저위도 지역에서 이동해 온 공기
가 냉각되면서 하강 운동이 활발하게 일어난다. 그러면 지표에 부딪힌 공
기는 지표를 따라 저위도 지역으로 이동한다. 이렇게만 본다면 적도 지역
에서 상승한 공기가 극 지역으로 이동한 뒤 하강하여 다시 적도 쪽으로 이
동하는, 단순한 순환 운동을 생각할 것이다. 그러나 실제로는 지구가 자전
할 때 생기는 *전향력 때문에 좀더 복잡한 대기 순환이 이루어진다. 지구
가 자전할 때 대기·지표면·바다도 함께 돌기 때문에 지구상의 모든 바
람·구름·해류를 지배하는 일정한 운동 유형이 만들어진다.

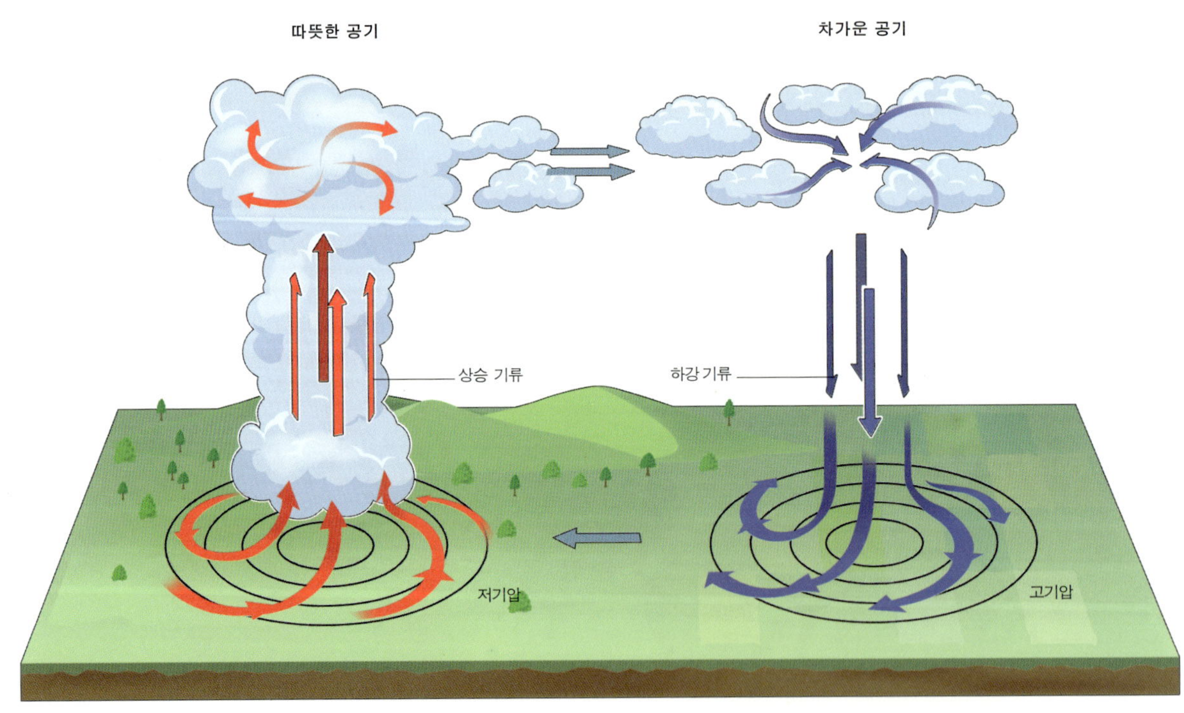


**저기압·고기압에서의 공기 움직임-북반구** 공기의 상승 운동이 일어나는 곳에는 저기압이 형성되며, 부족한 공기는 시계 반대
방향으로 휘어져 불어 들어온다. 반면 공기가 하강하는 고기압 지역에서는 하강한 공기가 지표를 따라 시계 방향으로 불어 나간다.

**| 태풍, 한꺼번에 많은 열을 옮기다 |** 지구 대기층에서는 이와 같은 일반적인 열 순환 과정 말고도 한꺼번에 많은 양의 에너지를 이동시킬 수 있는 독특한 보조 장치가 있다. 태풍이 바로 그것이다. 태풍은 태양 복사 에너지가 집중되고 수온이 높은 북태평양 서부 지역에서 발생하는 열대성 저기압이다. 태풍은 물의 증발이 활발하게 일어나면서 많은 양의 수증기와 거대한 구름, 강한 바람과 많은 비를 동반하며 연중 발생하는데, 수증기가 생기는 과정에서 많은 열을 포함한다. 태풍은 이 상태로 고위도로 이동하기 때문에 저위도 지역의 많은 열을 효과적으로 고위도로 전달하는 역할을 한다. 결국 태풍은 단숨에 많은 열을 고위도로 이동시키는 배달부 노릇을 하는 셈이다.

이처럼 지구를 둘러싸고 있는 대기층에서는 끊임없이 공기의 이동이 일어나고 있으며, 이동하는 공기를 따라 열의 순환도 함께 이루어진다. 태풍은 거의 해마다 강한 폭풍우로 우리에게 많은 피해를 입히고 있지만, 지구의 열 균형을 맞추는 역할을 한다는 점에서 없어서는 안 되는 현상이다. 만약 이 비바람이 없다면 지구의 열 균형이 깨져서 큰 재앙이 닥칠지도 모른다.

**태풍(typhoon)의 이름**
1953년부터 태풍에 공식적인 이름을 붙이기 시작하였다. 제2차 세계대전 이후 여성의 이름만을 사용하다가 1979년부터 여성과 남성의 이름을 번갈아 사용하였다. 2001년부터는 태풍위원회 회원국인 우리 나라를 비롯한 14개국에서 10개씩 제출한 이름을 붙이고 있다.

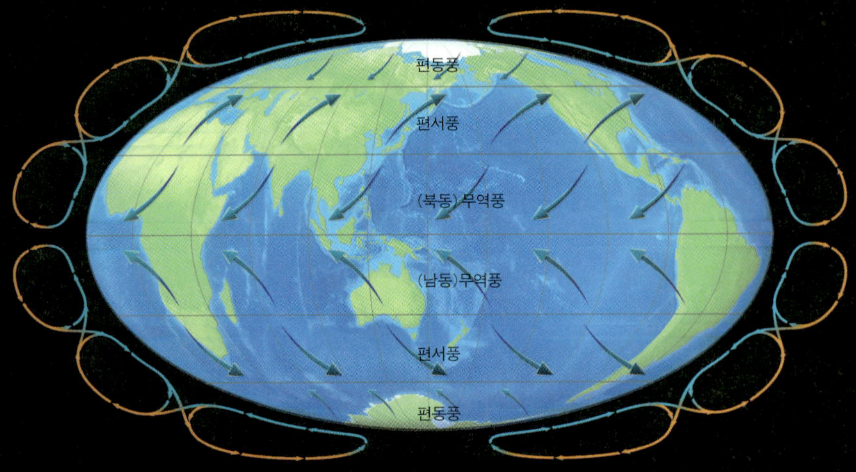


**대기의 순환 세포** 연직 방향의 대기 움직임은 크게 3개의 세포(cell) 형태로 나타난다. 저위도의 세포는 해들리 세포(Hadley Cell), 중위도의 세포는 페렐 세포(Ferrel Cell), 고위도의 세포는 극세포(Polar Cell)라 부른다. 이 중 해들리 세포와 극세포는 열대류에 의한 직접 순환이지만, 페렐 세포는 두 순환 세포 사이에서 일어나는 간접 순환에 해당한다.

**편서풍** 위도 30~60° 사이에서 부는 바람으로 남쪽이나 북쪽 방향을 향하고 있지만, 지구 자전에 따른 전향력의 영향으로 북반구에서는 운동 방향에 대해 오른쪽으로, 남반구에서는 운동 방향에 대해 왼쪽으로 힘을 받아서 대체로 서쪽에서 동쪽으로 비스듬하게 부는 서풍이다. 북반구에서는 남서풍으로, 남반구에서는 북서풍으로 나타난다.

**무역풍** 적도~위도 30° 사이에서 부는 바람으로 북반구에서는 북동풍, 남반구에서는 남동풍으로 나타난다. 해양을 가로질러 서쪽으로 항해할 때 이 바람은 무역하는 선원들에게 매우 유용하게 활용되었기 때문에 무역풍으로 불리게 되었다.

**편동풍** 위도 60~90° 사이에서 부는 바람으로 편서풍과 같이 지구 자전의 영향으로 동쪽에서 서쪽으로 비스듬하게 부는 동풍이다. 북반구에서는 북동풍으로, 남반구에서는 남동풍으로 나타난다.

# 바람이 가는 곳은 어디일까?

바람은 좁은 범위에서 보면 수시로 방향을 바꾸면서 우리 주변을 맴도는 것처럼 느껴진다. 그러나 좀더 범위를 넓혀 보면 대륙과 해양 사이에서도 규칙적으로 바람이 불고 있으며, 전 지구적으로 연중 거의 일정한 방향으로 바람이 불고 있다. 이러한 바람은 열의 이동을 위한 공기의 흐름으로서, 공기가 많이 모인 곳에서 부족한 곳으로 이동하게 된다. 즉, 끊임없이 평형 상태를 유지하기 위해 이동하는 것이다. 그래서 바람이 가는 곳은 공기가 부족한 곳이라 할 수 있다. 열을 흡수하면서 가벼워진 공기가 상승하면 그 빈자리를 메우기 위해 열심히 달려가는 것이다. 물론 열의 순환을 위한 공기의 움직임은 수륙 분포, 지구 자전의 영향 등으로 인해 실제로는 매우 복잡한 형태를 보이고 있다.

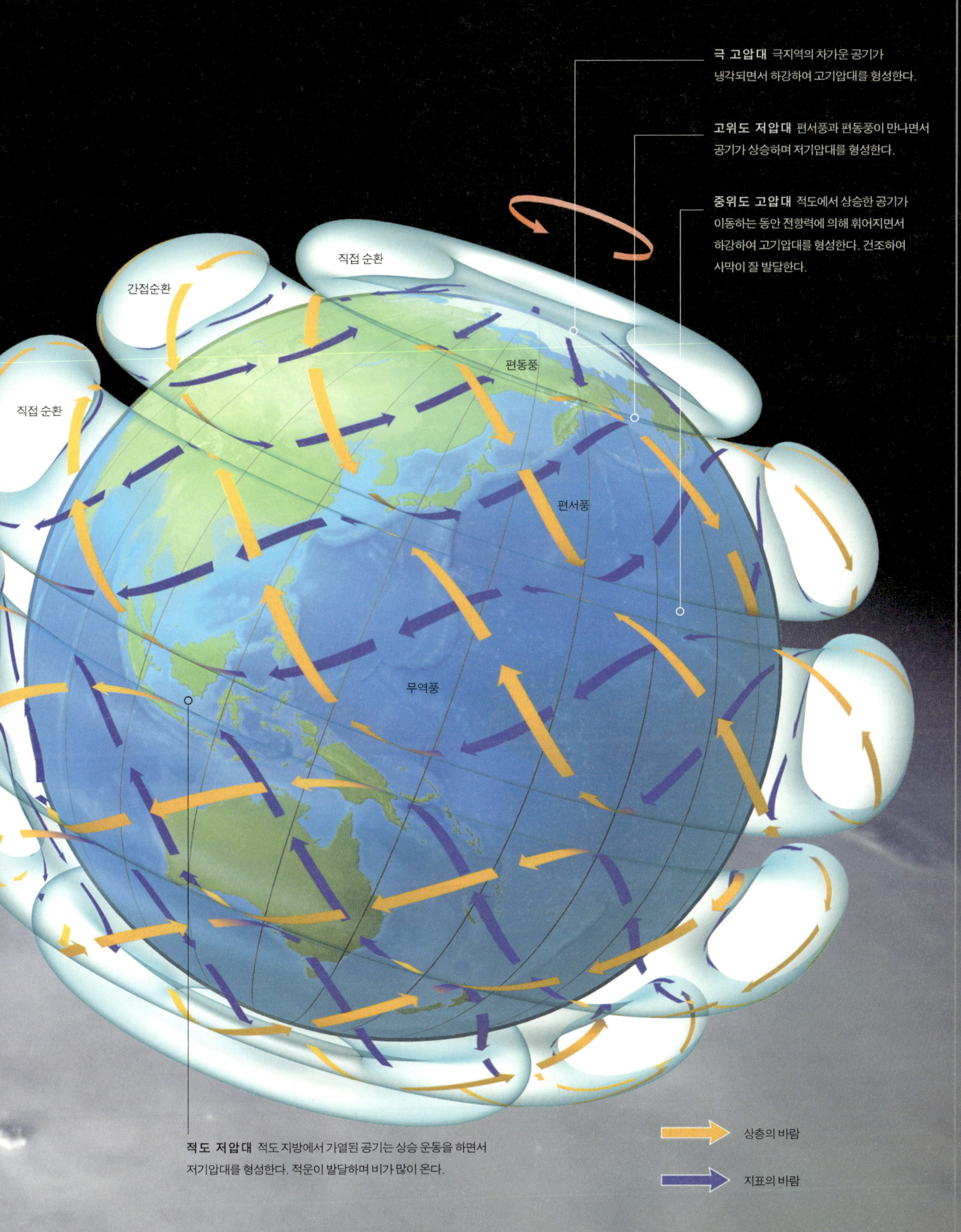

극 고압대 극지역의 차가운 공기가 냉각되면서 하강하여 고기압대를 형성한다.
고위도 저압대 편서풍과 편동풍이 만나면서 공기가 상승하며 저기압대를 형성한다.
중위도 고압대 적도에서 상승한 공기가 이동하는 동안 전향력에 의해 휘어지면서 하강하여 고기압대를 형성한다. 건조하여 사막이 잘 발달한다.
간접순환
직접 순환
직접 순환
편동풍
편서풍
무역풍
적도 저압대 적도 지방에서 가열된 공기는 상승 운동을 하면서 저기압대를 형성한다. 적운이 발달하며 비가 많이 온다.
상층의 바람
지표의 바람

# 5 | 지구 내부의 열 순환

지금도 지구 곳곳에서 일어나고 있는 화산 활동을 보면 지구 내부가 얼마나 뜨거울지 궁금하다. 1,000℃가 훨씬 넘는 뜨거운 마그마가 지각을 뚫고 격렬하게 분출하는 것을 보면 분명히 지구 내부에는 열이 발생하고 있다고 할 수 있다. 지구 내부에서는 어떻게 열이 발생하여 이동하는 것일까?

**지각**
지구의 가장 바깥쪽을 둘러싼 부분. 평균 두께가 약 30km인 가볍고 단단한 암석층이다.

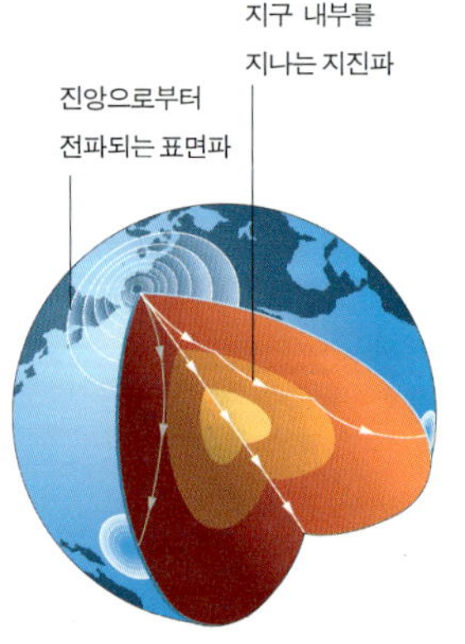


**지진파**
마그마의 이동, 단층 등과 같은 지구 내부의 변화로 인해 지진이 발생하며, 그 충격파인 지진파는 사방으로 전달된다. 보통 지진이 발생한 진원으로부터 P파(Primary wave)와 S파(Secondary wave)가 발생하며, 진원에서 가장 가까운 지표면의 지점인 진앙으로부터 전달되는 표면파에는 러브(Love)파와 레일리(Rayleigh)파가 있다.

**| 지구 내부는 어떻게 생겼을까? |** 지구의 내부는 사람이 직접 땅 속을 파고 들어가서 조사할 수도 없는데 어떻게 알 수 있을까? *지각에 구멍을 뚫어 보거나 화산 분출물 등을 통해 내부의 구성 물질을 확인하려는 노력들이 있었지만, 지하 깊은 곳까지 조사하는 데는 한계가 있다. 그래서 과학자들은 지진파를 이용하여 간접적인 방법으로 지구 내부를 조사한다. 지진파는 지구 내부를 통과하며 내부 상태에 따라 전파 속도가 달라지므로 지구 내부의 구조를 알아볼 수 있는 가장 확실한 방법이다.

지진파 연구를 통해 밝혀진 지구 내부는 중심부로 가면서 지각·맨틀·핵의 층상 구조를 이루고 있으며, 내부로 갈수록 온도와 압력이 증가한다. 그런데 지표의 여러 곳에서 지각에 직접 구멍을 뚫어 조사한 결과, 대체로 지하 100m 내려갈 때마다 약 3℃씩 온도가 올라가는 것을 확인했다. 그렇다면 지구의 반지름이 약 6,400km이므로 지구 중심부의 온도는 19만 2,000℃가 될 것이다. 그러나 지진파의 속도 분포나 고온·고압 상태에서의 물질의 특성 등을 이용하여 알아낸 지구 중심부의 온도는 대략 6,000℃이다.

이는 온도의 증가율이 지각 부근에서와 달리 지구 내부로 갈수록 감소한다는 것을 의미한다. 지각 내에서의 온도 증가율이 지구 내부에 비해 더 높게 나타나는 이유는 무엇일까? 지각에는 우라늄·토륨 등과 같은 방사성

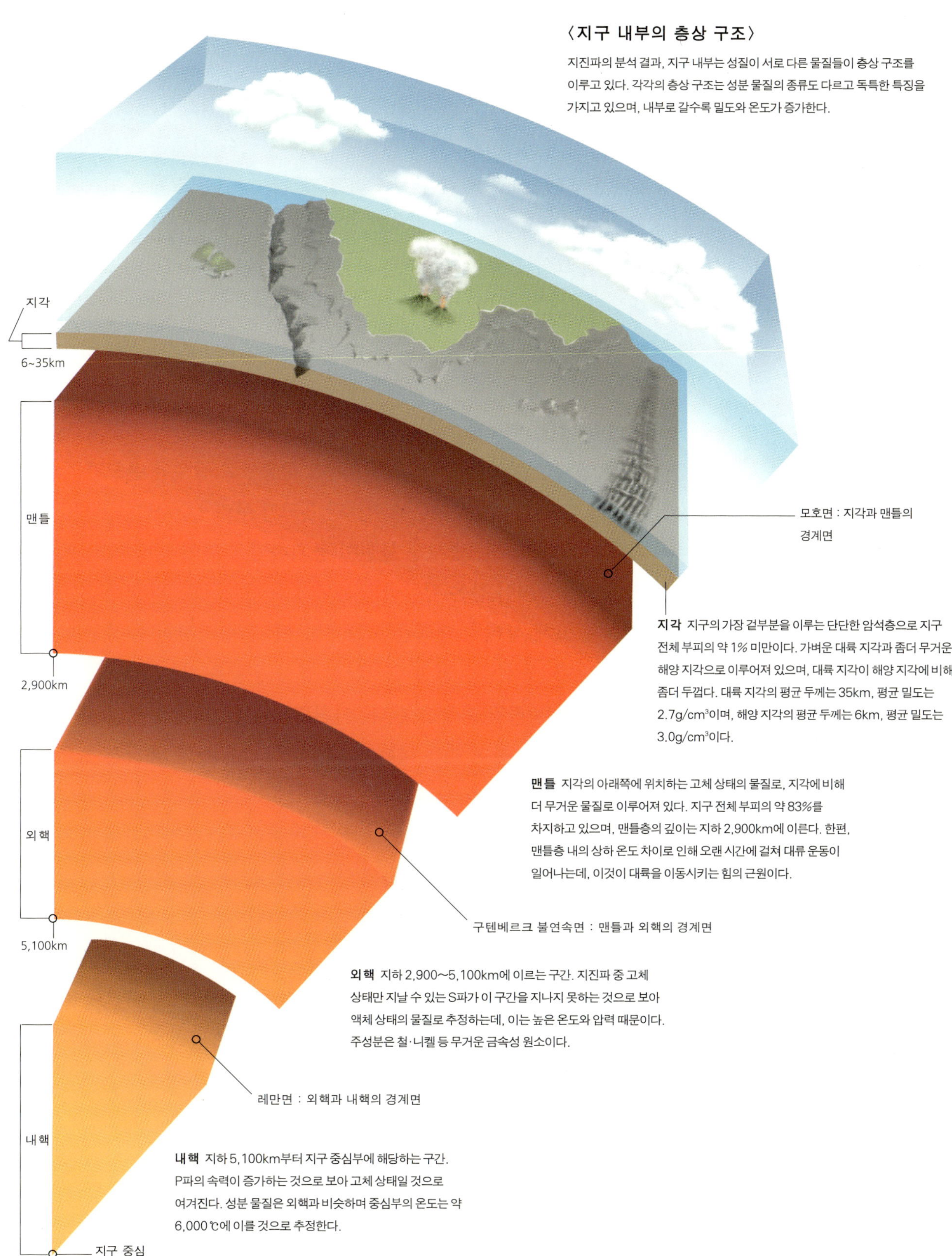


## 〈지구 내부의 층상 구조〉

지진파의 분석 결과, 지구 내부는 성질이 서로 다른 물질들이 층상 구조를 이루고 있다. 각각의 층상 구조는 성분 물질의 종류도 다르고 독특한 특징을 가지고 있으며, 내부로 갈수록 밀도와 온도가 증가한다.

모호면 : 지각과 맨틀의 경계면

**지각** 지구의 가장 겉부분을 이루는 단단한 암석층으로 지구 전체 부피의 약 1% 미만이다. 가벼운 대륙 지각과 좀더 무거운 해양 지각으로 이루어져 있으며, 대륙 지각이 해양 지각에 비해 좀더 두껍다. 대륙 지각의 평균 두께는 35km, 평균 밀도는 $2.7g/cm^3$이며, 해양 지각의 평균 두께는 6km, 평균 밀도는 $3.0g/cm^3$이다.

**맨틀** 지각의 아래쪽에 위치하는 고체 상태의 물질로, 지각에 비해 더 무거운 물질로 이루어져 있다. 지구 전체 부피의 약 83%를 차지하고 있으며, 맨틀층의 깊이는 지하 2,900km에 이른다. 한편, 맨틀층 내의 상하 온도 차이로 인해 오랜 시간에 걸쳐 대류 운동이 일어나는데, 이것이 대륙을 이동시키는 힘의 근원이다.

구텐베르크 불연속면 : 맨틀과 외핵의 경계면

**외핵** 지하 2,900~5,100km에 이르는 구간. 지진파 중 고체 상태만 지날 수 있는 S파가 이 구간을 지나지 못하는 것으로 보아 액체 상태의 물질로 추정하는데, 이는 높은 온도와 압력 때문이다. 주성분은 철·니켈 등 무거운 금속성 원소이다.

레만면 : 외핵과 내핵의 경계면

**내핵** 지하 5,100km부터 지구 중심부에 해당하는 구간. P파의 속력이 증가하는 것으로 보아 고체 상태일 것으로 여겨진다. 성분 물질은 외핵과 비슷하며 중심부의 온도는 약 6,000℃에 이를 것으로 추정한다.

원소들이 지구 중심부보다 더 많이 분포되어 있는데, 이들 방사성 원소들이 자연 붕괴하면서 많은 에너지를 방출하여 열을 발생시키기 때문이다.

이러한 방사성 물질들로 인해 지하 200km 부근에 이르는 대륙 지각 하층부의 온도는 약 1,200℃이다. 그리고 지각은 단단한 고체로 되어 있어 지각 내에서는 주로 *전도에 의한 방법으로 하층부의 열이 지표로 전달되고 있다. 그러나 지각의 부피는 지구 전체 부피의 약 1%에 불과하여 지구 내부의 전체적인 열 순환에는 큰 영향을 미치지 못한다.

| 맨틀의 대류 운동 |  지각의 아래쪽에는 맨틀이라고 하는, 지각보다 무거운 물질이 있다. 맨틀은 지하 2,900km까지 분포하고 있어 지구 전체 부피의 약 83%를 차지한다. 그리고 맨틀의 하층부로 갈수록 온도가 상승하여 맨틀의 아래쪽인 핵 부근에 이르면 온도가 무려 4,000℃나 된다.

그런데 맨틀 내에서는 방사성 물질이 붕괴하면서 열이 발생하고, 핵에서도 열이 공급되어 같은 깊이라도 온도 분포가 다르다. 이러한 온도 차이로 인해 고체 상태의 맨틀은 오랜 시간에 걸쳐 서서히 움직인다. 즉, 온도가 높은 곳에서는 맨틀이 서서히 상승 운동을 하는 반면, 온도가 낮은 곳에서는 하강 운동을 한다. 이처럼 맨틀은 고체 상태의 물질이지만 대류 운동을 하며 맨틀 내부의 열은 대류 운동을 통해 다른 곳으로 전달된다.

과학자들은 맨틀이 커다란 규모의 원통형 덩어리처럼 움직인다며 맨틀의 대류 운동을 설명하고 있다. 맨틀의 덩어리를 '플룸plume' 이라 하며, 맨틀 내에서 이러한 플룸에 의해 대류 운동이 일어난다는 학설을 '플룸 구조론' 이라 한다. 플룸 구조론에 따르면, 플룸의 형성은 해양 지각이 대륙 지각의 밑으로 밀려 들어가는 것에서부터 시작한다. 즉, 오랜 시간에 걸쳐 지각이 이동하면서 해양 지각이 대륙 지각의 밑으로 밀려 들어가는 곳에서 해구가 발달한다. 이 때 해구 부근에서 축적된 해양 지각의 덩어리가 고드름에서 물이 떨어지듯 맨틀 바닥으로 떨어진다.

이렇게 하강하는 플룸을 '차가운 플룸cold plume' 이라 하고, 맨틀 바닥에

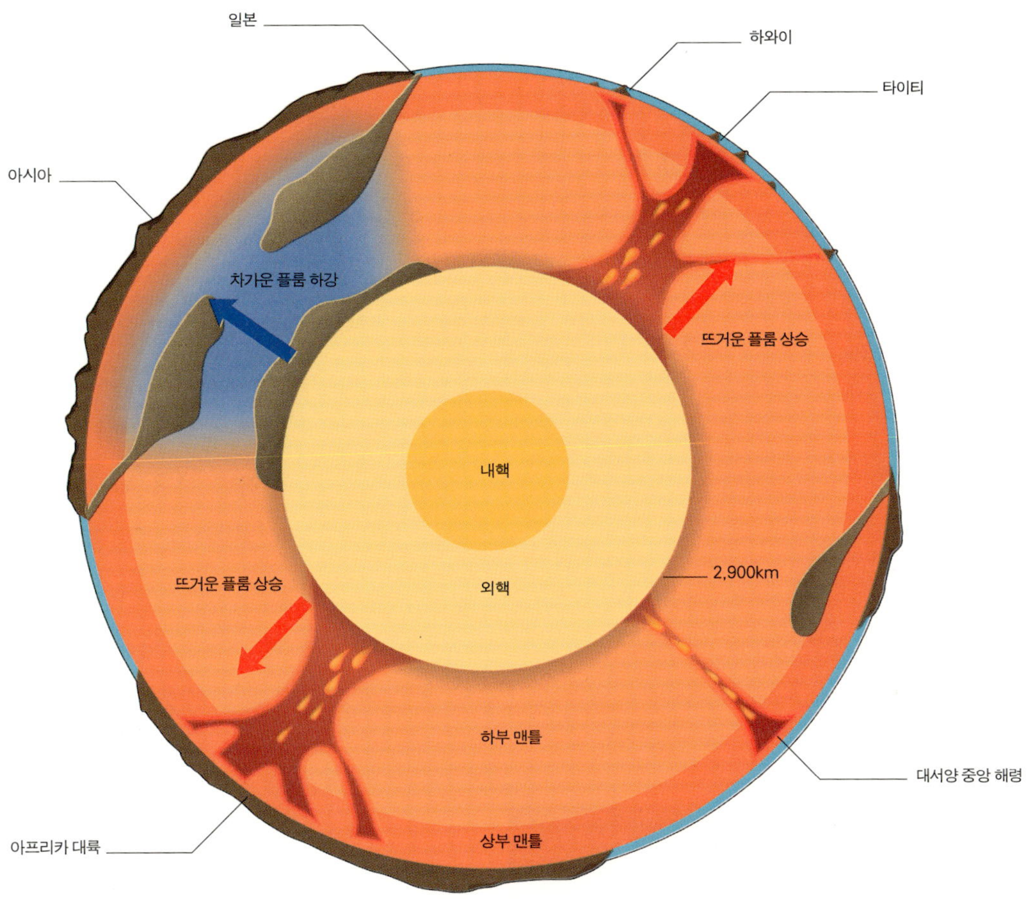


**플룸 구조론** 맨틀 내부에서는 온도 차이에 따른 밀도 변화로 인해 고온 맨틀의 상승과 저온 맨틀의 하강 운동이 일어나고 있다. 이 때 이동하는 맨틀 덩어리가 플룸이며, 지구 표면에서 수평적으로 나타나는 판 운동의 원동력을 이러한 플룸의 이동에서 찾으려는 것이 플룸 구조론이다. 플룸 구조론에 따르면, 아시아 지역에서 거대한 차가운 플룸이 하강하고, 타히티와 아프리카에서 뜨거운 플룸이 상승하면서 맨틀 전반에 걸친 원통형의 대류 운동이 일어난다.

### 차가운 플룸의 형성 과정

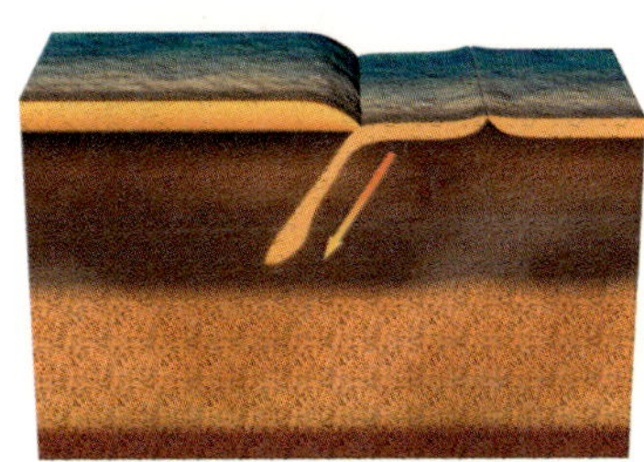

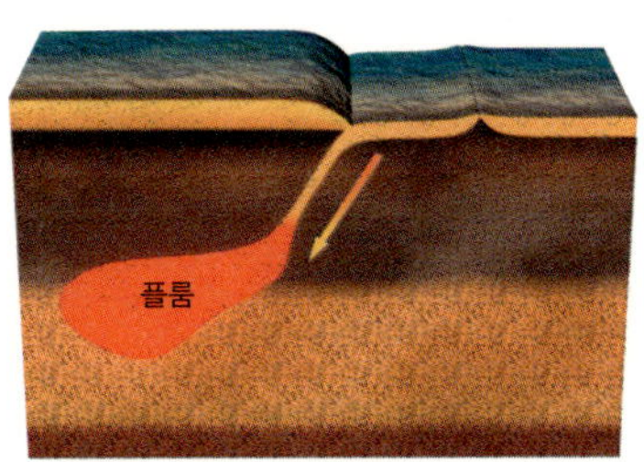


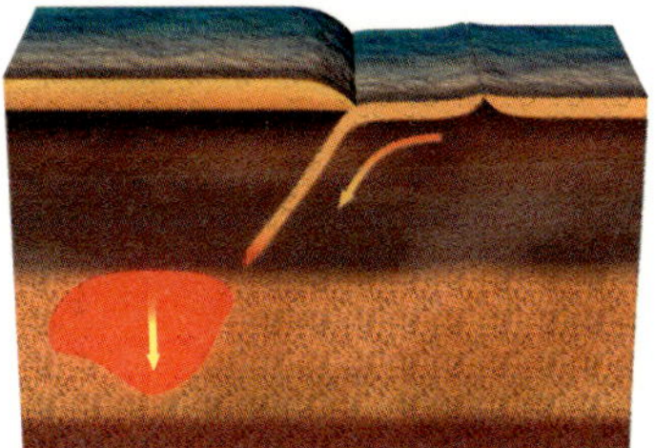

❶ 해양 지각이 대륙 지각의 밑으로 밀려 들어가면서 용융되기 시작한다.

❷ 지속적으로 축적된 해양 지각이 덩어리를 이룬다.

❸ 물이 떨어지듯 플룸 덩어리가 맨틀 하층부를 향해 떨어지는데, 이것이 차가운 플룸이다.

서 핵으로부터 공급되는 열에 의해 뜨거워져 상승하는 플룸을 '뜨거운 플룸hot plume' 이라 한다. 뜨거운 플룸은 상승하며, 냉각되어 차가워진 플룸은 다시 맨틀 속으로 하강한다. 결과적으로 대규모 플룸의 상승과 하강 운동이 맨틀의 대류를 일으키는 것이다.



**| 화산 활동은 열 순환의 결과 |** 지구 내부에서는 맨틀의 대류 운동으로 열 순환이 이루어진다. 이러한 열 순환은 지표에 직접적인 영향을 미치기 때문에 지구 곳곳에서 격렬한 화산 활동을 일으킨다. 화산 활동은 지각을 구성하는 암석이 녹은 채로 지각의 약한 틈을 뚫고 지표로 분출하는 것을 말한다. 이 때 시뻘건 용암으로 빠져 나오는 물질의 온도는 900~1,200℃ 정도이다. 화산 활동은 맨틀이 상승하거나 하강 운동을 하는 구역에서 축적된 열이 빠져 나오는 현상이다. 화산 활동이 활발하게 일어나는 곳은 대서양의 중앙 해령이나 환태평양 지역이다. 이 지역

**열수구** 해저 지각에서 마그마가 분출하는 중앙 해령 부근에서는 화산 활동에 의해 많은 광물이 녹아 있는 열수가 뿜어져 나온다. 그 모습이 뜨거운 연기를 뿜어 내는 굴뚝과 같아서 블랙 스모커(black smoker)라 불리기도 한다.

**용암의 분출**

은 맨틀이 상승 운동을 하면서 많은 열을 공급하거나, 하강 운동을 하면
서 지각의 충돌을 일으켜 마찰열이 발생하는 곳이다. 따라서 화산 활동
은 맨틀이 대류 운동을 하면서 열을 순환하는 과정에서 나타나는 자연스
러운 현상이다.

　만약 지구 내부에서 맨틀의 대류 운동이 일어나지 않는다면? 지구 내부
에 축적된 열로 지구 전체가 녹아 버릴지도 모른다. 그러나 다행스럽게도
지구는 효과적인 열 전달 체계를 갖추고 있다. 오랜 시간에 걸쳐 서서히
일어나고 있긴 하지만, 맨틀의 대류 운동은 내부에서 발생한 열을 지구 전
체로 고르게 전달하고 있다. 그뿐 아니라 화산 활동을 통해 적절하게 바
깥으로 열을 뿜어 내기도 한다. 지구 대기층에서 공기의 이동을 통해 열
순환이 이루어지는 것처럼 지구 내부에서도 맨틀의 이동을 통해 열 순환
이 이루어지고 있으며, 이러한 열 순환 덕분에 지구 내부도 열 균형을 이
루고 있다.

# 남극과 북극,
# 어떤 점에서 다를까?

2003년 12월 6일, 너무나도 차디찬 남극의 바다에서 스물일곱 살 청년 전재규 세종기지 대원이 숨을 거두었다. 한 젊은이의 안타까운 죽음은 우리 나라 남극 탐험의 교두보인 세종기지에 대한 국민의 관심을 불러일으키기도 하였다.

1년 내내 매서운 혹한의 바람으로 뒤덮인 곳, 사방을 둘러보아도 끝없이 펼쳐진 얼음만 보이는 그 곳에서 우리의 젊은 과학자들은 극지 환경 연구 및 지구 환경 변화 연구를 위해 노력하고 있다.

지구상에서의 다양한 열 순환에도 불구하고 따뜻한 태양 복사 에너지를 넉넉하게 받지 못한 소외된 땅이 바로 남극과 북극이다. 이 두 지역은 겉으로는 비슷해 보이지만 서로 전혀 다른 특징을 갖고 있다.

**세종과학기지**
1988년 서남극의 킹조지 섬에 세운 연구 기관으로 극지 연구에 중요한 역할을 담당하고 있다 이 곳에 상주하는 연구원들은 대기·생물·우주·지구·물리·지질·해양 과학 분야에 관한 연구를 진행한다.

남극은 면적이 1,360km²(한반도의 60배)에 이르는 거대
한 대륙으로 지구상의 7대 대륙 중 다섯 번째로 크다. 오랜
세월에 걸쳐 쌓인 눈이 자체 압력으로 단단하게 굳어져 생
긴 두께 2km에 이르는 거대한 얼음덩어리가 남극 대륙 표
면의 98%가량을 덮고 있다. 남극 대륙에서 오래된 운석이 발
견되는 것으로 보아 이곳에는 오래전 지표의 모습을 확인할 수
있는 천연 자료들이 보관되어 있을 것으로 추정된다.

남극

반면에 북극은 아시아와 아메리카 대륙으로 둘러싸인 거대한
북극해를 말한다. 북극해는 면적이 1,400만km²로 지중해의 6배이며, 전세계 바다의 3%를
차지한다. 북극은 이 북극해 주변의 바닷물이 얼어서 된 거대한 얼음덩어리가 떠 있는 것에
불과하다. 물론 해수면 위로 보이는 빙하는 전체 얼음덩어리의 10% 정도에 불과하다. '빙산
의 일각'이라는 표현은 여기에서 나온 것이다. 이처럼 서로 다른 지역적 특징은 두 지역의 기
후 조건에도 많은 영향을 미치고 있다.

**남극 펭귄** 조류에 속하지만 날개가 퇴화하여 날지 못한다. 발에 물갈퀴가
있어 물 속에서 헤엄칠 수 있으며, 새우 등을 잡아먹고 산다. 남반구에서만
관찰되고 있으며 주로 남극에 떼지어 분포한다.

남극과 북극 가운데 어디가 더 추울까? 남극이 훨씬 춥다. 북극은 주변에 있는 바다와 저위도에서 흘러 들어오는 따뜻한 해류의 영향을 받는다. 얼음 덩어리에 비해 상대적으로 온도가 높은 바다에서 상승하는 따뜻한 공기의 흐름으로 겨울에는 최저 영하 30~40℃까지 내려가지만, 여름에는 영상 10℃ 정도로 비교적 따뜻한 편이다. 한편, 남극은 가열과 냉각이 쉽게 이루어지는 지각이 아래쪽에 있기 때문에 한겨울에 해당하는 8월 말 무렵이면 내륙의 고원 지대에서는 기온이 영하 70℃ 가까이 내려간다고 한다. 역사상 최저 기온은 영하 89℃였다. 또한 북극에는 이뉴잇인들이 거주하고 있지만, 남극에는 연구를 목적으로 거주하는 사람들 외에는 원주민이 없다. 남극의 혹한을 견뎌 내기가 그만큼 어렵기 때문이다.

또한 펭귄은 남극에서 볼 수 있고 북극곰은 북극에서만 산다. 왜 펭귄은 남극에서만 살까? 펭귄은 여러 종이 있으며 대부분 남극을 비롯한 남반구에서 살고 있다. 주로 해안가에서 구멍을 파고 사는 펭귄들은 작은 돌 조각들을 이용하여 둥지를 만든다. 빙원에서 구할 수 있는 돌 조각은 태양열을 흡수하거나 체온을 따뜻하게 유지시킬 수 있는 유일한 물질이다.

펭귄이 주로 남극에 살고 있는 이유는 남극이 아메리카 대륙에서 분리되기 전에 서식하던 조류의 일부가 추위에 적응하기 위해 현재의 펭귄으로 진화하였기 때문으로 보고 있다. 반면 북극곰이 북극에만 살게 된 것은 북극이 북반구의 대륙에서 가까운 곳이기 때문이다. 대륙에 살던 곰이 넘어가 살게 되었을 가능성이 매우 높다. 지금도 유빙을 타고 이동하는 북극곰이 있다고 하니 북극해 주변의 얼음 덩어리는 북극곰의 이동 수단으로 볼 수 있다.

그렇다고 곰이 얼음 덩어리를 타고 남극 대륙까지 갈 수는 없었지만 펭귄 같은 조류는 육지를 따라 이동하였기 때문에 상대적으로 남극 대륙으로 이동하기가 더 쉬웠다. 그래서 북극곰은 있지만 남극곰은 없고, 남극 펭귄은 있지만 북극 펭귄은 없는 것이다.

보통 100m 두께의 얼음이 만들어지려면, 1,000년의 긴 세월이 필요하기 때문에 지금의 남극의 얼음이 되기까지 약 10만 년이 걸렸을 것으로 보고 있다. 현재 남극 대륙의 얼음은 전 지구상의 얼음 중 90%가량을 차지하고 있으며 두꺼운 얼음층은 지구 기록에 대한 냉동 창고의 역할을 하고 있다.

**북극곰** 북극의 아주 추운 환경에 적응하기 위하여 꼬리와 귀는 짧아지고 몸의 지방층은 두꺼워졌으며 털은 길고 촘촘하다. 얼음에 미끄러지지 않기 위해 발바닥 사이에 털이 나 있으며 수영하기에 알맞게 앞발에는 물갈퀴와 같은 역할을 하는 막이 있다.

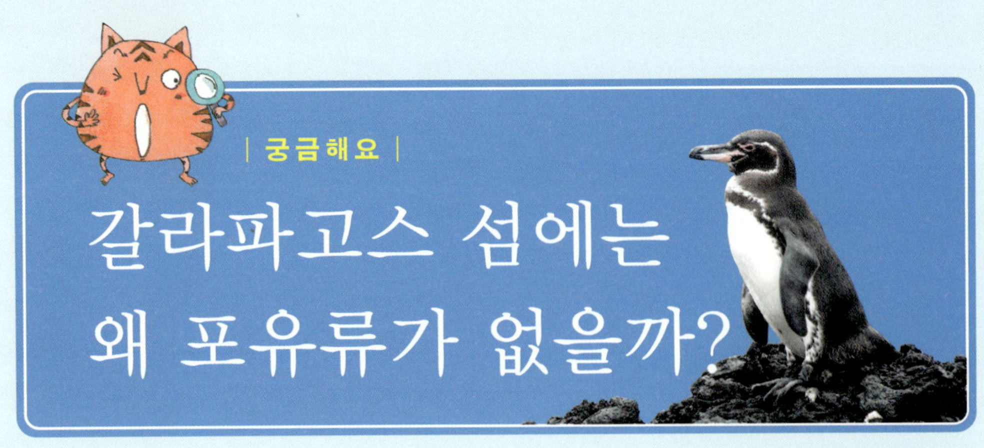


# 갈라파고스 섬에는 왜 포유류가 없을까?

16개의 화산섬으로 이루어진 갈라파고스 제도는 남아메리카 대륙에서 서쪽으로 약 1,000km 떨어진 동태평양에 있다. 생태계의 보고로 알려진 이 섬은 다윈의 진화론이 탄생된 곳으로도 유명하다.

1835년 비글 호를 타고 갈라파고스를 방문한 다윈은 이 곳에 사는 생물들의 특이함에 깊은 감명을 받아 나중에 "갈라파고스 섬의 자연사는 매우 특이하다. 마치 이 곳 자체가 하나의 세계인 것 같다."라고 썼다. 다윈이 찾았을 때 이 곳에는 등껍질의 지름이 2m가 넘는 거대한 거북이 선인장 같은 식물을 먹고 살고 있었으며 다윈이 등에 올라타도 아무런 관심을 보이지 않았다고 한다. 또 무섭게 생긴 이구아나도 있었고 새들은 어찌나 얌전한지 다윈이 가까이 가도 날아가지도 않았다고 한다. 그런데 갈라파고스 섬에는 양서류가 단 한 종도 살지 않는다고 한다. 왜 그럴까?

갈라파고스 섬에 살고 있는 포유류는 쥐와 박쥐 등 10종뿐이다. 일반적으로 대륙의 생태계에서는 최종 소비자가 포유류이지만 이 곳에서는 파충류가 그 주인공이다. 섬마다 다른 모양의 코끼리거북이 있고 육지뿐만 아니라 바다에도 이구아나가 산다. 해류의 영향으로 물고기가 풍부하기 때문에 해안가에는 그것을 먹고 사는 조류가 89종이나 살고 있다. 세계에서 가장 작은 갈라파고스펭귄과 조류의 89%와 파충류의 86%가 갈라파고스에서만 볼 수 있는 고유의 종이다.

왜 갈라파고스 섬에는 개구리나 맹꽁이 등과 같은 양서류는 볼 수 없고 거북이와 도마뱀 같은 파충류가 많은 걸까? 이에 대해 하나의 가설을 생각해 보자. 갈라파고스 제도는 화산 폭발에 의해 바다 밑에서 지각이 융기해서 생성된 화산섬이다. 따라서 이 섬이 생성되었을 당시에는 생명체가 없었을 것이다. 그 뒤 남아메리카로부터 식물의 씨앗과 동물이 유입되었을 것으로 보인다. 식물의 씨앗이나 새들은 바람을 타고 왔을 테지만 동물들은 바다를 표류하다 왔을 것이다. 동물들이 바다를 건너는 것은 쉽지 않다.

이런 상황을 생각해 보자. 맹렬한 열대 폭풍이 몰아친 후 나무가 뿌리째 뽑혀 바다로 떠내려간다. 여기에 몇 마리의 작은 동물들이 붙어서 함께 표류하게 된다. 오랜 여행 끝에 우연히 이 나무가 갈라파고스 섬에 도착하게 되었다. 이 나무가 1~2주 동안 표류하다 섬에 도착하였다면 파충류는 살아남을 수 있지만 포유류와 양서류는 살아남을 수 없다.

오랫동안 바다를 표류하면서 살아남으려면 두 가지 조건이 만족되어야 한다. 첫째, 체온 유지이다. 파충류와 양서류는 변온 동물이고, 포유류는 정온 동물이다. 변온 동물은 주변의 온도 변화에 따라 체온이 조절되므로 바닷물에 노출되었을 때 체온이 낮은 상태로 유지된다. 따라서 체내에 저장된 에너지만 충분하다면 표류 생활을 오랫동안 해도 살아남을 수 있다. 그러나 정온 동물인 포유류는 항상 일정하게 체온을 유지해야 하므로 체온이 낮아지면 체온을

**갈라파고스거북** 등딱지 길이는 1m가 넘으며, 섬에 따라 등딱지의 모양이 달라지기 때문에 13가지의 종류로 나뉜다. 주로 초원에 살고 얕은 물에도 들어가며 주로 선인장류를 먹는다. 2~25개의 알을 낳고 수명은 180~200년 정도이다.

**바다이구아나** 몸 길이가 1.5m 정도이며 갈라파고스 섬에서만 산다. 공룡과 비슷하게 생겼으며 해안의 바위 위에서 주로 산다. 미역이나 파래 등의 해조류를 주로 먹는다.

높이기 위해 너무 많은 에너지를 생성시켜야 살아남을 수 있다. 즉, 포유류가 표류하게 되면 차가운 바닷물로 인해 너무 많은 에너지를 소모하게 되어 살아남기 어려웠을 것이다.

둘째, 방수가 되는 피부이다. 파충류와 포유류는 두께는 다르지만 방수가 되는 피부로 인해 높은 염도의 물에서 허우적거리면서도 살아남을 수 있다. 그러나 양서류는 방수가되지 않는 연약한 피부를 갖고 있다. 따라서 바닷물에 노출되거나 피부가 건조해지면 살아남기 어렵다.

또 바다를 건너서 살아남은 동물들은 원래 살았던 남아메리카와는 매우 다른 조건에 놓이게 되었을 것이다. 그 곳에는 경쟁할 상대가 없어 먹이는 풍부했겠지만 새로운 먹이에 적응해야 했다. 이 때 파충류는 이와 같은 새로운 환경에 잘 적응했다. 변온 동물인 파충류는 체온도 잘 유지할 수 있었을 뿐만 아니라 갈라파고스의 독특한 환경에 잘 적응했기 때문에 번성할 수 있었다.

**파랑발가마우지**

**다윈이 그린 생명의 계통수 스케치**
1837년 다윈은 자신이 비밀 노트에 처음으로 생명의 계통수를 그려 보았다.

## 다윈과 핀치새

지질학적으로 갈라파고스 제도의 형성 시기는 지금부터 100만~200만 년 전으로 추정된다. 갈라파고스 제도는 다윈의 진화론이 태어난 곳이다. 현재 에콰도르의 국립공원으로 지정되어 있으며, 13종의 핀치새가 서식한다. 먹이의 종류, 서식 장소에 따라 부리의 모양·크기·깃털의 색깔 등이 다르다. 핀치새는 한 종의 조상으로부터 분화한 것으로 보이며, 사는 곳의 환경에 맞추어 진화한 것으로 여겨진다.

다윈 Charles Darwin, 1809~1882

갈라파고스 섬의 위치



〈갈라파고스 핀치〉

**❶ 큰 부리 땅 핀치**
부리가 매우 크고 깃털이 검은색이다. 부리로 벌레를 잡아먹거나 딱딱한 씨앗을 깨서 먹는다.

**❷ 중간 땅 핀치**
부리가 작고 깃털이 검은색이다. 견과류 외에 씨앗이나 작은 애벌레를 잡아먹으며 산다.

**❸ 딱따구리 핀치**
나무에 구멍을 파서 애벌레를 잡아먹거나 선인장 가시를 부리로 물어 애벌레를 찔러 잡아먹는다.

**❹ 개개비 핀치**
깃털은 밝은 색이며 주로 곤충을 잡아먹으며 살아간다.

# 4

물질

# 1 | 원자, 물질을 이루는 기본 입자

체온계를 바닥에 떨어뜨려 깨지면 그 안에 들어 있던 수은 덩어리가 작은 쇠구슬처럼 흩어져 버린다. 수은 중독에 걸릴까 봐 당황한 나머지 빗자루로 빨리 쓸어 담으려고 하면 더 작은 방울로 나뉘기만 할 뿐 담기가 어렵다. 수은 방울이 계속 작은 조각으로 나뉘면 어떻게 될까?

**수은**
녹는점이 −39℃로 상온에서 유일하게
액체인 금속이다.
고대부터 발견되어 사용해 왔으며,
형광등·기압계·온도계 등에 이용된다.

**| 물질은 어떻게 이루어져 있을까? |** 수은은 금속으로는 유일하게 상온에서 액체 상태로 존재하는 물질이다. 물방울과 같은 모습을 하고 있지만 금속이기 때문에 반짝이는 광택을 낸다. 이 수은 방울을 살짝 튕겨 주면 여러 개의 수은 방울로 나뉜다. 수은 방울이 계속 쪼개지면 어떻게 될까? 처음처럼 여전히 수은으로 남아 있을까?

우리 주변을 둘러보면 돌·물·음식물·금속 등 물질들로 넘쳐난다. 이런 물질들은 무엇으로 이루어져 있을까? 우리 눈에는 보이지 않지만 물질들은 아주 작은 입자인 원자로 이루어져 있다. 그러나 이 개념이 학문 체계 속에 자리 잡게 된 지는 불과 100여 년밖에 되지 않는다.

**| 입자설과 연속설 |** 원자가 물질을 구성하는 기본 입자라는 것을 처음으로 제안한 사람은 그리스의 철학자 레우키포스Leukippos, ?~?와 그의 제자 데모크리토스였다.

이들은 피어오르던 연기가 공기 중에 섞여 사라지는 것을 보고 꽉 차 있는 것처럼 보이는 공기 중에 빈틈이 있을 거라고 생각하였다. 또한 빈틈이 아닌 곳에는 어떤 알갱이, 즉 입자가 있을 것이라고 추측했다. 그들은 이를 토대로 물질을 쪼개어 나가면 더 이상 쪼개지지 않는 입자로 되어 있다는 결론과 함께, 이 작은 입자를 더 이상 나눌 수 없다는 뜻에서 '아토모스 atomos' 라고 불렀다.

　이처럼 원자의 존재를 인정하는 한편 이들은 원자와 원자 사이에는 비어 있는 공간, 즉 진공의 존재도 인정했다. 그러나 그 당시의 자연 철학자들은 이러한 빈 공간을 인정하지 않았는데, 특히 아리스토텔레스는 이들과는 전혀 다른 견해를 제시하였다.

　아리스토텔레스는 아무리 작은 알갱이라도 더 잘게 쪼갤 수 있기 때문에 부서지지 않는 원자와 같은 알갱이는 존재하지 않을 뿐더러 자연계에 텅 빈 공간인 진공도 절대 존재하지 않는다고 주장했다. "없는 것을 존재한다고 하는 것은 모순이며 자연은 진공을 싫어한다."라는 말에서 아리스토텔레스의 물질관을 엿볼 수 있다.

　물질은 무한히 계속 작게 쪼갤 수 있다는 생각을 '연속설'이라 하고, 물질을 쪼개어 가면 궁극적으로 더 이상 쪼개지지 않는 입자가 된다는 생각을 '입자설'이라 한다. 입자설은 나중에 '원자 이론'으로 발전한다. 아리스토텔레스의 연속설은 일상 생활에 잘 적용되었을 뿐 아니라, 데모크리토스의 원자 이론보다 자연 현상을 더 잘 설명해 주었다. 실제로 물질을 쪼개어 가면 너무 작아져서 더 이상 쪼갤 수 없을 뿐이지 계속 쪼개진다. 게다

데모크리토스 Demokritos,
B.C. 460?～B.C. 370?
고대 그리스의 자연 철학자.
스승 레우키포스와 함께 고대
원자론을 확립하였다.

가 당시의 사람들은 모든 것을 완벽하게 창조하는 신이 비어 있는 공간인 진공을 만들 리가 없다고 생각했다. 이처럼 데모크리토스의 원자 이론은 신에 대한 도전적인 사고였기 때문에 당시의 철학자들 대부분은 그의 생각을 옹호하지 않았다. 또한 데모크리토스가 제안한 원자라는 입자 자체도 과학적인 실험과 관찰에 의한 것이 아니라 추리와 사색을 통해 제시된 것이어서 더더욱 믿으려고 하지 않았다. 그리하여 고대부터 중세까지 무려 2,000여 년 동안이나 사람들은 부정할 수 없는 아리스토텔레스의 연속설을 믿고 따랐다.

| 진공의 존재를 밝힌 사람들 | 근대에 들어오면서 과학자들은 실험을 통해 얻은 증거를 바탕으로 과학 연구를 하기 시작하였다. 당시의 많은 과학자들이 물질의 구성에 관한 실험적인 증거들을 찾아내면서 아리스토텔레스의 연속설을 부정하게 되었다.

이탈리아 물리학자 토리첼리 Evangelista Torricelli, 1608~1647 는 1643년 대기압

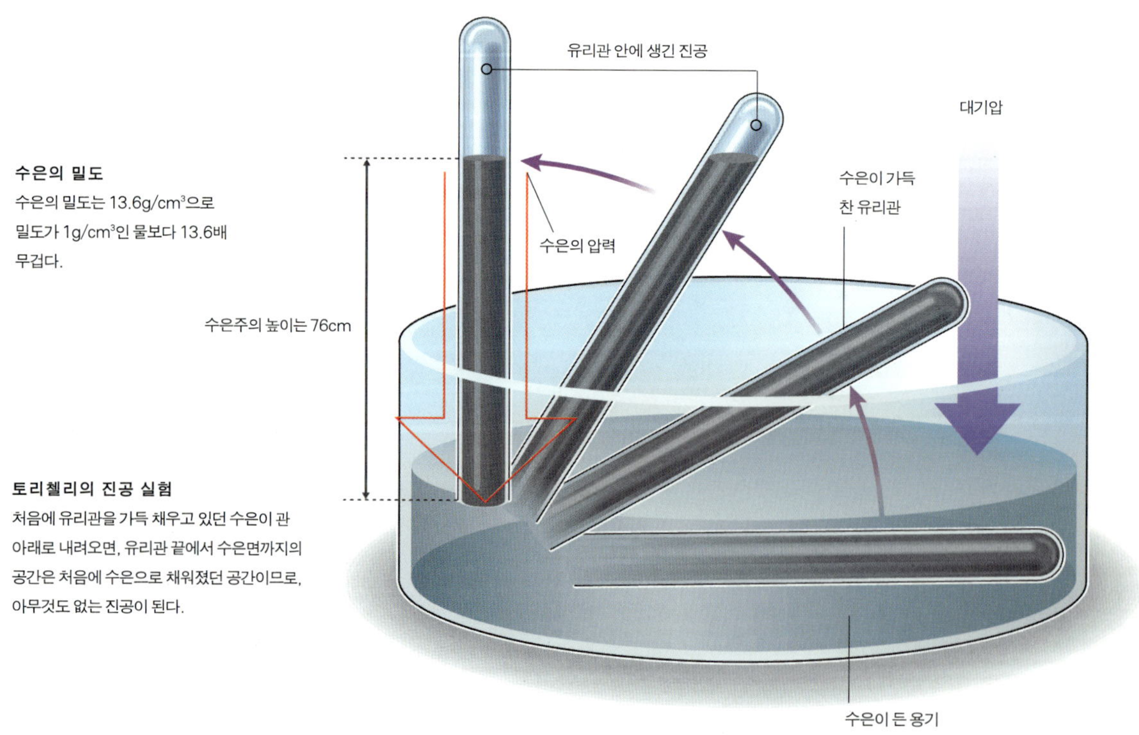


**수은의 밀도**
수은의 밀도는 13.6g/cm³으로 밀도가 1g/cm³인 물보다 13.6배 무겁다.

**토리첼리의 진공 실험**
처음에 유리관을 가득 채우고 있던 수은이 관 아래로 내려오면, 유리관 끝에서 수은면까지의 공간은 처음에 수은으로 채워졌던 공간이므로, 아무것도 없는 진공이 된다.

을 연구하는 과정에서 수은을 이용하여 최초로 진공을 만들었다. 토리첼리는 1m 이상의 긴 유리관을 준비하여 여기에 수은을 가득 채운 다음 이 관을 수은이 담긴 용기에 거꾸로 세웠더니, 수은이 아래쪽 용기의 수은면에서 76cm까지 내려오다가 멈추었다. 유리관의 위쪽 끝부분까지 가득 담겨 있던 수은이 아래로 내려와 생긴 공간이니 위쪽의 공간에는 아무것도 들어 있지 않은 진공일 수밖에 없는 것이다. 이 진공을 '토리첼리의 진공'이라 부른다.

또한 독일의 물리학자 게리케 Otto von Guericke, 1602~1686 는 1654년 진공 펌프를 만들어 진공 상태에서의 여러 가지 현상과 대기압에 대해 연구했다.

더 나아가 영국의 화학자 보일 Robert Boyle, 1627~1691 은 지팡이 모양의 유리관 속에 수은을 넣으면 닫힌 공간에 들어 있는 공기가 압축된다는 것을 발견했다. 그리고 공기는 입자와 그 입자가 운동할 수 있는 빈 공간으로 이루어졌다는 것을 발표함으로써, 물질은 원자와 진공으로 이루어졌다는 사실을 확실하게 밝혀내었다.

| 돌턴의 원자 이론이 나오기까지 |  18세기에 들어와서 과학자들은 물질 변화에 있어서 정확한 질량을 측정하는 데 본격적으로 관심을 기울였다. 1774년 '근대 화학의 창시자'라 불리는 프랑스의 화학자 라부아지에는 화학 반응 전과 후의 반응에 참여하는 물질의 총 질량은 변하지 않는다는 '질량 보존의 법칙'을 발표하였다. 그러자 이후 많은 과학자들은 질량에 초점을 둔 연구를 활발하게 진행하여 물질 변화에 대해 더 많은 사실들을 알아냈다.

**보일의 진공 실험**
한쪽 끝이 막힌 지팡이관에 수은을 넣으면 막힌 지팡이관의 끝에 공기가 모이는데, 수은의 양을 많게 하면 공기가 많이 압축된다. 이는 불연속적으로 존재하는 입자들이 진공 속을 운동하고 있기 때문에 압축하면 입자 사이의 간격이 좁아지는 것으로 해석되어 아리스토텔레스의 연속설을 부정하는 증거가 된다.

**라부아지에 Antonie L.Lavoisier, 1743~1794**
근대 화학의 아버지. 플로지스톤 이론을 정교한 저울을 이용한 정량적 실험을 통해 해결하였다. 또 체계적인 명명법으로 새로운 화학 이론 체계를 형성하는 데 기여함으로써 새로운 화학 발전의 기틀을 마련하였다. 그는 당시 징세조합의 간부로도 활동하였는데, 프랑스 혁명이 일어나자 그 이력이 문제가 되어 사형을 선고받고 단두대의 이슬로 사라졌다.

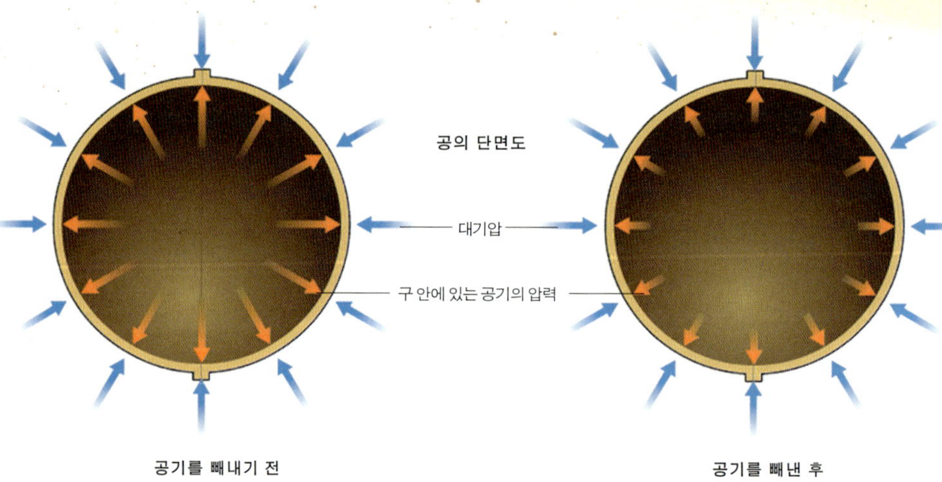



**마그데부르크 반구 실험의 원리**·공기를 빼내기 전 반구 2개를 맞댄 상태에서는 외부 공기의 압력과 내부 공기의 압력이 같기 때문에 2개의 반구는 쉽게 떨어진다. 그러나 내부 공기를 모두 빼내면 내부 공기의 압력이 매우 낮아지고 상태적으로 외부 공기의 압력이 매우 높아지기 때문에 반구는 잘 떨어지지 않는다. 실제로 반구를 떼내는 데 양쪽에 8마리씩의 말이 필요했다고 하며, 반구가 떨어지는 순간 주변에서 지켜보던 사람들은 대포를 쏘는 듯한 큰 굉음에 매우 놀랐다고 한다.

한편, 당시의 과학자들은 물질을 이루는 원소들의 성분비는 물질을 만드는 방법에 따라 달라진다고 생각했다. 그러나 프랑스의 화학자 프루스트 Joseph Louis Proust, 1754~1826는 물질들에 들어 있는 원소들의 질량비를 조사하여, 산출 장소에 따라 물질의 겉모습은 다르지만 그 성분비는 일정하다는 것을 알아냈다. 그뿐 아니라 실험실에서 인공적으로 얻은 것도 자연에서 얻은 것과 동일한 성분비를 갖는다는 사실을 밝혀냈다. 1799년 프루스트는

**게리케의 실험** 게리케는 반구 2개를 맞붙여 놓고 그 안의 공기를 진공 펌프로 빼낸 다음 한쪽에 8마리씩 모두 16마리 말의 힘을 빌려 그 반구를 떼어 놓는 실험을 하였다. 이것은 진공 상태의 반구를 누르는 기압의 크기가 얼마나 큰지를 보여 준 실험이었다.

같은 화합물에서 각 성분 물질은 항상 일정한 질량비를 갖는다는 '일정 성분비의 법칙'을 정리하여 발표하였다.

영국의 화학자 돌턴은 탄소와 산소로만 이루어진 기체 화합물 일산화탄소와 이산화탄소에서 일정량의 탄소와 결합하고 있는 산소의 양은 항상 1 : 2라는 결과를 밝혀냈다. 이렇게 일정량의 탄소와 결합하는 산소의 양이 임의의 비율이 아니고 일정 성분비를 갖는다는 것은 물질이 결합할 때 어떤 일정한 질량 단위로만 반응한다는 것을 의미한다.

돌턴 John Dolton,
1766~1844
영국의 화학자이자 물리학자.
원자론을 제안하였다. 기상에 대한
연구는 물론이고, 기체와 공기에 대한
연구에도 몰두하여 많은 업적을
남겼다. 또한 그 자신이 색맹으로
색맹에 대한 논문도 발표하였다.

| 돌턴의 원자 이론 |  1803년 돌턴은 질량 보존 법칙과 일정 성분비의 법칙을 설명하면서 모든 물질은 더 이상 쪼개지지 않는 원자로 이루어졌다는 원자 이론을 발표하였다. 돌턴의 원자 이론은 고대 데모크리토스가 주장한 것과 비슷하다. 그러나 데모크리토스의 원자 이론이 추리와 사색에 바탕을 둔 것이었다면, 돌턴의 원자 이론은 그 자신뿐 아니라 돌턴 이전의 다른 과학자들이 오랜 기간 해 온 실험을 토대로 한 것이었다. 당시의 학자들은 돌턴의 원자 이론이 혁명적인 내용이었으나 많은 현상을 설명할 수 있었기 때문에 차츰 받아들였다. 이러한 돌턴의 원자 이론은 현대 과학의 발전에 밑거름이 되었다. 그 크기가 너무 작아 원자의 실체를 입증하기 어려웠던 과거와 달리, 오늘날은 과학 기술의 눈부신 발전에 힘입어 원자를 실제로 볼 수 있게 되었다. 나아가 원자가 더 작은 여러 가지의 입자들로 구성되어 있다는 것이 밝혀지고 있지만, 원자가 물질을 구성하는 기본 입자라는 것에는 큰 이견이 없다.

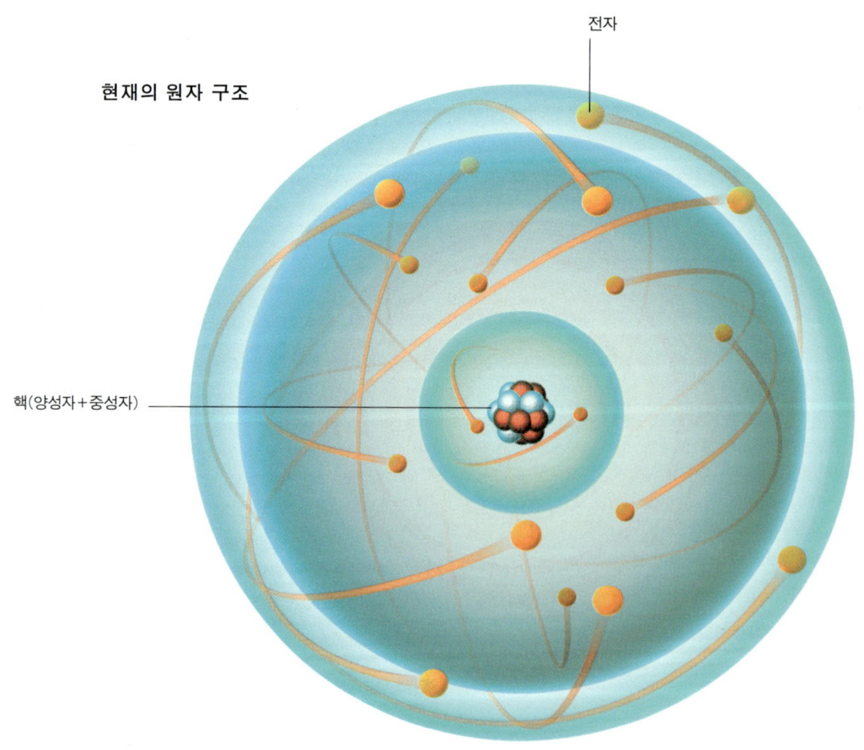

## 왜 한없이 큰 비눗방울은 만들 수 없을까?

어린 시절 친구들과 함께 했던 비눗방울 놀이를 떠올려 보자. 공기 중에 날아다니는 비눗방울을 잡으려고 뛰어다녔지만 쫓아가서 잡으려고 하면 금방 터져버리기 일쑤였다. 왜 한없이 얇으면서 큰 비눗방울은 만들 수 없었을까?

비눗물 뜨개에 묻은 몇 방울의 비눗물은 둥근 모양으로 얇게 펴진다. 이 때 비눗방울 속에 들어 있는 공기의 양이 많아질수록 비누막은 얇아지면서 그 크기가 커지지만, 비눗방울 입자가 만들 수 있는 비누막의 두께에는 한계가 있다. 그래서 비누막은 어느 정도 커지다가 터져 버리고 만다. 그러나 아리스토텔레스의 물질관으로 설명한다면 한없이 얇고 큰 비누막도 만들 수 있어야 한다.

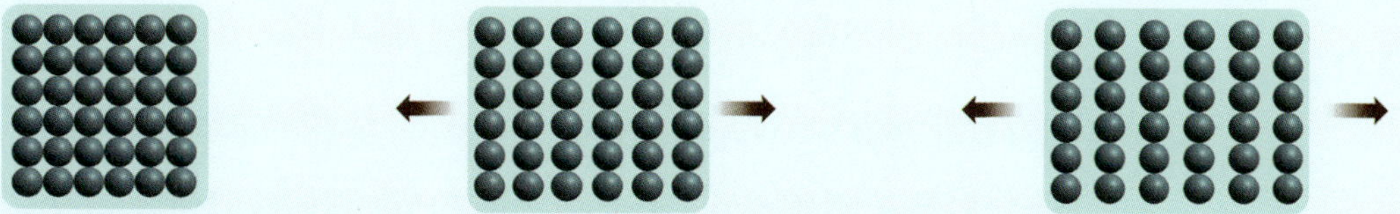

**풍선이 터지는 이유** 풍선을 불면 늘어나려는 힘 때문에 풍선을 구성하는 입자의 간격이 넓어진다. 계속 힘을 가하면 입자들의 간격이 넓어지고, 입자 사이의 거리가 멀어진 만큼 입자들 사이의 결합력이 약해져 결국 터지게 된다.

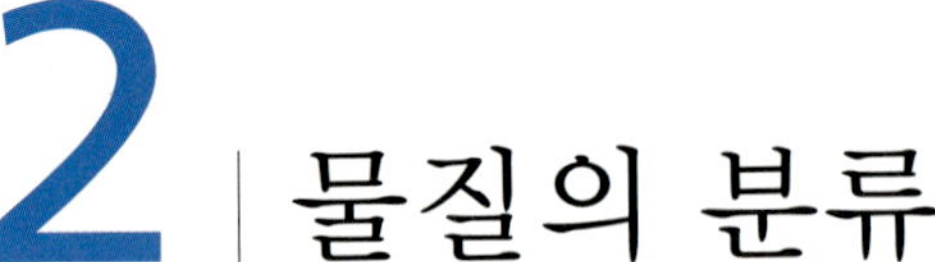

# 2 | 물질의 분류

우리는 셀 수 없이 많은 물질들로 둘러싸여 있다. 공기 · 물 · 소금 · 순금반지 · 연필심 · 우유 등은 우리가 일상 생활에서 쉽게 볼 수 있는 물질들이다. 이 물질들의 공통점은 무엇이고 차이점은 무엇일까? 이 물질들을 어떻게 분류할 수 있을까?

**| 물질의 분류 |** 우리의 주변을 둘러보자. 옷을 이루고 있는 물질, 음식물을 이루고 있는 물질, 건물을 이루고 있는 물질, 그리고 가장 가깝게는 자신의 몸을 이루고 있는 물질 등……. 우리는 셀 수 없이 많은 물질들로 둘러싸여 있다. 현재까지 알려진 물질은 자연 상태로 존재하는 것과 인공적으로 만들어 낸 것을 모두 합치면 헤아릴 수 없이 많다. 이렇게 많은 물질들은 어떻게 분류할 수 있을까?

공기·물·소금·순금반지·연필심·설탕·우유 등의 물질을 분류하는 방법을 생각해 보자. 상온에서 이 물질들은 상태가 다르다. 소금·순금반지·연필심·설탕은 고체이며, 우유·물은 액체, 공기는 기체 상태의 물질이다. 그러나 우리가 일상 생활에서 사용하는 설탕은 고체 상태이지만 열을 가하면 액체 상태로 변한다. 또한 우리가 접하는 공기는 기체 상태이지만 높은 압력을 가하면 액체 상태로 변한다. 이와 같이 물질의 상태는 온도나 압력의 변화에 따라 변할 수 있기 때문에 물질을 분류하는 기준으로 적합하지 않다. 과연 각 물질들을 합리적으로 분류할 수 있는 방법은 무엇일까?

**│순물질과 혼합물 그리고 화합물│** 물질은 크게 순물질과 혼합물로 나눌 수 있다. '순물질'은 한 가지 물질로 이루어진 것으로, 얻은 장소에 관계없이 그 성질은 항상 같다. 다시 말해 한강을 흐르는 물이나 아프리카 또는 유럽의 강을 흐르는 물이나 순수한 물은 모두 물 분자로만 되어 있기 때문에 그 성질이 같다는 의미이다. 또한 고대 그리스의 데모크리토스가 호흡하던 산소와 지금 우리가 호흡하는 산소도 같다.

**균일 혼합물**
2가지 이상의 순수한 물질이 전체적으로 고르게 섞인 혼합물. 물질 내의 어느 부분이나 성분 조성의 비율이 같기 때문에 겉으로는 한 가지 물질로만 이루어진 것처럼 보인다. 설탕물이나 소금물 등의 액체 용액, 놋쇠나 스테인리스 등의 합금이 여기에 속한다.

**불균일 혼합물**
구성 성분의 입자들이 전체적으로 고르지 않게 섞인 혼합물. 우유·암석·콘크리트 등이 그 예이다. 액체 상태의 불균일 혼합물은 오랜 시간 그대로 두면 섞여 있지 않고 밀도차에 의해 분리된다.

**순물질과 혼합물** 순수한 물은 순물질이다. 설탕물은 물에 설탕을 녹인 혼합물이지만 눈으로는 두 물질이 섞여 있다는 것을 알 수 없는 균일 혼합물이다. 미숫가루물은 물에 미숫가루가 섞여 있다는 것을 눈으로 확인할 수 있는 불균일 혼합물이다.

소금·순금반지·연필심·물 등은 모두 순물질이다. 이 중 순금은 금, 연필심은 탄소라는 한 종류의 원자로만 이루어져 있다. 이와 같이 한 종류의 원자로만 이루어진 순물질을 '홑원소 물질'이라고 한다. 반면 소금은 나트륨과 염소, 물은 수소와 산소가 각각 화학적으로 결합하여 만들어진 물질이다. 이처럼 두 종류 이상의 원소가 화학적으로 결합하여 이루어진 물질을 '화합물'이라고 한다.

화합물의 성질은 구성 성분 원소의 성질과 전혀 다르다. 예를 들어 수소는 이 세상에서 가장 가벼우면서 폭발성이 강한 기체이고, 산소는 물질을 태우거나 생명체가 호흡하는 데 꼭 필요한 기체이다. 그러나 수소와 산소가 결합하면 우리가 마시는 무색 투명한 물이 된다. 즉, 2가지 이상의 원소가 화학적으로 결합하여 성분 원소의 성질과는 전혀 다른 새로운 순수한 물질이 된 것이다.

우리가 자연계에서 얻는 물질은 순물질보다 혼합물인 경우가 더 많다. '혼합물'은 2가지 이상의 순물질이 서로 화학 결합을 하지 않고 섞여 있는 것을 말한다. 혼합물을 만드는 각각의 물질을 성분이라고 하는데, 이 성분은 단순히 섞여만 있을 뿐 각각의 고유한 성질을 그대로 가진다. 예를 들어 공기는 질소·산소·이산화탄소 등의 기체 물질들이 섞인 혼합물이고, 우유는 물에 단백질·지방·당분 등의 영양 물질이 각각의 성질을 그대로 가진 채 섞여 있는 혼합물이다.

**| 물질을 어떻게 얻고 이용할까? |** 우리는 필요에 따라 순물질이나 혼합물을 사용한다. 적절한 용도에 맞게 물질을 사용하려면 각 물질의 성질을 정확히 알고 있어야 한다. 반도체의 메모리 칩이나 의약품을 만드는 경우, 물질의 성질에 관한 정확한 자료를 얻어야 하는 학문적 연구에도 매우 순수한 물질이 필요하다. 그러면 순물질은 어떻게 얻을 수 있을까?

순물질은 혼합물을 분리하거나 화합물을 분해하여 얻을 수 있다. 혼합물의 각 성분은 각각의 성질을 유지한 채 단순하게 함께 섞여 있다. 따라서 저어 주거나 끓이는 등의 물리적인 방법을 이용하여 각각의 성분 물질로 분리할 수 있다. 이 때 매우 순수한 물질을 얻기 위해서는 여러 번의 복잡하고 까다로운 실험 과정을 거쳐야 한다. 그러므로 혼합물에서 불순물이 거의 없는 순물질을 얻는 것은 매우 힘들다. 또한 화합물을 열이나 전기·촉매 등을 이용하면 각각의 순물질로 분해할 수 있다.

### 철과 황의 혼합물과 화합물

순물질인 철과 황을 혼합하면 철과 황은 각각 본래의 성질을 가진 채 함께 섞여 있다. 이 혼합물을 가열하면 철과 황이 결합하여 원래의 성질을 전혀 가지지 않은 황화철이라는 화합물이 만들어진다. 철과 황을 섞은 혼합물은 황의 노란색과 철의 진한 회색을 모두 나타낸다. 즉, 혼합물은 섞이기 전의 각각의 순물질의 성질을 그대로 가진 채 함께 섞여만 있다. 그러므로 자석을 이용하여 철만 달라붙게 하는 방법으로 쉽게 원래의 성분 물질로 분리할 수 있다. 이 혼합물은 가열하면 다음의 반응에 의해 황화철이라는 화합물이 만들어진다.

$$Fe_{(철)} + S_{(황)} \longrightarrow FeS_{(황화철)}$$

황화철은 철과 황의 성질을 전혀 가지지 않은 새로운 물질이기 때문에 혼합물에서처럼 간단한 방법으로 원래의 구성 성분으로 나눌 수 없다.

**도금한 은수저**
물체의 겉모양을 보기 좋게 하거나
녹이 슬지 않게 하기 위해 특정 금속을
겉에 입히는 도금도 전기 분해 방법을
이용한다.

**전기 분해를 이용하여 순수한 구리 얻기** 2개의 구리판을
수용액에 담근 다음 전류를 흐르게 하면 전지의 (+)극에 연결된
구리판은 용액에 녹아들어 가고 전지의 (−)극에 연결된
구리판에는 순수한 구리가 석출된다. 이 원리는 불순물이 섞인
구리의 순도를 높이는 데 이용할 수 있다.

순물질 중 화합물은 자연계에서도 얻을 수 있지만 인공적으로 합성해서
만드는 것도 많다. 플라스틱·합성 섬유·세제·합성 의약품 등은 모두 인
공적으로 만든 화합물이다. 화합물을 만드는 성분 원소의 수는 110여 가
지정도이지만, 이들 원소들이 다양한 방법으로 결합할 수 있기 때문에 만
들 수 있는 화합물의 종류는 무수히 많다.

혼합물을 만들 때는 몇 가지 순물질을 섞어서 만든다. 예를 들어 순금
은 전기가 매우 잘 통하기 때문에 반도체 부품을 만들 때 이용된다. 그러
나 성질이 무르고 가격이 비싸기 때문에 은이나 구리 등과 같은 다른 금속
을 섞어 단단하면서도 가격이 싼 합금을 만들어 사용한다.

스테인리스·땜납·청동·놋쇠 등은 모두 순물질이 가진 단점을 보완하
기 위하여 서로 다른 금속을 섞어서 만든 혼합물이다.

## 생활 속의 화합물

우리는 한순간도 물질과 따로 떨어져서 생활할 수가 없다. 옷을 만드는 데 이용되는 섬유, 그릇이나 다양한 기구들을 만드는 데 쓰이는 플라스틱, 더러움을 없애는 데 사용하는 세제, 질병을 치료하는 의약품 등은 우리의 일상 생활에서 늘 접하는 대표적인 화합물이다. 이 물질들의 일부는 자연에서도 얻을 수 있지만 대부분은 현대 물질 문명의 발달과 함께 인류에게 유용하게 이용될 수 있도록 새롭게 합성된 물질들로 대체되고 있다.

세제류

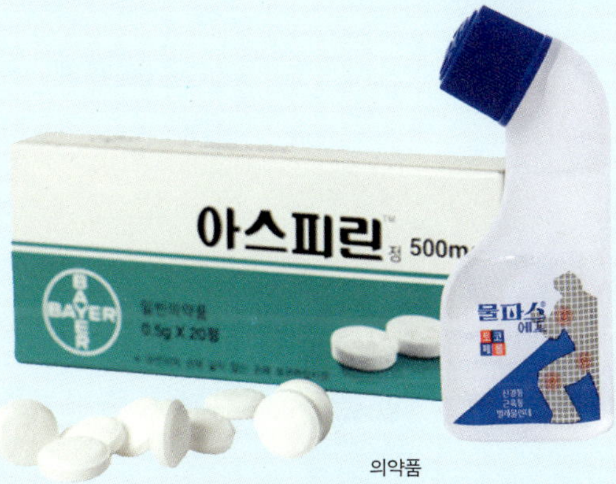

합성 섬유



의약품

플라스틱류

# 3 | 원소란 무엇일까?

혼히 철이 많이 함유된 음식을 먹으면 빈혈을 예방할 수 있다고 한다. 특히 임산부들은 철분제를 복용하는 경우가 많다. 철은 자동차 및 칼이나 농기구 등을 만드는 데 쓰이는 금속인데 어떻게 먹을 수 있을까? 우리가 먹는 철과 금속 철은 같은 것일까?

**| 모든 물질은 원소로 이루어져 있다 |** 아리스토텔레스는 물·불·흙·공기가 어우러져 만물을 형성한다고 생각하였다. 이 4가지 원소가 모든 물질을 구성하는 근원이 된다고 본 것이다. 2,000여 년 동안 사람들은 아리스토텔레스의 4원소설을 믿었다. 그러나 라부아지에가 실험을 통하여 물이 근원 물질이 될 수 없음을 증명하자, 고대부터 이어져 오던 아리스토텔레스의 물질관은 큰 타격을 입게 되었다.

라부아지에는 뜨겁게 달군 주철관에 물을 통과시킴으로써 물이 수소와 산소로 분해된다는 것을 밝혀냈다. 그는 다시 수소와 산소 기체를 섞고 전기 불꽃 장치를 이용하여 물을 합성함으로써 물이 물질을 구성하는 근

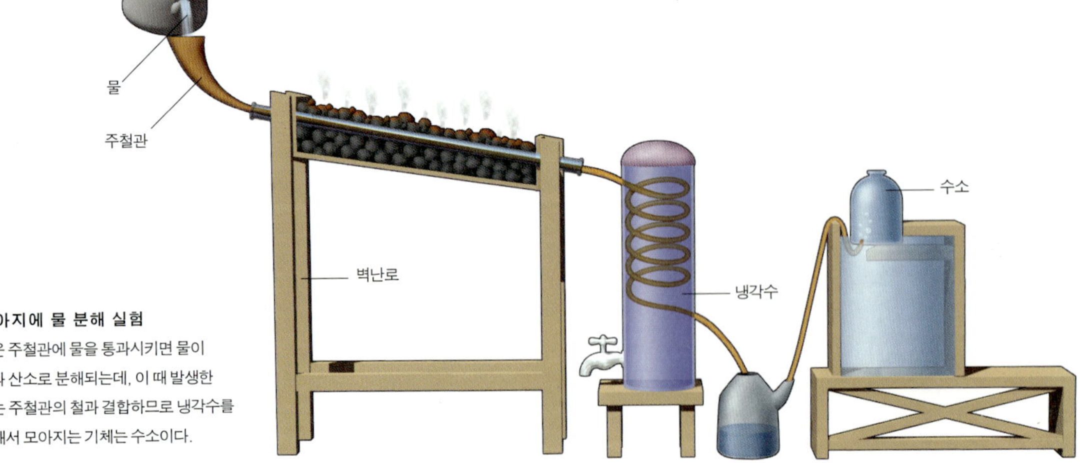


**라부아지에 물 분해 실험**
뜨거운 주철관에 물을 통과시키면 물이 수소와 산소로 분해되는데, 이 때 발생한 산소는 주철관의 철과 결합하므로 냉각수를 통과해서 모아지는 기체는 수소이다.

원 물질이 될 수 없음을 입증했다. 물을 이루고 있는 수소와 산소는 서로 강하게 결합하고 있지만, 높은 에너지를 가하면 그 구성 성분인 수소와 산소로 분해된다. 즉, 고온으로 가열하거나 전기를 통하게 하는 등의 방법으로 물을 분해할 수 있다. 왼쪽 그림에서 뜨겁게 달구어진 주철관을 통과한 물은 수소와 산소로 분해되는데, 이 때 발생하는 산소는 주철관의 철과 결합하므로 냉각수를 지나서 모아지는 기체는 수소이다.

물을 분해하여 생성된 수소와 산소는 어떤 방법으로도 더 이상 분해되지 않는다. 이처럼 더 이상 분해되지 않는 물질의 기본 구성 성분을 '원소'라고 한다.

우리가 음식물을 통해 섭취하는 철과 금속 철은 같은 원소이다. 음식물에 함유되어 있는 철은 다른 원소들과 화학적으로 결합하여 우리가 먹을 수 있는 형태가 된 반면, 단단한 금속제 도구를 이루는 철은 순수한 철 원자로만 구성되어 있어 그것을 먹을 수 없다는 점이 다르다.

고대 인류의 유적에서 발견되는 칼이나 그릇, 장신구 등을 통해 몇몇 원소는 이미 고대부터 사용되어 왔음을 알 수 있다. 그러나 17세기까지는 발견된 원소가 많지 않았고, 18세기 이후부터 체계적인 과학적 연구로 많은 원소들이 발견되기 시작하였다. 현재 그 성질까지 정확하게 알려진 109개의 원소 중 자연계에 존재하는 것은 90개이고, 나머지는 실험실에서 인공적으로 합성한 것이다.

동물무늬 은잔(삼국시대 신라)

**원소의 이용** 금·은·구리·철·납·주석·수은 등 7가지 금속 원소와 탄소·황의 2가지 비금속 원소는 고대부터 알려져 있었다. 특히 천연에서 얻을 수 있었던 금·은·구리·황은 비교적 오래 전부터 알려졌다. 이후 제련 기술이 발달하여 납·주석·철 등을 광석으로부터 분리할 수 있게 되었다.

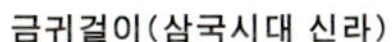

금귀걸이(삼국시대 신라)

청동검(고조선)

**연금술 alchemy**
납이나 구리 같은 값싼 금속을 은이나
금으로 변화시키려고 시도했던 유사
과학. 연금술은 근대 화학의 발달에
많은 기여를 했다.

| 원소를 나타내는 편리한 방법 | 원소의 수가 그다지 많지 않았을 때는 원소의 이름을 그대로 써도 불편하지 않았을 것이다. 그러나 원소의 수가 많아짐에 따라 이들을 간단하게 나타내는 방법이 필요하게 되었다.

원소 기호를 맨 처음 생각한 사람은 중세의 *연금술사들이었다. 그들은 그 때까지 알려진 물질들을 이용하여 금을 만들어 내려고 하면서 자신들의 실험 결과를 비밀리에 기록하기 위해 자기들끼리만 알 수 있는 원소 기호를 그림을 이용하여 표기했다.

원자 이론을 주장한 돌턴은 원자를 둥근 모양으로 생각하여 원을 사용하여 간단하게 표시하였다. 그런데 발견된 원소의 종류가 점차 많아지면서 그림도 복잡해지고 알아보기도 어려웠다. 게다가 연금술사들과 돌턴이 원소라고 기호화한 것 가운데 일부는 나중에 원소가 아님이 밝혀졌다.

1813년 스웨덴의 과학자 베르셀리우스 J. J. Berzelius, 1779~1848가 원소 기호를 문자, 즉 알파벳으로 나타내는 방법을 개발했는데, 이 원소 표기법이 현재까지 사용되고 있다.

현재의 원소 기호는 먼저 원소 이름의 알파벳 첫 글자를 쓰거나 첫 글자

**연금술사의 원소 기호**  원소 기호를 자신들만이 알아볼 수 있는 그림으로 나타내었는데, 연금술사마다 같은 원소라도 나타내는 방법이 약간씩 달랐다.

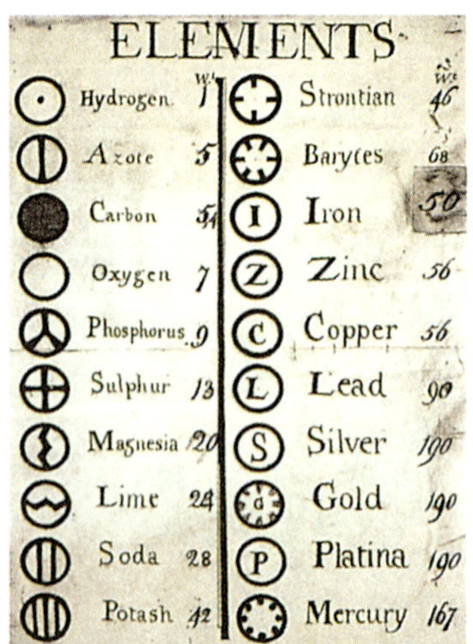


**돌턴의 원소 기호**  원자를 둥근 모양으로 생각하여 원을 이용하여 간단하게 나타내었다.

와 함께 가운데 글자 중 1개를 함께 쓰는 체계를 사용한다. 이 때 첫 글자는 대문자, 두 번째 글자는 소문자로 쓴다. 예를 들어, 금의 라틴 어 이름은 'auruum'으로 원소 기호는 'Au'이다. 이처럼 고대부터 사용되어 온 원소 기호는 대개 라틴 어 이름에서 따온 경우가 많다.

| 멘델레예프와 모즐리의 주기율표 | 산소와 질소는 상온에서 무색 투명한 기체 상태로 존재한다. 산소는 생물이 호흡하거나 물질을 태울 때 이용되지만, 질소는 이런 용도로 사용할 수 없다. 이처럼 원소는 공통적인 성질과 함께 각각 독특한 성질을 가지고 있다.

1869년 러시아의 화학자인 *멘델레예프는 원소들을 연구하면서 한 가지 흥미로운 사실을 발견하였다. 당시까지 알려져 있던 원소들을 *원자량의 순서에 따라 배열하였을 때, 화학적 성질이 비슷한 원소가 일정한 간격을 두고 주기적으로 나타난다는 것이다.

이러한 사실을 토대로 하여 멘델레예프는 최초의 주기율표 periodic table 를 만들었다. 그러나 그 때까지 발견된 원소는 63종류에 불과했기 때문에 그가 제안한 주기율표에는 빈 칸이 많았다. 그는 빈 칸에 들어갈 원소들의 물리·화학적 특성을 주변 원소들의 성질들로부터 추측하여 발표하기도 하였다. 1871년 멘델레예프는 그 때까지는 발견되지 않았던 게르마늄 Germanium 의 성질이 규소 Silicon 와 비슷할 것이라고 생각하였다. 그리하여 이 원소를 에카실리콘 Ekasilicon 으로 이름 붙이고 그 성질을 오른쪽 표와 같이 예측했는데, 실제 특성과 예측한 성질이 거의 정확하게 일치함을 알 수 있다. 이렇게 함으로써 그는 새로운 원소를 발견하는 데도 많은 공헌을 하였다.

1914년 모즐리 H. G. J. Moseley, 1888~1915 는 여러 원소로부터 얻은 X선의 파장을 조사하여 분석하는 실험을 하였다. 그는 이 실험을 통해 원소의 주기적 성질이 원자량보다는 원자 번호와 더 관계 있다는 사실을 발견하였다. 원자 번호에 따라 원소들을 배열해 보니 주기적 특성이 더 정확하게 나타난 것이다. 이것이 현재 우리가 사용하는 주기율표 체계이다.

멘델레예프 D. I. Mendeleev, 1834~1907
원소의 주기성을 예측하고 최초의 주기율표를 만들었다. 그는 또 석유에도 많은 관심을 가져 원유의 채굴법 · 처리법 · 이용법 등에 관한 연구를 하였다.

**원자량 atomic weight**
원자 1개의 질량은 너무 작아서 측정하기가 매우 어려울 뿐 아니라 나타내는 데도 불편해서 특정 원자를 기준으로 한 상대적인 수치를 사용하게 되었다. 현재는 탄소 원자 1개의 질량을 12로 정하고 이와 비교한 다른 원자의 질량을 그 원소의 원자량으로 사용한다.

**Ge 원소의 실제 특성과 멘델레예프가 예측한 특성**

| | 예측 | 실제 특성 |
| --- | --- | --- |
| 원자 구분 질량 | 72 | 72.6 |
| 밀도(g/cm³) | 5.5 | 5.35 |
| 색 | 흑회색 | 회백색 |
| 결합 수 | 4 | 4 |

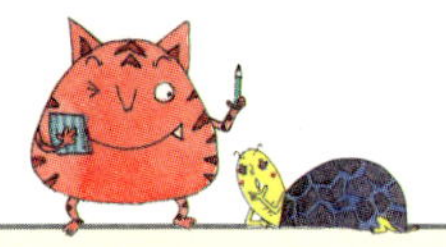

## 원소들의 주기율표

주기율표의 각 원소 기호 위에는 원자 번호가 적혀 있고 아래쪽에는 원소들의 우리말 명칭이 적혀 있다. 각 원소의 원자 번호는 원자가 가지는 양성자 수를 나타내는데, 중성원자의 경우 양성자 수와 전자 수가 같기 때문에 전자 수를 나타낸다고도 할 수 있다. 표는 18개의 세로줄, 7개의 가로줄 그리고 2개의 특수줄로 구성되어 있다. 각 세로줄을 족(family)이라고 하는데, 같은 족의 원자들은 비슷한 전자 배치를 가지기 때문에 비슷한 성질을 가진다. 그리고 가로줄을 주기(period)라고 하는데, 같은 주기 원소들의 성질이 비슷하지는 않지만 원자 번호의 증가 순서에 따라 일정한 경향성을 나타낸다.

원자 번호 — 1
원소 기호 — H
원소 이름 — 수소

| | 1 | 2 | 3 | 4 | 5 | 6 | 7 | 8 | 9 |
|---|---|---|---|---|---|---|---|---|---|
| 1 | 1 H 수소 | | | | | | | | |
| 2 | 3 Li 리튬 | 4 Be 베릴륨 | | | | | | | |
| 3 | 11 Na 나트륨 | 12 Mg 마그네슘 | | | | | | | |
| 4 | 19 K 칼륨 | 20 Ca 칼슘 | 21 Sc 스칸듐 | 22 Ti 타이타늄 | 23 V 바나듐 | 24 Cr 크로뮴 | 25 Mn 망가니즈 | 26 Fe 철 | 27 Co 코발트 |
| 5 | 37 Rb 루비듐 | 38 Sr 스트론튬 | 39 Y 이트륨 | 40 Zr 지르코늄 | 41 Nb 나이오븀 | 42 Mo 몰리브데넘 | 43 Tc 테크네튬 | 44 Ru 루테늄 | 45 Rh 로듐 |
| 6 | 55 Cs 세슘 | 56 Ba 바륨 | 57-71 란탄계열 | 72 Hf 하프늄 | 73 Ta 탄탈럼 | 74 W 텅스텐 | 75 Re 레늄 | 76 Os 오스뮴 | 77 Ir 이리듐 |
| 7 | 87 Fr 프랑슘 | 88 Ra 라듐 | 89-103 악티늄계열 | 104 Rf 러더포듐 | 105 Db 더브늄 | 106 Sg 시보귬 | 107 Bh 보륨 | 108 Hs 하슘 | 109 Mt 마이트너륨 |

| | | | | | |
|---|---|---|---|---|---|
| 57 La 란타넘 | 58 Ce 세륨 | 59 Pr 프라세오디뮴 | 60 Nd 네오디뮴 | 61 Pm 프로메튬 | 62 Sm 사마륨 |
| 89 Ac 악티늄 | 90 Th 토륨 | 91 Pa 프로트악티늄 | 92 U 우라늄 | 93 Np 넵투늄 | 94 Pu 플루토늄 |

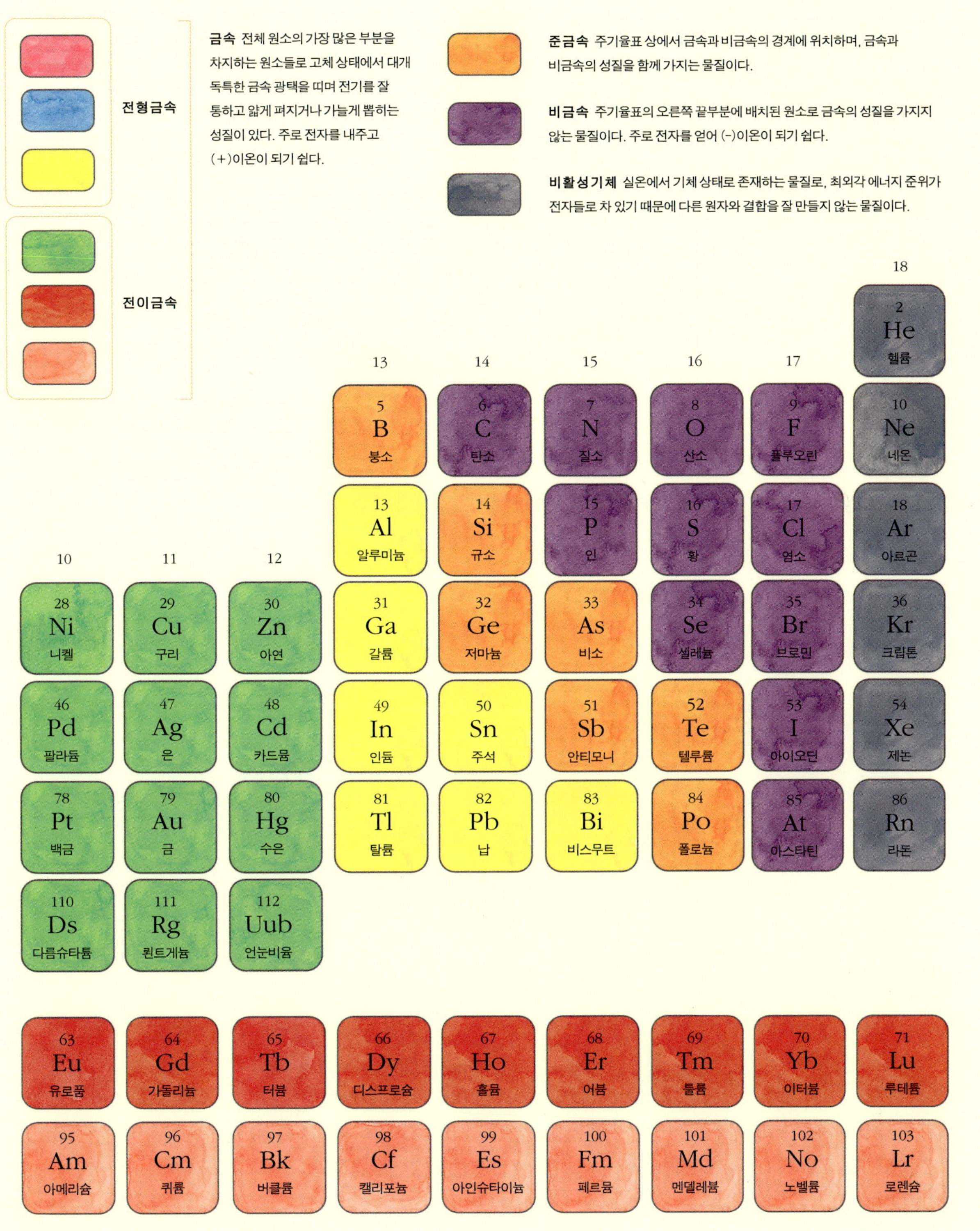

전형금속
전이금속

금속 전체 원소의 가장 많은 부분을 차지하는 원소들로 고체 상태에서 대개 독특한 금속 광택을 띠며 전기를 잘 통하고 얇게 펴지거나 가늘게 뽑히는 성질이 있다. 주로 전자를 내주고 (+)이온이 되기 쉽다.

준금속 주기율표 상에서 금속과 비금속의 경계에 위치하며, 금속과 비금속의 성질을 함께 가지는 물질이다.

비금속 주기율표의 오른쪽 끝부분에 배치된 원소로 금속의 성질을 가지지 않는 물질이다. 주로 전자를 얻어 (−)이온이 되기 쉽다.

비활성기체 실온에서 기체 상태로 존재하는 물질로, 최외각 에너지 준위가 전자들로 차 있기 때문에 다른 원자와 결합을 잘 만들지 않는 물질이다.

18
2 He 헬륨
13 14 15 16 17
5 B 붕소
6 C 탄소
7 N 질소
8 O 산소
9 F 플루오린
10 Ne 네온
13 Al 알루미늄
14 Si 규소
15 P 인
16 S 황
17 Cl 염소
18 Ar 아르곤
10 11 12
28 Ni 니켈
29 Cu 구리
30 Zn 아연
31 Ga 갈륨
32 Ge 저마늄
33 As 비소
34 Se 셀레늄
35 Br 브로민
36 Kr 크립톤
46 Pd 팔라듐
47 Ag 은
48 Cd 카드뮴
49 In 인듐
50 Sn 주석
51 Sb 안티모니
52 Te 텔루륨
53 I 아이오딘
54 Xe 제논
78 Pt 백금
79 Au 금
80 Hg 수은
81 Tl 탈륨
82 Pb 납
83 Bi 비스무트
84 Po 폴로늄
85 At 아스타틴
86 Rn 라돈
110 Ds 다름슈타튬
111 Rg 뢴트게늄
112 Uub 운운비윰
63 Eu 유로퓸
64 Gd 가돌리늄
65 Tb 터븀
66 Dy 디스프로슘
67 Ho 홀뮴
68 Er 어븀
69 Tm 툴륨
70 Yb 이터븀
71 Lu 루테튬
95 Am 아메리슘
96 Cm 퀴륨
97 Bk 버클륨
98 Cf 캘리포늄
99 Es 아인슈타이늄
100 Fm 페르뮴
101 Md 멘델레븀
102 No 노벨륨
103 Lr 로렌슘

# 4 | 지각을 이루는 물질

우리가 살고 있는 육지는 대부분 흙으로 덮여 있다. 그러나 흙을 조금만 파고 들어가면 단단한 암석이 나오는데, 이러한 암석층이 지각의 대부분을 구성하고 있다. 암석은 어떤 물질들로 이루어져 있을까?

**| 암석은 매우 다양하다 |** 인류의 문명은 암석을 이용하는 것에서 출발한다. 아주 오래 전 인류가 손을 자유롭게 이용하기 시작하면서 가장 먼저 사용한 도구는 여기저기 굴러다니던 돌멩이였다. 초기에는 단순히 돌을 깨뜨려 사용하였으나, 나중에는 갈고 다듬어서 좀더 정교한 도구들을 만들어 사용하였다. 더 나아가서는 암석에서 구리나 철을 추출하여 무기와 생활 도구 등을 만들어 내기도 했고, 문명이 발달함에 따라 암석을 조각품이나 건축물의 재료로 사용하기도 했다. 이처럼

암석은 인간 생활에 다양하게 쓰였을 뿐 아니라 앞으로도 많은 영역에서 이용될 것이다.

지구의 겉부분을 이루는 지각은 여러 가지 암석으로 구성되어 있다. 사람들의 얼굴 모습이 저마다 다른 것처럼 지각을 이루는 암석도 제각기 다른 형태를 갖고 있으며, 암석의 구성 물질 역시 매우 다양하다. 암석은 그 생성 원인에 따라 크게 화성암·퇴적암·변성암으로 나뉘는데, 이들은 조직과 구성 성분이 각각 다르다.

화성암은 지하 깊은 곳에서 형성된 마그마나 용암이 식어서 만들어진 암석으로, 크고 작은 여러 알갱이들이 복잡하게 얽혀 있다. 대표적인 화성암으로는 북한산 인수봉의 밝은 색 화강암과 제주도에서 흔히 볼 수 있는 검은색 현무암을 들 수 있다.

퇴적암은 지표면에서 풍화와 침식 과정을 거쳐 운반된 물질들이 퇴적되어 굳어진 암석이다. 자갈로 이루어진 역암, 모래로 이루어진 사암, 진흙이 쌓여 만들어진 셰일, 석회질 물질이 쌓여 굳어진 석회암 등이 대표적인 퇴적암이다.



맥반석은 고대 중국에서 발견되었는데, 각종 피부 질환에 이용되었다는 기록이 남아 있으며, 약석(藥石)으로 널리 알려져 있다. 또한 흑운모는 원적외선의 방출 능력이 맥반석보다 우수한 것으로 알려져 있으며, 조선 시대 세종 때 지어진 《향약집성방》에 따르면 흑운모는 중풍·고열·멀미 등의 치료에 효능이 있다.

❶ 제주도의 주상절리
대표적인 화산암으로 대부분 검은색을 띠고 있는 현무암이다.

❷ 경상남도 하동군의 사암과 셰일
모래가 퇴적되어 굳어진 사암과 점토 입자가 퇴적되어 굳어진 셰일의 호층 구조를 이루고 있다.

❸ 그린란드 지역의 편마암
압력의 영향을 받아 광물들이 길게 늘어선 편마 구조가 잘 발달해 있다.

**북한산 인수봉** 가파른 화강암 암벽으로 이루어져 있다.

# 지각은 다양한 암석의 전시장

지각은 여러 종류의 암석으로 구성되어 있다. 크게 3종류의 암석으로 구분하는데, 마그마가 굳어져서 만들어진 암석은 화성암, 퇴적물이 쌓인 후 굳어진 것을 퇴적암이라 하며, 화성암이나 퇴적암이 열이나 압력의 영향을 받아 성질이 변한 것을 변성암이라 한다. 그러나 그 생성 환경에 따라 같은 종류의 암석이라 해도 제각기 독특한 성질을 가지고 있을 뿐만 아니라 구성 광물의 종류 역시 제각기 다르다. 이처럼 지각에는 사람의 얼굴 모양만큼이나 서로 다른 암석들이 존재하고 있는 것이다. 한편, 화성암이나 변성암은 지하 깊은 곳에, 퇴적암은 지표 부근에 주로 분포한다.

## ❶ 변성암의 종류

**대리암** 석회암이 마그마 주변에서 높은 열을 받아 성질이 변하면서 알갱이가 굵어지고 독특한 무늬가 발달한 대리암이 형성된다. 대리암은 건축 자재 등으로 많이 사용된다.

**편마암** 셰일·화강암 등의 광물 결정들이 고압 상태에서 길게 늘어서면서 독특한 줄무늬 구조를 가지고 있다.

대리암

편마암

제주도의 해안 지역에서 볼 수 있는 주상 절리는 대표적인 화산암으로 결정이 작거나 거의 없으며 대부분 검은색을 띠고 있는 현무암이다. 지표로 노출된 후 압력의 차이로 인해 육각형 모양의 기둥을 형성하고 있다.

마그마

변성암은 마그마 부근이나 지하 깊은 곳에서 열 또는 압력의 영향을 받아 본래의 암석 성질이 변한 것으로 열과 압력을 받은 정도에 따라 다양한 종류의 암석을 형성한다. 특히, 편마암의 경우에는 압력의 영향을 받아 광물들이 길게 늘어선 편마 구조가 잘 발달해 있다.

## ❷ 화성암의 종류

**현무암** 지표 부근에서 급격하게 냉각되어 입자의 크기가 매우 작으며, 어두운 색 광물을 많이 포함하고 있다. 맷돌이나 공예품의 재료로 이용된다.

**유문암** 현무암과 마찬가지로 지표 부근에서 급격하게 냉각된 암석으로 밝은 색을 띤다.

**화강암** 마그마가 지하 깊은 곳에서 서서히 냉각되면서 입자가 굵어진 암석으로 밝은 색을 띤다. 석영·장석이 주성분이다.

**반려암** 마그마가 서서히 냉각되면서 형성된 암석으로 어두운 색을 띤다.

현무암　　　　　유문암

화강암　　　　　반려암

## ❸ 퇴적암의 종류

**셰일** 매우 작은 점토 입자가 좀더 먼 바다로 흘러가 퇴적되어 굳어진 것으로, 어두운 색을 띠는 것은 셰일, 밝은 색을 띠는 것은 이암이다.

**사암** 주로 모래가 퇴적되어 굳어진 암석으로, 모래의 종류에 따라 결정의 크기나 색깔이 달라진다.

**역암** 자갈이 얕은 해안가에 퇴적되어 굳어진 암석이다.

**석회암** 조개껍질 등이 부서져 생긴 석회질 물질이 먼 바다까지 이동한 후 퇴적되어 굳어진 암석으로 생물체의 화석을 포함하고 있는 경우가 많다.

셰일　　　　　사암

역암　　　　　석회암

퇴적암은 보통 유수를 따라 이동하던 퇴적물들이 호수나 해저에 퇴적된 후 굳어진 것으로 퇴적물의 종류에 따라 다양한 암석이 형성된다. 퇴적 지층에서는 서로 다른 종류의 퇴적물이 쌓여 있기 때문에 경계면인 층리가 잘 발달해 있으며, 고생물의 화석을 포함하기도 한다.

변성암은 화성암이나 퇴적암이 지하 깊은 곳에서 열이나 압력에 의한 영향으로 성질이 변하여 만들어진 암석이다. 퇴적암인 석회암이 변성되어 만들어진 대리암은 입자가 곱고 아름다워서 조각 재료나 건축 자재로 많이 이용된다. 편마암은 셰일이나 화강암이 열과 압력을 받아서 생긴 암석으로, 굵은 줄무늬가 있어 정원석으로 쓰인다.



**│ 광물들이 모여 암석을 이룬다 │** 암석을 관찰해 보면 크고 작은 알갱이들로 이루어져 있다는 것을 확인할 수 있다. 이처럼 암석을 구성하는 작은 알갱이를 * '광물'이라고 한다.

현재까지 알려진 광물은 대략 3,000여 종이나 된다. 게다가 계속해서 새로운 광물이 발견되고 있어 광물의 수는 더욱 늘어날 것이다. 하지만 암석을 구성하는 주요 광물은 20여 종에 불과한데, 이를 '조암 광물'이라고 한다. 흔히 수정으로 알려진 석영은 대표적인 조암 광물이며, 그 밖에도 장석·흑운모·각섬석·감람석 등이 이에 속한다.

광물은 저마다 독특한 성질을 갖고 있으므로 이를 이용하여 광물을 구별할 수 있다. 밝은 색의 석영은 육각 기둥 모양의 결정형을 갖는다.

**방해석** 탄산칼슘이 주성분으로 힘을 가하면 기울어진 육면체 모양을 가지며 세 방향으로 쪼개진다. 복굴절 현상이 나타나기 때문에 글자나 선이 이중으로 합쳐져 보인다. 묽은 염산과 반응하면 거품이 일면서 이산화탄소가 발생한다.

**석영** 산소와 규소가 주성분으로 육각 기둥 모양의 결정형을 갖는다. 결정이 잘 발달한 무색 투명한 석영을 수정이라 부르며, 불순물이 섞이면 특이한 색을 띠기도 한다. 암석이 풍화되고 남은 석영 알갱이들은 모래가 된다.

**자수정** 수정에 철 성분이 포함된 것으로 자석영이라고도 한다. 색이 짙고 아름다운 것은 보석의 가치를 갖는다.

검은색을 띤 흑운모는 얇은 판 모양으로 쪼개지는 성질이 있으며, 방해석은 기울어진 육면체 모양으로 쪼개진다. 또한 활석은 물러서 쉽게 흠집이 생기는 반면, 금강석은 단단하여 다른 광물을 가공하는 데 이용되기도 한다. 이처럼 광물의 종류에 따라 색깔·모양·쪼개짐·굳기 등이 다르다.

굳기는 광물의 단단한 정도, 즉 강도를 말한다. 굳기는 모스 굳기계를 이용하여 비교하는데, 모스 굳기계는 독일의 광물학자 모스<sup>F. Mohs, 1773~1839</sup>가 주요 광물의 상대적인 강도를 비교해 만든 것이다. 광물을 서로 긁어 보았을 때 굳은 광물은 좀더 무른 광물에 흠집을 낸다. 모스 굳기계의 굳기 순서는 다음과 같다.

**활석 〈 석고 〈 방해석 〈 형석 〈 인회석 〈 정장석 〈 석영 〈 황옥 〈 강옥 〈 금강석**

| **광물은 원소로 이루어져 있다** |  석영은 산소와 규소로만 이루어져 있으며, 조암 광물들 대부분도 산소와 규소를 포함하고 있다. 석영은 순수한 이산화규소($SiO_2$)의 화합물로, 무색 투명한 육각 기둥 모양의 결정을 갖는다. 여기에 철과 같은 불순물이 섞이면 보라색을 띠는 자수정이 되며, 다른 불순물들이 섞여 황색 수정이나 연수정 등의 결정이 만들어진

**모스 굳기계** 10가지 광물의 굳기를 비교한 것으로, 숫자가 높을수록 광물의 굳기가 크다. 그러나 등급의 숫자는 상대적인 굳기만을 나타낸 것으로 광물들의 절대적인 굳기를 비교한 것은 아니다. 즉, 금강석이 활석에 비해 10배 단단하다는 것을 의미하지는 않는다.

다. 한편, 광물이 철(Fe)이나 마그네슘(Mg)과 같은 성분을 많이 포함하면 어두운 색을 띠며 무겁다. 각섬석·감람석 등과 같은 주요 조암 광물들의 색깔이 어두운 것은 이 때문이다. 또한 연필심의 주성분인 *흑연과 귀금속인 *금강석은 둘 다 탄소(C)로 이루어져 있지만 결합 구조가 달라 성질이 다르다.

이처럼 광물은 여러 원소들이 결합하여 만들어지는데, 원소의 종류와 결합 방식에 따라 광물의 특징이 결정된다. 암석은 이렇게 만들어진 광물이 모여서 이루어진 것이다. 이 때 한 종류의 광물로만 이루어진 암석들도 있지만, 대부분의 암석들은 다양한 종류의 광물로 구성된다.

원소들이 결합한 광물은 암석을 구성하는 중요한 성분일 뿐 아니라 인간의 생활에도 많은 영향을 미친다. 광물 가운데 금이나 다이아몬드 같은 귀금속은 쉽게 변하지 않으면서도 희귀하여 높은 가치를 갖는다. 또한 지

각에는 인간의 생활에 필요한 특정 광물들이 집중적으로 모여 있는 지역
들이 있다. 이러한 지역의 지하자원을 개발하는 것은 국가 경쟁력을 높이
는 데도 매우 중요하다.

우리 나라에서는 충청 북도 금왕과 무극 지역의 금이 유명하지만, 남아프
리카공화국의 경우 전세계 금 산출량의 25%를 차지하고 있어 금 생산지로
각광받고 있으며 호주와 더불어 다이아몬드의 중요한 산출지이기도 하다.

지각은 암석으로 되어 있고 암석은 광물이라는 작은 알갱이들로 이루어
져 있으며, 광물은 하나 또는 여러 가지 원소로 구성되어 있다. 그런데 지
각을 구성하는 물질이나 우리가 일상 생활에서 사용하는 물질들은 그 형태
가 다를 뿐, 성분 원소들은 모두 같다고 한다. 심지어는 생명체를 구성하는
성분과 지각의 성분 원소에는 같은 것들이 많다. 우리 몸을 구성하는 원소
들이 신기하게도 지각의 구성 원소와 같다는 것이다.

# 5 | 생물을 이루는 물질

철은 우리 몸의 피를 구성하는 성분이고, 칼슘은 뼈나 이에 들어 있는 원소이다. 이처럼 우리 몸을 구성하고 있는 철과 칼슘은 지각의 구성 원소인 철, 칼슘과 같은 걸까? 그렇다면 우리 몸은 돌이나 다름없다는 말인데……. 생물체를 구성하는 물질에는 어떤 것들이 있을까?

| 생물의 특성 |  사람이나 나무는 생물이지만 돌이나 기계는 무생물이다. 지금까지는 태양계에서 지구에만 유일하게 생명체가 존재한다고 알려졌다. 하지만 지구 외의 행성에도 생명체가 존재했거나 존재하고 있을 가능성은 얼마든지 있다. 만일 우주에 생명체가 살고 있다면 어떤 형태로 존재하고 있을까? 그 생명체가 지구에 존재하는 생물과 같다면 어떻게 확인할 수 있을까? 그것은 현재 지구상에 존재하는 생물을 기준으로 파악할 수밖에 없다. 생물만이 갖는 특성은 무엇일까?

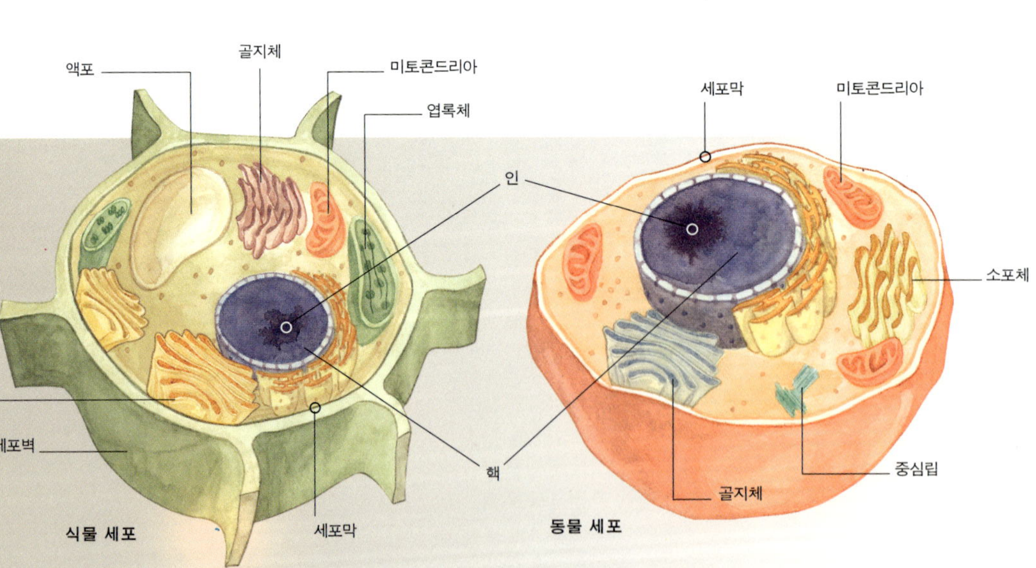


**식물 세포와 동물 세포** 동물과 식물, 미생물은 모두 세포로 이루어져 있다. 이들을 구성하는 기본적인 원소들은 동일하지만 구성 방식에 따라 서로 다른 구조와 기능을 나타낸다.

먼저, 생물을 구성하는 물질을 보자. 물이 가장 많은 양을 차지하고 있지만 물을 제외하면 유기물이 대부분이다.

생물체는 세포를 기본 단위로 하는 구조를 가지고 있다. 생물체를 구조와 기능에 따라 나누어 보면 하나의 개체는 여러 기관으로 이루어졌고, 그 기관은 다시 조직으로 이루어져 있으며, 조직은 세포들로 구성되어 있다. 이러한 세포 구조는 동물과 식물, 미생물에게서 모두 발견된다. 세포는 세포막으로 둘러싸여 있고 핵과 세포질 등으로 이루어진 기본적인 구조와 기능상의 특징은 동일하지만, 어느 기관과 조직에 속해 있는가에 따라 모양이 다르며 각각 고유의 기능을 가지고 있다.

| **유기물과 무기물** | 지구 외의 행성에 생명체가 있는지 알아보려면 무엇보다도 먼저 물과 유기물이 존재하는지를 확인해야 한다. 유기물이란 무엇일까? 탄수화물·지방·단백질·핵산·비타민과 같은 물질을 유기물이라고 한다. 원래 유기물은 생물을 구성하는 화합물 또는 생물에 의해 만들어지는 화합물을 의미했다. 반면 무기물은 돌이나 흙을 구성하는 광물에서 얻을 수 있는 물질을 의미한다.

고대의 사람들은 유기물이 무기물과는 성질이 다르다는 것을 알았지만 이들이 왜 다른지에 대해서는 깨닫지 못했다. 근대에 이르러 유기물은 탄소를 기본 골격으로 산소·수소·질소로 구성되어 있다는 사실이 밝혀졌다. 이후 유기물은 생물이 만들어 낸 물질이며 탄소가 중심이 되는 화합물이라는 의미로 쓰이게 되었다.

요소는 사람 및 그 밖의 포유류와 양서류의 성체(成體), 그리고 연골어류의 단백질이 분해되는 과정에서 만들어져 오줌으로 배출되는 유기물의 일종이다. 1828년 독일의 화학자 뷜러<sub>Friedrich Wöhler, 1800~1882</sub>가 암모니아와 이산화탄소에서 유기 물질인 요소를 합성해 내는 데 성공하였다. 이로써 유기물을 '생물이 만들어 낸 물질' 또는 '생물을 구성하는 물질'로 규정했던 기존의 기준이 모호해졌다. 따라서 현재는 유기물을 탄소 골격을 가

지고 생명체와 밀접한 관계가 있는 물질로 규정하며, 무기
물과 유기물을 엄격하게 구분하지 않는다.

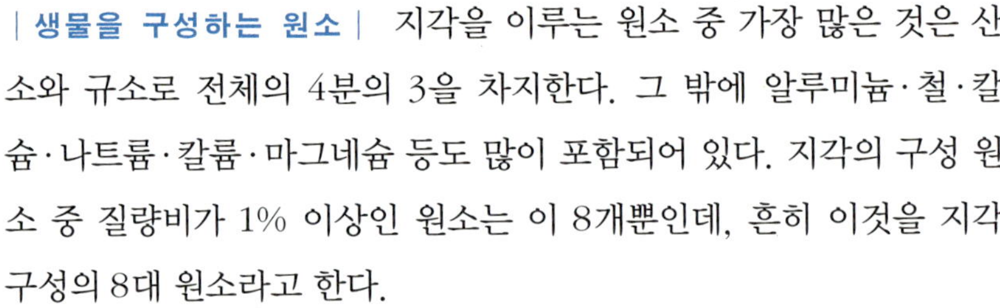

**고분자**
분자량이 1만 이상이며, 주로 공유
결합으로 되어 있는 화합물.
고분자 · 거대 분자 · 고분자 물질
또는 고중합체라고도 한다. 고분자
화합물에 대하여 분자량이
수백까지인 화합물을 저분자
화합물이라고 한다.

**| 생물을 구성하는 원소 |** 지각을 이루는 원소 중 가장 많은 것은 산
소와 규소로 전체의 4분의 3을 차지한다. 그 밖에 알루미늄·철·칼
슘·나트륨·칼륨·마그네슘 등도 많이 포함되어 있다. 지각의 구성 원
소 중 질량비가 1% 이상인 원소는 이 8개뿐인데, 흔히 이것을 지각
구성의 8대 원소라고 한다.

생물을 구성하는 원소의 구성 비율은 아주 작은 미생물에서 사람, 식
물 등 그 종류에 관계없이 거의 비슷하다. 생물을 이루는 물질 가운데 산
소를 포함하는 물을 제외하면 탄소가 가장 많다.

우리가 숨쉴 때 꼭 필요한 산소와 암석을 구성하는 산소는 다르지 않
다. 생물이나 무생물은 모두 자연계에 가장 많이 분포하고 있는 원소로
구성되어 있다. 생물이 생물체에서만 보이는 어떤 독특한 물질로 이루
어져 있는 것은 아니라는 의미이다. 자연계에서 생물만이 갖는 특성은
원소의 구성 방식에서 비롯한다. 생물은 지각을 구성하는 성분 중 풍부
하게 많은 산소뿐만 아니라 매우 소량으로 존재하는 탄소 및 수소와 같
은 원소들을 받아들여 이를 농축시킨다.

이런 원소들은 독특한 과정을 거쳐 *고분자를 형성하며, 탄수화물·
지방·단백질·핵산 등과 같은 유기물로 합성된다. 그리고 합성된 유기
물은 생물체 내에서 구성 성분이나 에너지원으로 사용된다.

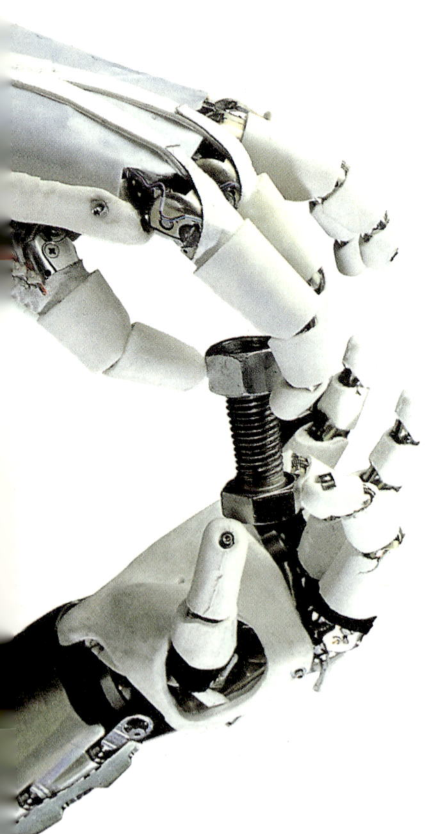

## 인체와 지각의 구성 원소

지구상에는 100여 종의 원소가 존재하지만, 지각을 구성하는 주요 원소는 극히 일부에 불과하다. 산소 · 규소 · 알루미늄 · 철 · 칼슘 · 나트륨 · 칼륨 · 마그네슘의 8가지 원소가 질량비로는 대략 98.1%를 차지하고 있으며, 그 중에서도 특히 산소와 규소는 질량비로 75% 정도를 차지하고 있다.

　사람의 몸에서도 가장 높은 질량비를 차지하고 있는 원소는 산소로, 65%에 달한다. 인체는 산소 · 탄소 · 수소 · 질소 · 칼슘 · 인의 6가지 원소가 질량비로 98.5%를 차지하고 있다.

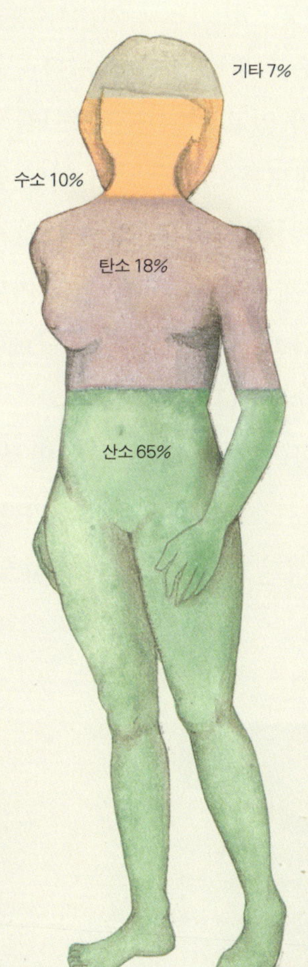


| 지각의 구성 원소 | | 인체의 구성 원소 | |
| --- | --- | --- | --- |
| 원소 | 질량비(%) | 원소 | 질량비(%) |
| 산소 | 47 | 산소 | 65 |
| 규소 | 28 | 탄소 | 18 |
| 알루미늄 | 7.9 | 수소 | 10 |
| 철 | 4.5 | 질소 | 3 |
| 칼슘 | 3.5 | 칼슘 | 1.5 |
| 나트륨 | 2.5 | 인 | 1 |
| 칼륨 | 2.5 | 칼륨 | 0.35 |
| 마그네슘 | 2.2 | 황 | 0.25 |
| 티타늄 | 0.46 | 나트륨 | 0.15 |
| 수소 | 0.22 | 마그네슘 | 0.05 |
| 탄소 | 0.19 | 기타 (구리 · 아연 · 철 등) | 0.7 |
| 기타 | 1.03 | | |

# 6 | 천체를 이루는 물질

우주를 향한 인류의 꿈이 우주선 개발과 달 착륙, 태양계 탐사로 이어지면서 신화와 전설 속에만 존재했던 우주는 이제 진짜 우주 이야기로 가득하게 되었다. 끝없이 펼쳐지는 우주, 그 속에 존재하는 천체들은 어떻게 생겼을까? 지구처럼 암석으로 된 단단한 지각을 갖고 있을까? 태양을 비롯한 천체를 구성하는 물질들은 과연 무엇일까?



**| 행성들이 모두 딱딱한 것은 아니다 |** 밤하늘에 떠 있는 달을 보며, 달에는 계수나무가 있고 토끼가 떡방아를 찧고 있을 거라고 믿었던 시절이 있었다. 정월 대보름이나 추석이 되면 둥근 보름달을 보며 소원을 빌기도 하고 쥐불놀이를 하며 한 해 농사의 풍년을 기원하기도 하였다. 달은 지구에 가장 가까이 있는 천체일 뿐 아니라 우리에게 매우 친근한 존재이다. 하지만 과학 문명은 인류가 달에 발을 딛게 만들었으며, 달은 더 이상 미지의 땅이 아니다.

과학자들이 달의 표면에서 가져온 암석을 분석한 결과에 따르면, 달은 지구와 비슷한 성분들로 이루어져 있다. 또한 달의 표면은 비교적 단단하며 화산 활동으로 형성된 현무암이 넓게 퍼져 있다는 사실도 밝혀냈다.

지구보다 태양에 가까운 궤도를 돌고 있는 수
성은 달의 표면과 매우 흡사한 것으로 조사되었으며,
금성의 경우 짙은 이산화탄소 때문에 표면의 모습을 광학적인
방법으로는 살펴볼 수 없지만 지구와 마찬가지로 무거운 암석으
로 이루어져 있을 것으로 추측하고 있다.

또한 지난 2004년 1월, 화성을 조사중인 무인 탐사선 스피릿이 보내 온
사진 자료들을 통해 화성의 표면을 구성하는 물질들도 지구와 비슷하다는
것을 확인할 수 있다.

금성이나 수성도 물질의 상태는 조금 다를 수 있지만 지구처럼 암석으
로 이루어져 있다. 그런데 화성보다 좀더 멀리 떨어진 행성들의 상황은 이
와 많이 다르다.

태양계의 행성들 중 큰 행성에 속하는 목성·토성·천왕성·해왕성은 지
구와는 달리 단단한 지각이 없으며, 수소나 헬륨·메테인 등 기체 성분들
로 이루어져 있다. 목성은 태양계에서 가장 큰 행성이다. 반지름이 무려
지구의 11배에 이르는 목성은 대부분 수소와 헬륨과 같은 가벼운 기체로
이루어져 있어 지구 밀도의 4분의 1도 안 된다. 아주 빠른 속도로 자전하
며 표면에는 아름다운 줄무늬가 있다. 토성은 밀도가 $0.76g/cm^3$로 물보
다도 작으며, 얼음 덩어리와 돌조각들로 이루어진 크고 아름다운 고리가
있다. 그보다 멀리 떨어진 천왕성이나 해왕성도 가벼운 기체가 주성분이
지만, 온도가 낮기 때문에 기체들이 얼어붙은 상태로 존재한다. 그 밖에도
가끔씩 태양 근처를 지나면서 긴 꼬리가 발달하는 혜성과 같은 천체들은
더러운 먼지와 얼음으로 된 핵을 가지고 있다.

**행성의 고리** 흔히 목성형 행성이라 불리는
목성·토성·천왕성·해왕성은 적도와 나란하게 고리가 형성되어 있다.
이들 행성의 고리는 작은 돌조각·얼음·미세한 입자들로 이루어져 있는데
행성의 강한 인력에 의해 주변의 물질들이 끌려 들어와 고리를 형성하는
것으로 알려져 있다.

**| 가벼운 수소 기체로 이루어진 별 |** 태양이 빛과 열을 공급해 주지 않으면 우리는 지구에서 살아갈 수 없다. 태양은 우리에게는 가장 가까운 별이지만 수많은 별들 중 하나에 불과하다. 스스로 빛을 내는 태양은 지구에서 약 1억 5,000만km 떨어져 있으며 지구보다 약 109배 더 크다. 표면 온도는 약 6,000℃이며 중심부의 온도는 무려 1,500만℃에 이른다. 태양을 구성하는 성분 물질은 가벼운 수소와 헬륨 기체이다. 가벼운 기체로 이루어진 태양이 스스로 빛을 내는 이유는 무엇일까? 그 비밀은 바로 태양의 주성분인 수소에 있다.

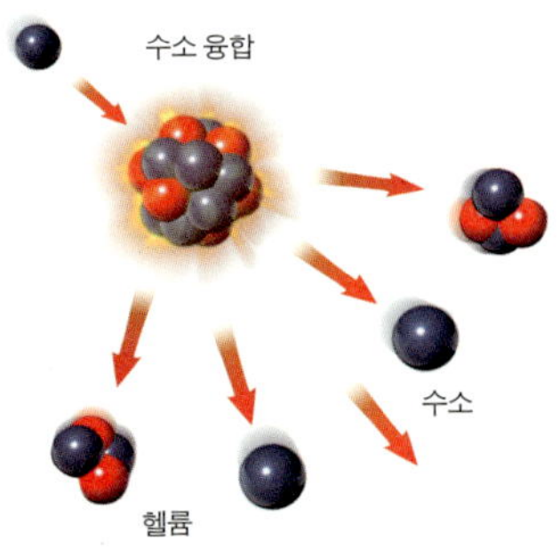

**수소 융합** 수소 분자가 헬륨으로 바뀌면서 많은 에너지를 방출하는 반응. 수소를 구성하는 양성자 4개가 모이면 헬륨핵을 만든다. 이 때 헬륨핵은 4개의 양성자를 합한 것보다 질량이 약간 가벼운데, 이 질량의 차이가 에너지로 전환되면서 막대한 복사 에너지를 방출한다. 헬륨핵 3개가 결합하면 탄소 원자핵 1개를 만드는데, 이 때에도 질량의 차이가 생기면서 막대한 열을 방출한다.

**대류층** 복사층에서 전달된 에너지가 대류에 의해 표면으로 방출되는 곳으로, 온도 변화가 매우 크다.

**복사층** 태양 내부의 대부분을 차지하고 있으며, 핵에서 생성된 에너지가 복사의 형태로 표면에 전달된다.

**핵** 고온·고압 상태로 수소 핵융합 반응에 의해 태양의 에너지가 생성된다.

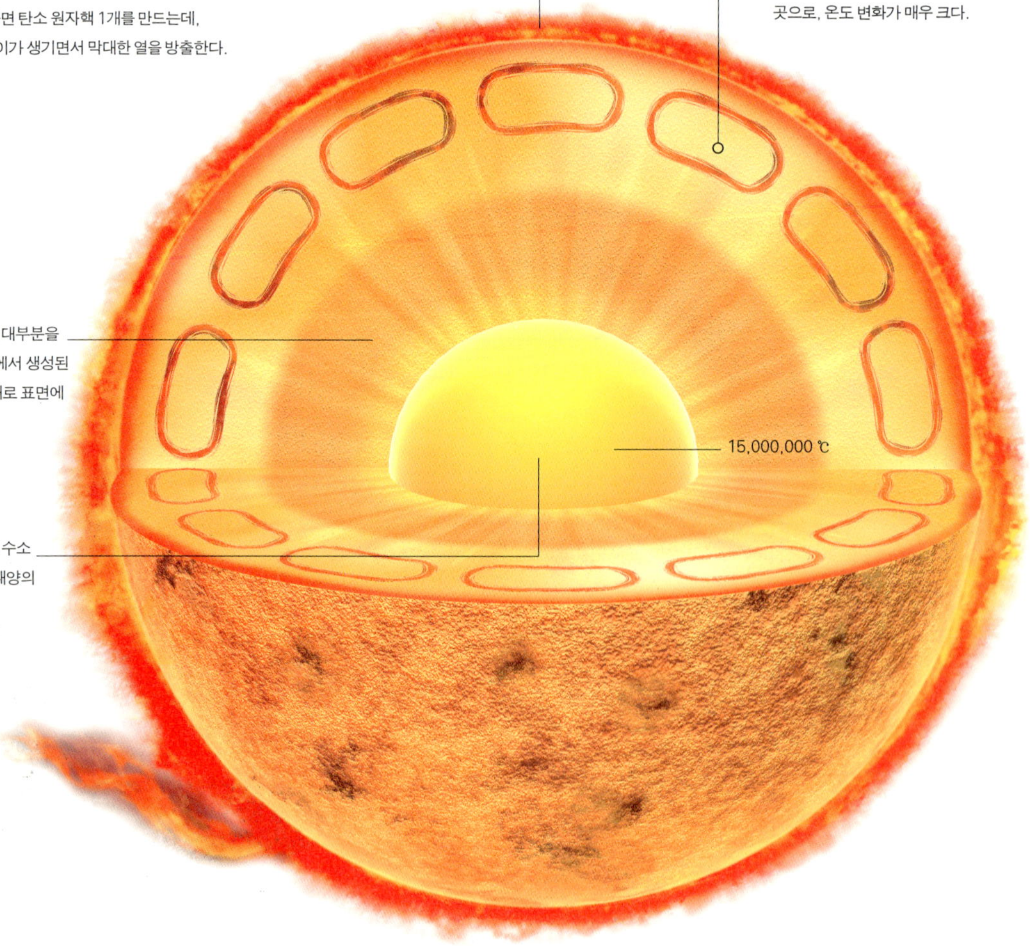

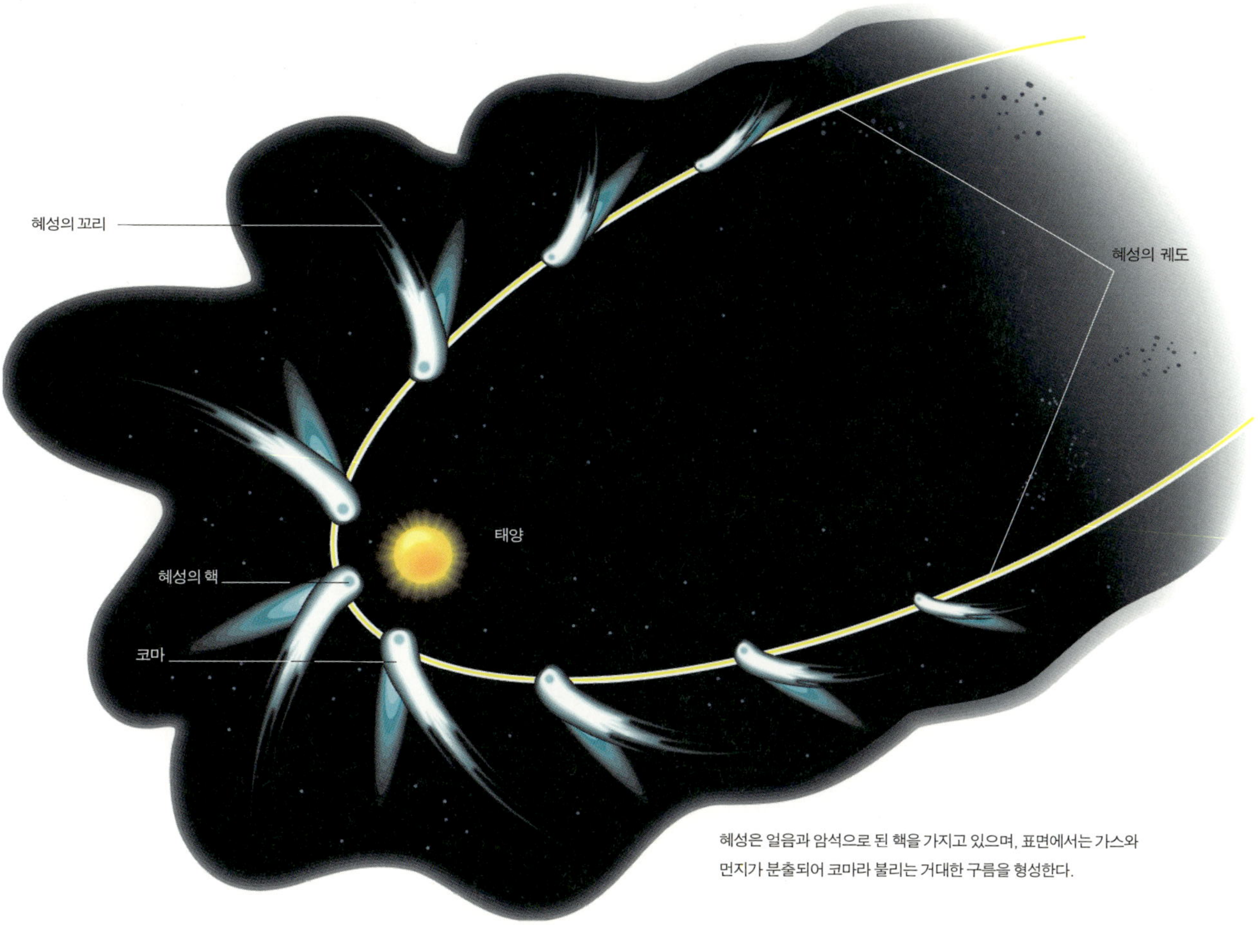

혜성의 꼬리

혜성의 궤도

태양

혜성의 핵

코마

혜성은 얼음과 암석으로 된 핵을 가지고 있으며, 표면에서는 가스와 먼지가 분출되어 코마라 불리는 거대한 구름을 형성한다.

태양을 구성하는 수소는 자체 중력에 의해 수축하면서 높은 밀도로 압축되고, 마침내 중심부에서부터 수소 핵융합 반응이 일어난다. 태양이 방출하는 복사 에너지는 바로 수소 핵융합 반응의 결과 발생한 에너지다.

태양을 비롯한 별들이 이러한 핵융합 반응을 거치는 동안 헬륨·탄소·질소·산소·네온·마그네슘·철 등의 무거운 원소를 만든다. 이처럼 별은 우주 공간에서 새로운 물질을 생성해 내는 역할을 한다. 이렇게 생성된 물질은 지구를 비롯해 생명체를 만드는 기본 성분을 제공한다. 물론 별 내부에서 철 성분까지 만들어지면 대부분 수명이 끝난다. 그 후에는 대규모의 폭발로 이어지는 경우가 많다. 이 때 생기는 엄청난 열은 핵융합 반응을 지속시키며 철보다도 무거운 은·금·납·우라늄과 같은 중금속을 생성해 낸다. 이러한 물질들은 미래에 지구처럼 단단한 지각을 갖는 행성이 만들어지는 데 씨앗이 되는 셈이다.

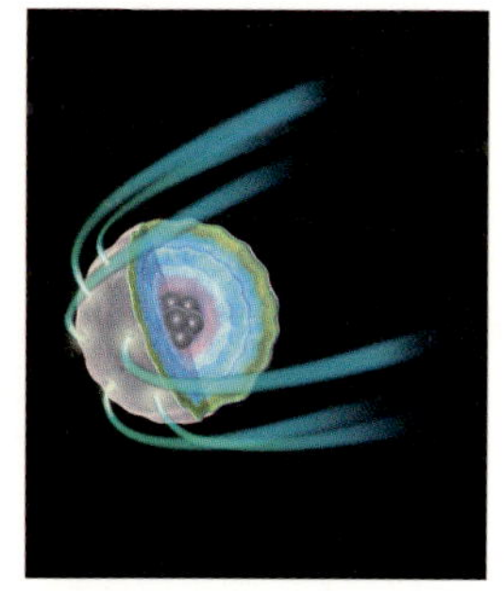

**혜성**
태양 둘레를 타원 궤도를 그리며 회전하는 천체. 얼음과 먼지, 티끌 등으로 이루어진 핵을 갖고 있다. 태양 근처를 지나면서 얼음이나 기체 성분이 증발하기 때문에 태양과 반대 방향으로 긴 꼬리가 발달한다.

| **별들의 생성과 소멸** | 별과 별 사이의 거리는 너무 멀다. 남반구의 하늘에서 잘 보이는 켄타우르스자리에서 가장 밝은 알파별은 모두 3개의 별이 모여 삼중성을 이루고 있는데, 세 별 중 가장 어두운 별이 프록시마별이다. 이 프록시마가 현재 태양에서 가장 가까운 별로 알려져 있는데, 이 별까지 가는 데 빛의 속력으로 달려도 무려 4.3년이나 걸린다. 이렇게 멀리 떨어진 별들 사이에는 무엇이 있을까? 흔히 우주 공간에는 아무런 물질도 없다고 생각하기 때문에 진공이라 부른다. 정말 아무것도 없을까? 실제로는 수소 기체를 비롯해 작은 먼지나 티끌 등이 분포하고 있는데, 그 밀도가 매우 작아서 거의 없는 것과 같을 뿐이다. 여기서 별과 별 사이에 존재하는 물질들을 성간 물질이라 하는데, 성간 물질은 우주 공간에 골고루 분포하지 않고 군데군데 집중적으로 모여 있기도 한다. 성간 물질이 구름처럼 모여 있는 것이 성운이다. 성운은 주변의 별빛을 반사하여 밝게 보이기도 하며 기체의 밀도가 높아 스스로 빛을 내기도 하고, 뒤쪽의 별빛을 가로막아 어둡게 보이기도 한다.

성운은 별이 수명을 다하는 단계에서 생성되기도 한다. 1054년 7월 4일, 중국에서 빛을 내는 이상한 물체가 관측되었다. 중국 사람들은 갑자기 찾아온 손님별이라는 의미로 '객성(客星)' 이라 불렀다.

이 천체는 너무나 밝아서 몇 주일 동안이나 낮에도 관측되었다고 한다. 그러나 오늘날 그 자리에는 밝은 별 대신에 폭발 흔적과 같은 게딱지 모양의 성간 물질들의 흔적만 남아 있을 뿐이다. 어떤 일이 벌어진 것일까? 과학자들은 당시의 객성을 별이 폭발하면서 생긴 흔적으로 보고 있다. 별이 폭발하는 모습이 밝은 천체로 관측된 것이다. 오늘날에는 이러한 별들을 *'초신성' 이라 부른다.

태양보다 큰 별들은 마지막 단계에 이르면 대규모 폭발을 일으키면서 일생을 마감한다. 이 때 엄청난 에너지를 순간적으로 방출하여 그 밝기가 평소의 수억 배에 이르렀다가 서서히 낮아지므로 마치 새로운 별이 생겼다가 사라지는 것처럼 보인다. 이 때문에 초신성이라는 이름으로 불리는 것이다.

결국 초신성 폭발로 인해 별을 이루고 있던 물질들은 우주 공간으로 흩어
진다. 별은 활동하는 동안에는 새로운 물질을 만들어 내고, 마지막 단계에
서는 만들어 낸 물질을 우주 공간으로 내보내는 것이다. 별들의 소멸 과정
에서 생성된 물질들은 지구와 같은 행성들의 구성 물질이 되기도 하고 생
명체의 구성 성분이 되기도 한다. 한편, 현재 오리온자리에 위치한 오리온
대성운은 새로운 별들이 생성되고 있는 곳으로 알려져 있다. 결국 별과 별
사이에 존재하는 성운은 새로운 별들이 탄생하는 요람이 되기도 한다.

# 천체의 물질과 인간의 몸이 같다?

천체를 구성하는 물질과 인간의 몸을 구성하는 물질은 매우 비슷하다. 별의 생성과 소멸 과정을 보면 천체의 구성 물질들은 연속적인 순환 과정을 거치는 것을 알 수 있는데, 이 물질들이 행성을 구성하기도 하고 생명체의 구성 성분이 되기도 한다. 결국 인간의 몸을 구성하는 성분 물질들은 우주를 이루는 물질들과 비슷할 수밖에 없다. 흔히 말하듯이 우리의 몸은 자연에서 와서 자연으로 다시 돌아가는 것이다. 나아가 우리가 주변에서 볼 수 있는 모든 물질들의 구성 성분 역시 근원은 모두 같다고 할 수 있다.

**성간 물질** 수소가 대부분을 차지하며 별의 폭발로 인해 방출된 다양한 원소들이 포함되어 있다.

**원시별의 생성** 주로 수소 기체가 모여 압축되면서 원시별을 생성한다. 수소핵 4개가 모여 헬륨을 생성하면서 막대한 에너지를 방출하기 시작한다.

**별의 진화** 별이 진화하는 동안 수소 · 헬륨 · 탄소 · 질소 · 산소 · 네온 · 마그네슘 · 철 등의 무거운 원소를 생성한다. 철 성분까지 생성되면 대부분 별의 생명은 끝이 난다.

**❶ 오리온 대성운** 오리온자리에 위치한 대표적인 발광 성운으로 중심부에서는 새로운 별이 탄생하고 있는 것으로 추정되고 있다.

**❷ 플레이아데스 반사 성운** 좀생이 별로 알려진 플레이아데스 산개 성단의 구성별들 주변의 성간 물질이 중심부에 있는 별빛을 반사하여 푸른색을 띠고 있다.

**❸ 말머리 성운** 겨울철 오리온자리에서 관측되는 대표적인 암흑 성운으로 성간 물질이 뒤쪽의 별빛을 가로막아 어둡게 보이는데, 그 모양이 마치 말의머리를 닮았다고 해서 붙여진 이름이다.

**❹ 행성상 성운** 별의 마지막 단계에서 폭발로 인해 형성된 것으로 폭발한 물질이 급격히 팽창하면서 빛을 내는 것이다. 행성상 성운의 중심부에는 별이 남아 있는 경우가 많다.

**별의 폭발** 별의 바깥층이 폭발할 때에는 핵융합 반응이 다시 일어나며 철보다도 무거운 은 · 금 · 납 · 우라늄 등의 중금속 물질이 생성된다.

**인체의 구성 물질** 사람을 구성하는 기본 원소들은 수소 · 산소 · 탄소 · 질소 · 칼슘 등으로 천체 및 우주를 구성하는 성분 원소들과 같다. 결국 인간의 몸을 구성하는 성분은 우주로부터 온 것이다.

# 석유,
# 현대 물질 문명의 감초

우리는 석유 자동차를 타고 석유로 난방을 하며 석유로 만든 전기를 이용한다. 또 석유로 만든 옷을 입고 석유로 만든 그릇을 사용한다. 흔히 연료로만 쓰인다고 생각하는 석유는 버리는 것 없이 찌꺼기까지 다 쓸 수 있는 아주 귀한 자원이다. 그래서 석유는 미국과 이라크의 전쟁뿐만 아니라 세계 곳곳에서 일어나는 온갖 갈등과 분쟁의 원인이 되기도 한다. 우리말 석유(石油)는 '돌(石)이나 바위(岩) 사이의 기름'이라는 뜻을 가지고 있다. 석유를 나타내는 영어 'petroleum'도 돌을 뜻하는 'petra'와 기름을 뜻하는 'oleum'이라는 라틴 어에서 유래한 것이다. 일반적으로 석유는 자연 상태 그대로의 원유crude oil와 원유를 정제한 휘발유 등의 석유 제품을 통틀어 가리킨다.

석유는 어떻게 만들어지는 것일까? 여러 가지 설이 있지만 수억 년 전에 바다나 호수의 바닥에 쌓인 동식물의 유해가 지각 변동에 의해 지하 깊은 곳에 묻힌 후, 오랜 시간 열과 압력을 받아 생성되었다고 추정된다. 그 성분은 주로 탄소(80~86%)와 수소(12~15%)이고, 황·질소·산소(1~3%) 등도 포함되어 있다. 땅 속에서 막 채굴한 원유는 주로 검은색이거나 흑갈색의 끈적끈적한 액체이다. 비중은 물보다 작아 물 위에 뜨고, 순수한 물질이 아니기 때문에 끓는점과 어는점이 일정하지 않다.

원유는 그 자체로는 거의 쓸모가 없기 때문에 각각의 성분 물질로 분리하여 사용한다. 원유를 분리해서 우리가 쓰고 있는 여러 형태로 만드는 일을 하는 곳이 바로 정유 공장이다. 정유 공장에서는 증류탑을 이용하여 원유 속에 복잡하게 섞여 있는 물질들을 효과적으로 분류한다. 원유를 350℃ 이상의 고온으로 가열하여 증류탑으로 보내면 기체로 된 성분이 증류탑의 위쪽으로 올라가면서 점차 냉각되어 액체로 된다. 이 때 증류탑의 낮은 곳일수록 끓는점이 높은 성분이 액체로 되어 연결된 관을 통해 빠져 나온다. 이와 같은 과정을 통해 원유의 각 성분이 끓는점에 따라 각각의 성분 물질로 분리되는 것이다.

　인류는 석유를 언제부터 사용했을까? 석유는 메소포타미아, 터키 등에서 기원전부터 사용되었다고 한다. 이런 사실은 당시 유적이나 기록에 남아 있으며, 구약성서에도 석유에 대한 기록이 있다. 그러나 옛날에는 지표에 스며 나온 원유가 배의 틈을 막는 데 쓰였거나 도로 건설 및 미라의 보존 등에 약간씩 사용되었을 뿐이다. 석유가 오늘날과 같이 지하에서 채굴되어 본격적으로 사용되기 시작한 것은 1859년 미국에서 유정을 파서 원유를 채굴하는 데 성공한 이후부터이다.

　석유는 19세기 후반부터 인류 문명사에서 중요성을 갖게 되었다. 처음에는 등화용으로 쓰였는데 전등의 발명으로 그 수요가 줄어드는 듯했다. 그러나 그 때를 전후하여 석유를 연료로 하는 내연 기관이 발명되면서 석유 소비는 급격하게 증가하였다. 석유는 제2차 세계 대전 이후 세계적으로 널리 사용되면서 오늘날에는 천연 가스를 포함하여 에너지 수요의 50% 이상을 차지하고 있다.

　이렇게 소비가 늘어남에 따라 생산량도 계속 늘어왔지만 문제는 언젠가는 석유가 고갈된다는 데 있다. 석유의

매장량은 매년 감소하여 현재의 사용 추세를 유지한다면 약 40년 정도 사용할 수 있을 것이라고 한다. 우리 나라도 세계 7위의 석유 소비국이다. 또한 석유 수입 세계 5위라는 통계가 말해 주듯이 소비하는 석유의 대부분을 해외 수입에 의존하고 있기 때문에 석유의 고갈 문제는 앞으로 더욱 심각한 영향을 줄 것으로 생각된다. 그러므로 앞으로 석유 없이도 유지되는 사회를 만들어 가는 노력을 다 함께 기울여 나가야 하겠다. 그런 의미에서 현대 물질 문명의 근간을 이루는 석유를 대신할 수 있는 에너지를 하루 빨리 개발하는 것이 앞으로의 과학 숙제로 남아 있다.

사우디 아라비아의 정유 공장

〈 증류탑의 내부 구조와 각종 석유 제품 〉

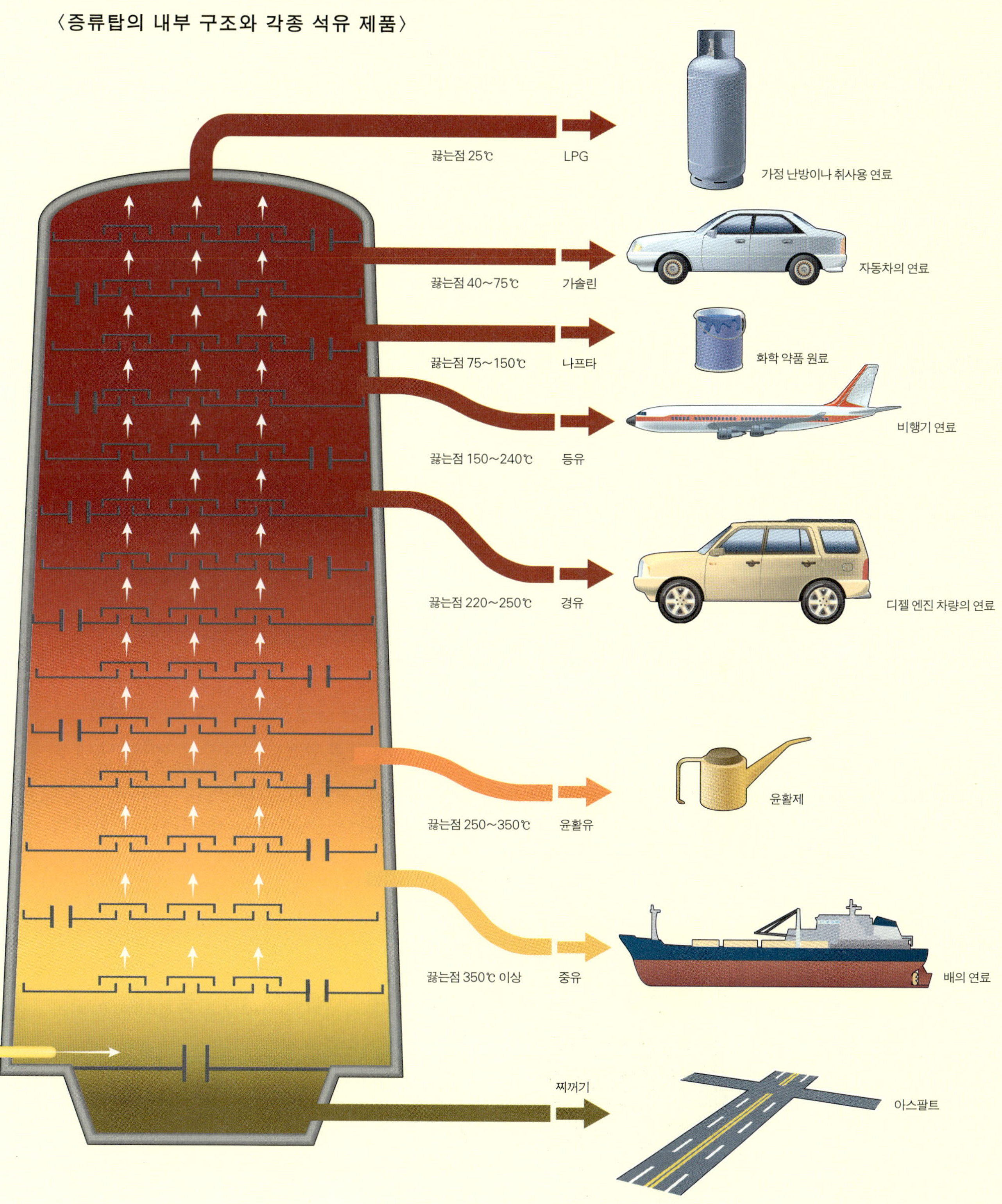
끓는점 25℃
LPG
가정 난방이나 취사용 연료
끓는점 40~75℃
가솔린
자동차의 연료
끓는점 75~150℃
나프타
화학 약품 원료
끓는점 150~240℃
등유
비행기 연료
끓는점 220~250℃
경유
디젤 엔진 차량의 연료
끓는점 250~350℃
윤활유
윤활제
끓는점 350℃ 이상
중유
배의 연료
찌꺼기
아스팔트

# 연금술사의 유산

값싼 납으로 금을 만들 수 있을까? 또 모든 질병을 고쳐 주고 영원한 생명을 가져다주는 불로장생약은 존재할까? 연금술은 납이나 구리 같은 값이 싼 금속을 금이나 은으로 만들려고 했던 전근대 과학 기술을 가리킨다. 연금술이 언제부터 시작되었는지에 대해서는 정확하지 않지만 아주 오래 전부터 사람들은 금이 부와 명예를 가져다줄 뿐만 아니라 영원한 생명도 제공해 준다고 믿었다. 부유하게 오래 살고 싶은 인간의 욕망과 맞아떨어져 연금술은 많은 탄압과 부작용에도 불구하고 오랫동안 사랑을 받았다.

연금술은 고대 그리스의 철학자 아리스토텔레스가 주장한 4원소설에 그 기반을 두고 있다. 그는 자연계의 모든 물질은 물·흙·불·공기의 4가지 원소로 이루어져 있다고 주장했다. 이 4가지 원소가 차가움·따뜻함·건조함·축축함의 4가지 성질과 결합하여 세상의 모든 물질을 이룬다는 것이다.

연금술사들은 물질을 구성하는 원소들을 적당한 비율로 섞어 결합시키면 한 물질이 다른 물질로 변화될 것이라고 생각했다. 그들은 자연계의 모든 것들이 완전함을 향해 변해 가고 금이 모든 물질 중에서 가장 완벽한 물질이라고 생각했다. 철이나 납 등의 완전하지 못한 금속이 땅 속에 오래 묻혀 있으면 금으로 변하는데, 이것도 완벽함으로 나아가는 과정이라고 믿었다. 연금술사들은 자신들이 고안한 특별한 방법을 이용하여 이러한 변화 과정을 앞당길 수 있다고 생각했다. 그래서 금을 구성하는 원소들의 비율만 알면 금을 만들 수 있을 것이라고 확신했다. 그러나 그토록 바랐던 금이 잘 만들어지지 않자, 원소의 변환을 촉진시키는 신비로운 물질이 있을 거라고 생각하게 되었다. 연금술사들은 그 물질을 '현자의 돌philosopher's stone' 이라고 부르고,

이후 현자의 돌을 찾기 위해 많은 노력을 기울였다.

　고대 중국이나 인도에서도 연금술이 이루어졌다. 그러나 서양과 달리 동양의 연금술사들은 값이 싼 금속을 금으로 바꾸는 것보다 불로장생약을 만드는 데 주력했다. 이들은 금이 열을 가하거나 땅에 묻어도 변하지 않는 것을 보고 금을 영원한 생명을 보장해 주는 신비의 약으로 여겼다.

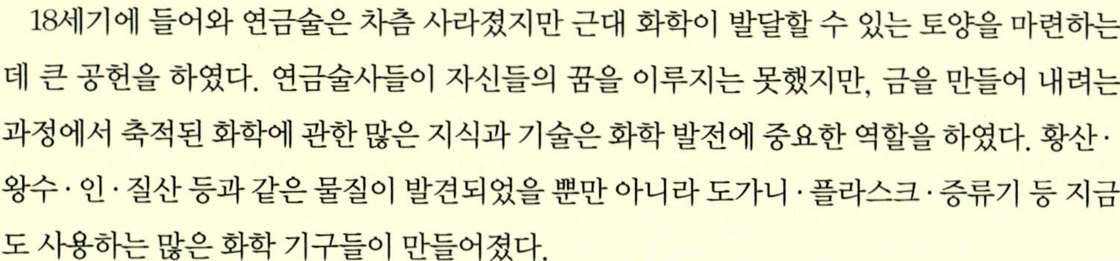

연금술사의 실험실

　현대를 살아가는 우리에게 연금술은 매우 비과학적인 것으로 여겨진다. 하지만 과거 사람들에게 연금술의 영향력은 오늘날 우리가 상상하는 것보다 훨씬 컸다. 그래서 많은 폐해에도 불구하고 고대로부터 약 2,000여 년 동안이나 유행할 수 있었다.

　18세기에 들어와 연금술은 차츰 사라졌지만 근대 화학이 발달할 수 있는 토양을 마련하는 데 큰 공헌을 하였다. 연금술사들이 자신들의 꿈을 이루지는 못했지만, 금을 만들어 내려는 과정에서 축적된 화학에 관한 많은 지식과 기술은 화학 발전에 중요한 역할을 하였다. 황산·왕수·인·질산 등과 같은 물질이 발견되었을 뿐만 아니라 도가니·플라스크·증류기 등 지금도 사용하는 많은 화학 기구들이 만들어졌다.

　연금술사들이 과학에 미친 영향이 얼마나 큰지에 대해서는 영국의 철학자 프랜시스 베이컨Francis Bacon, 1561~1626이 예를 들어 설명한 이솝 우화가 잘 보여 준다.

　가난한 농부가 있었다. 그는 한평생 열심히 일해 넓은 포도밭을 일구었다. 농부는 죽기 전에 포도밭에 보물을 숨겨 두었으니 찾아 나눠 가지라고 유언을 남겼다. 아들들은 당장 포도밭을 열심히 파헤치기 시작했으나 보물은 나오지 않았다. 대신 갈아엎어진 포도밭에서는 싱싱하고 탐스러운 포도들이 주렁주렁 열렸다.

# 5

변화

# 1 | 물질의 변화

얼음이 녹으면 물이 되고, 못은 시간이 지나면 녹이 슨다. 또 껍질을 벗겨 둔 사과는 색깔이 변하고 종이는 불이 붙으면 타서 재가 된다. 이처럼 모든 물질은 끊임없이 변한다. 이러한 변화가 일어나는 원인은 무엇일까? 설탕이 물에 녹는 것과 불에 타는 것은 어떻게 다를까?

**| 물리 변화와 화학 변화 |** 양초에 불을 붙이면 단단하던 고체 양초는 열에 의해 녹아서 액체로 변한다. 이 때 액체 양초에는 고체 양초의 성질이 그대로 있다. 심지를 타고 올라오는 액체 양초는 불꽃의 열에 의해 다시 기체로 변한다.

이처럼 양초는 열에 의해 고체에서 액체로, 액체에서 기체로 상태가 변화하는데, 이와 같은 변화를 '물리 변화'라고 한다. 불꽃 근처의 기체 양초는 고온의 열에 의해 공기 중의 산소와 반응을 일으켜 이산화탄소와 물이라는 새로운 물질로 변하는데, 이러한 변화를 '화학 변화'라고 한다.

양초나 휘발유·나무·종이와 같은 물질이 산소와 반응하여 열과 빛을 내는 화학 반응을 '연소'라고 한다.

양초의 연소 반응에서 생성된 이산화탄소와 물은 기체 상태로 공기 중으로 날아가 버리기 때문에 양초가 탄 후에 아무것도 남지 않는 것처럼 보인다. 그러나 변화가 일어나기 전의 양초를 구성하는 성분 원소는 사라진 것이 아니라 단지 다른 원소들과 결합하여 새로운 물질을 구성하는 성분 원소가 되어 존재한다.

**양초** 양초의 주성분은 탄소와 수소로 이루어진 파라핀이고, 그 외에 쇠기름인 스테아린산·응고제·색소 등이 약간 들어간다. 혼합물인 양초는 녹는점이 일정하지 않고 대개 50~60℃에서 녹는다.

**|물질에 변화가 일어날 때 변하는 것은?|** 얼음이 녹
거나 물이 끓는 등의 상태 변화나, 단단한 물체가 깨지거
나 쪼개지는 등의 모양 변화는 물리 변화이다. 또 물에 설탕
이 녹는 것처럼 한 물질이 다른 물질에 섞이는 것도 물리 변화
이다. 물리 변화가 일어난 경우에는 물질을 이루는 성분 원소나 원자들
의 배열이 변하지 않는다. 따라서 물질의 고유한 특성은 그대로 유지된
다. 예를 들어, 고체 설탕을 가열하여 액체로 녹이더라도 설탕 분자 자체
는 변하지 않기 때문에 설탕의 특성인 단맛은 그대로 유지된다.

　그런데 이 액체 설탕을 계속 가열하면 연한 갈색에서 점점 진한 갈색으
로 변하고, 마지막에는 윤기 없는 검은색 물질만 남는다. 탄소·수소·산
소 원자로 구성된 설탕이라는 물질은 가열에 의해 수소와 산소는 수증기
가 되어 모두 공기 중으로 날아가고, 검은색 숯 성분인 탄소만 남은 것이
다. 즉, 설탕 분자를 이루고 있던 원자들이 재배열되어 탄소와 물이라는
새로운 물질로 변한 것이다. 액체 설탕을 가열할 때 부글거리는 현상이
나타나는데, 이는 생성된 물이 열에 의해 수증기가 되어 공기 중으로 날
아가기 때문이다.

**화학 변화**
술의 제조 과정은 화학 변화를 잘 보여
주는 예이다. 효모균에 의해 음식물이
분해되어 새로운 물질인 알코올과
이산화탄소가 생성된다. 기포는
생성된 이산화탄소가 빠져 나오는
것이다.

**물리 변화**
물체가 깨지는 것은 대표적인 물리 변화의 예이다. 구성 입자는 변하지 않고 물체의 겉모양만 변한다.

**질량 보존의 법칙**
1774년 프랑스의 화학자 라부아지에가 발표한 법칙. 화학 반응을 전후하여 반응물의 총질량과 생성물의 총질량은 항상 변하지 않고 일정하다는 법칙을 말한다. 라부아지에는 정밀한 저울을 이용한 실험을 통해 화학 반응이 일어나더라도 질량은 변하지 않는다는 사실을 밝혀냈다.

**화학 반응식**
화학 반응을 원소 기호를 사용하여 나타낸 것을 말한다. 화학 반응식으로 반응 물질과 생성 물질의 종류 및 분자 수의 비 등을 알 수 있다. 생성 물질 옆의 괄호 안 기호는 물질의 상태를 나타낸 것이다. 's'는 고체(solid), 'l'은 액체(liquid), 'g'는 기체(gas)이다.

물리 변화가 일어나면 겉모양만 변할 뿐 물질의 고유한 성질은 변하지 않기 때문에 변화 전의 물질로 쉽게 되돌아갈 수 있다. 그러나 화학 변화가 일어난 후에 생성된 물질은 변화 전과는 전혀 다른 새로운 물질이기 때문에 변화가 일어나기 전의 물질로 되돌아가지 않는다.

화학 변화가 일어나면 색이 변하거나 열이나 빛이 발생하는 것을 관찰할 수 있다. 음식물이 발효할 때 부글거리며 기체가 발생하여 독특한 냄새가 나는 현상은 모두 화학 변화이다.

한편, 물리 변화나 화학 변화 과정 모두 변화 전과 후에 물질의 총질량은 변하지 않는다. 그것은 물질을 구성하는 원자들의 조성이나 배열이 변하더라도 물질을 구성하는 원자 자체가 아예 사라지거나 새로운 원자가 생성되는 것은 아니기 때문이다.

**| 화학 반응식을 알면 물질의 변화가 보인다 |** 물리 변화의 경우에는 물질을 구성하는 원자들의 배열이나 조성이 변하지 않기 때문에 그 변화 과정을 쉽게 이해할 수 있다. 그러나 화학 변화의 경우에는 그 변화 과정을 말로 설명하면 원자의 조성이나 배열이 어떻게 바뀌었는지 쉽게 이해하기가 어렵다. 그러므로 그 변화 과정을 화학 반응식을 써서 나타낸다. 설탕을 가열할 때 일어나는 화학 반응을 예로 들어 보자. 화학 반응이 일어나기 전에 설탕 1분자를 구성하고 있던 탄소 원자 12개, 수소 원자 22개, 산소 원자 11개는 분해되고 재배열되어 12개의 탄소 원자와 11개의 물 분자로 변했다.

화학 변화는 인간의 생활을 풍성하고 다양하게 하는 데 중요한 역할을 해 왔다. 우리가 물리 변화만 경험했다면, 과거부터 지구상에 존재해 온 물질들만 사용할 수 있었을 것이다. 그러나 화학 변화를 통해 과거에는 존재하지 않은 다양한 물질들도 경험할 수 있고, 인위적으로 변화를 일어나게 하여 새로운 물질들도 만들어서 사용할 수 있는 것이다. 나일론·레이온 등의 합성 섬유뿐만 아니라 플라스틱·비누·합성 약품 등은 모두 화학 변화의 산물이다.

## 설탕에 일어나는 변화를 화학 반응식으로 나타내기

설탕을 가열하면 화학 변화가 일어나, 변화가 일어나기 전과 전혀 다른 물질인 검은색의 탄소와 무색 투명한 물이 생성된다. 설탕 1분자는 탄소 원자 12개, 수소 원자 22개, 산소 원자 11개로 이루어져 있다($C_{12}H_{22}O_{11}$). 설탕 분자에는 수소와 산소가 2 : 1의 비율(물 분자의 구성비)로 들어 있기 때문에 가열하면 물($H_2O$)과 탄소($C$)로 분해된다.

전체 반응 – 고체 설탕을 가열하면 고체 탄소와 기체 수증기가 생성된다.

❶ 반응이 일어나기 전의 물질을 왼쪽에, 반응이 일어난 후의 물질을 오른쪽에 적고, 그 사이를 화살표로 연결한다.

$$설탕(고체) \rightarrow 탄소(고체) + 물(기체)$$

❷ 위의 반응 물질과 생성 물질을 다음과 같이 원소 기호를 써서 나타낸다.

$$C_{12}H_{22}O_{11}(s) \rightarrow C(s) + H_2O(g)$$

❸ 반응이 일어나는 동안 원자는 없어지거나 새로 생기는 것이 아니므로 반응 전과 후의 원자 개수는 같아야 한다. 그러므로 화살표 양쪽의 물질을 이루는 원자의 개수가 같도록 각각의 물질 앞에 적당한 숫자를 적어 넣는다.

$$C_{12}H_{22}O_{11}(s) \rightarrow 12C(s) + 11H_2O(g)$$

# 2 | 산과 염기의 반응

생선회에 레몬즙을 뿌리면 비린내를 없앨 수 있다. 또 벌이나 개미 등 벌레에 물려 붓고 가려울 때 암모니아수를 바르면 그 증상이 가라앉는다. 생선 비린내나 벌레의 독을 없애는 이와 같은 방법에는 어떤 원리가 숨어 있을까?

**| 산과 염기란 무엇일까? |** 김치를 오래 두고 먹으면 처음에는 없었던 신맛이 차츰 생겨난다. 김치 성분의 일부가 화학 반응을 일으켜 신맛을 내는 물질로 변하기 때문이다. 사과·오렌지·포도 등도 정도의 차이는 있지만 신맛이 나는 과일들이다. 일반 가정에서는 음식물의 신맛을 내기 위해 주로 식초를 사용한다. 이렇게 신맛이 나는 물질에는 공통적으로 '산 acid'이 들어 있다. '산'은 '시다'라는 뜻의 라틴 어 'acidus'에서 유래한 것이다. 식초나 과일 속에 들어 있는 산은 약하기 때문에 먹을 수 있다. 그러나 염산·황산·질산 등은 맛을 볼 수 없는 강한 산이다. 이들 산은 진한 용액의 상태로 피부에 닿거나 옷에 묻으면 위험하다.

한편, 식물을 태운 재를 물에 담근 다음, 위에 뜬 맑은 용액만 따라 내어 빨래를 하면 때가 잘 빠진다. 왜 그럴까? 잿물 속에 염기성 물질인 수산화나트륨이 들어 있기 때문이다. 이러한 염기성 물질은 쓴맛을 내며 단백질을 녹이는 성질이 있어 피부에 닿으면 미끈거리는 느낌이 든다. 이러한 성질이 있는 물질을 '염기 base'라고 한다. '알칼리 alkali'는 염기 중에서도 물에 잘 녹는 물질을 가리키는데, 이 말도 '식물의 재'라는 뜻의 라틴 어 'alqaliy'에서 유래한 것이다. 염기에는 수산화나트륨 외에도 수산화

**석회석과 산의 반응** 석회석은 주성분이 탄산칼슘($CaCO_3$)으로, 산에 넣으면 녹아들어가면서 이산화탄소 기체를 발생시킨다. 대리석으로 만들어진 동상이 산성비에 부식되는 것도 대리석의 주성분이 탄산칼슘이기 때문이다.

칼륨·수산화칼슘 등의 강염기와 암모니아·소다 등의 약염기가 있다.

### | 산과 염기는 어떻게 다를까? |

산과 염기는 맛이 다르다. 그러나 물질을 확인하기 위해 직접 맛을 보는 것은 매우 위험하다. 그러면 산과 염기는 어떻게 확인할까? 어떤 물질의 성질이 산성인지 염기성인지를 나타내 주는 것으로 지시약<sup>indicator</sup>이 있다. 지시약은 산성과 염기성에서 서로 다른 색을 나타내기 때문에 물질의 성질을 쉽게 확인할 수 있다. 예를 들어, 리트머스 종이는 산성 용액에서 붉은색, 염기성 용액에서 푸른색을 나타내기 때문에 산과 염기를 쉽게 구별할 수 있게 해 준다. 붉고 푸른색을 띠는 꽃도 산성과 염기성을 확인하는 물질로 사용할 수 있다. 또한 붉은색 양배추의 색소 물질은 산성에서는 붉은색을 나타내고 중성에서는 보라색, 염기성에서는 푸른색을 나타내기 때문에 지시약으로 사용할 수 있다.

산과 염기의 성질은 왜 서로 다를까? 수용액에서 이들이 내놓는 이온 때문이다. 모든 산은 물에 녹았을 때 수소 이온<sup>H+</sup>을 내놓고 모든 염기는 수산화 이온<sup>OH-</sup>을 내놓는다. 산성 용액에 금속을 넣으면 수소 기체기 발생하는 것도 산성 용액에 수소 이온이 들어 있기 때문이다.

흔히 용액의 농도가 진하면 강산일 것이라 생각한다. 그러나 식초의

**지시약으로 사용할 수 있는 수국** 수국에는 '안토시아닌'이라는 성분이 들어 있다. 안토시아닌은 pH에 따라 분자 구조가 바뀌면서 각각의 색을 나타내기 때문에 지시약으로 사용할 수 있다.

**음식물에 들어 있는 산** 유산균이라는 세균은 김치에 포함된 당분을 젖산(lactic acid)으로 변화시킨다. 요쿠르트에도 젖산이 들어 있다. 사과에는 말산(malic acid), 오렌지나 귤 등에는 시트르산(citric acid), 포도에는 타타르산(tartaric acid)이 많이 들어 있다.

성분인 아세트산을 물에 많이 녹인다고 해서 염산이나 황산과 같은 강산이 되지는 않는다. 아세트산은 수용액에서 매우 적은 양만 이온화하기 때문에 진한 아세트산 용액이라도 그 속에 수소 이온이 많이 들어 있지 않기 때문이다. 반면에 염산은 물에 녹았을 때 거의 모두 이온화하여 수소 이온을 많이 내놓기 때문에 강산이다. 이처럼 산과 염기의 세기는 수용액에서 이온화하는 정도에 따라 달라진다.

산과 염기의 강하고 약한 정도, 즉 세기를 나타내는 단위는 'pH'이다. 수용액에 들어 있는 수소 이온의 농도를 나타내며, pH7인 중성 물질을 기준으로 pH 숫자가 작을수록 강산이고, 클수록 강염기이다.

**| 산과 염기가 만나면? |** 염산은 피부의 세포를 파괴하고 쇳덩어리도 녹일 만큼 강산이다. 수산화나트륨은 단백질을 녹이는 강염기이다. 이처럼 강산과 강염기가 만나면 어떻게 될까? 신기하게도 이 두 물질을 함께 섞으면 그런 성질이 모두 사라지고 만다. 산의 수소 이온$^{H^+}$과 염기의 수산화 이온$^{OH^-}$이 만나 물$^{H_2O}$이 되기 때문이다. 이것을 '중화 반응'이라고 한다.

수산화나트륨 수용액에 염산을 넣으면 용액은 중성으로 변한다. 그 과정을 식으로 나타내면 다음과 같다.

$$HCl + NaOH \longrightarrow H_2O + NaCl$$

염산     수산화나트륨     물     소금

염산과 수산화나트륨 수용액의 중화 반응으로 생성된 물질은 물과 소금, 즉 인체에 해롭지 않은 소금물이다.

　사람의 위장에서는 음식물의 소화를 돕고 살균 작용을 하는 위액이 분비되는데, 그 성분이 염산이다. 그런데 염산이 너무 많이 분비되어 문제가 되는 경우에는 *제산제를 먹는다. 제산제는 약한 염기성 물질로, 지나치게 많이 분비된 산성 물질을 중화하여 제거한다. 생선회나 튀김 요리에 곁들여지는 레몬도 마찬가지다. 생선의 비린내는 트리메틸아민이라는 약염기성 물질 때문인데, 이를 레몬즙 속의 산성 물질로 중화시키면 비린내가 없어진다. 또한 벌이나 개미 등과 같은 벌레의 독에는 산성 물질이 들어 있기 때문에, 벌레에 물렸을 때 염기성 물질인 암모니아수를 발라 중화시키면 독을 제거할 수 있다.



〈 산과 염기의 중화 반응 실험 〉

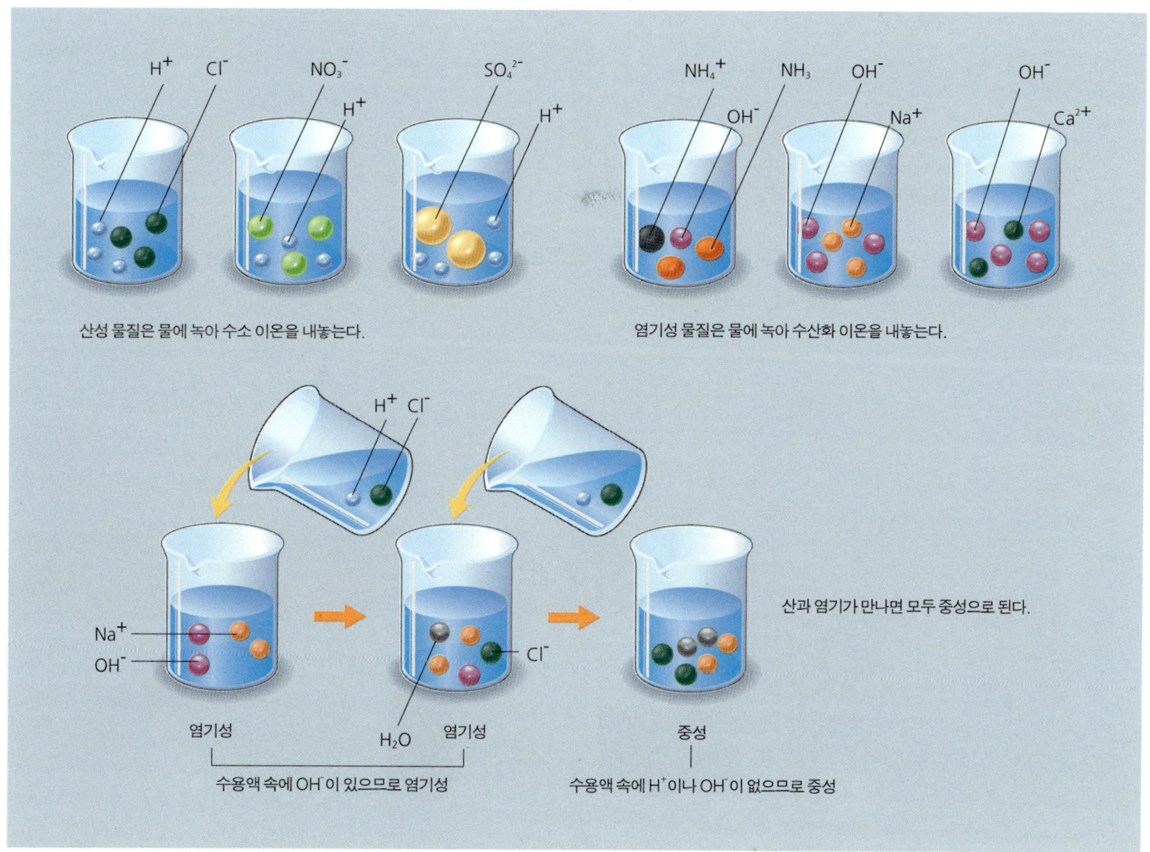

# 신맛 나는 과일이 왜 알칼리성 식품일까?

운동을 하고 난 후나 무더운 여름철에 많이 찾게 되는 음료로 알칼리성 이온 음료가 있다. 그런데 이 음료를 마셔 보면 알칼리성임을 확인할 수 있는 쓴맛은 느껴지지 않는다. 오히려 리트머스 종이로 시험해 보면 산성을 나타낸다. 또 사과나 귤 등은 신맛이 나는데도 알칼리성 식품으로 분류한다. 왜 그럴까?

우리가 매일 먹는 음식물은 크게 산성 식품과 알칼리성 식품으로 나눌 수 있다. 이런 구분은 겉으로 나타나는 특성으로 결정되는 것이 아니라, 그 식품을 우리가 먹었을 때 몸 속에서 분해되어 최종적으로 생성된 물질의 성질에 따라 결정된다. 즉, 산성 식품은 그 자체가 산성을 나타내는 식품이 아니라 몸 속에 들어와서 분해된 후 산성으로 바뀌는 식품을 말한다. 과일이나 주스는 신맛이 나서 산성 식품으로 생각하기 쉽지만 우리 몸 속에 들어와서 분해된 후 알칼리성으로 바뀌기 때문에 알칼리성 식품이다.

산성 물질인 염산($HCl$) · 황산($H_2SO_4$) · 질산($HNO_3$) · 탄산($H_2CO_3$) 등을 살펴보면 수소 이온을 만드는 원소인 수소($H$)를 제외하고 질소($N$) · 산소($O$) · 탄소($C$) · 황($S$) 등의 원소들이 구성 성분이라는 것을 알 수 있는데, 이들은 모

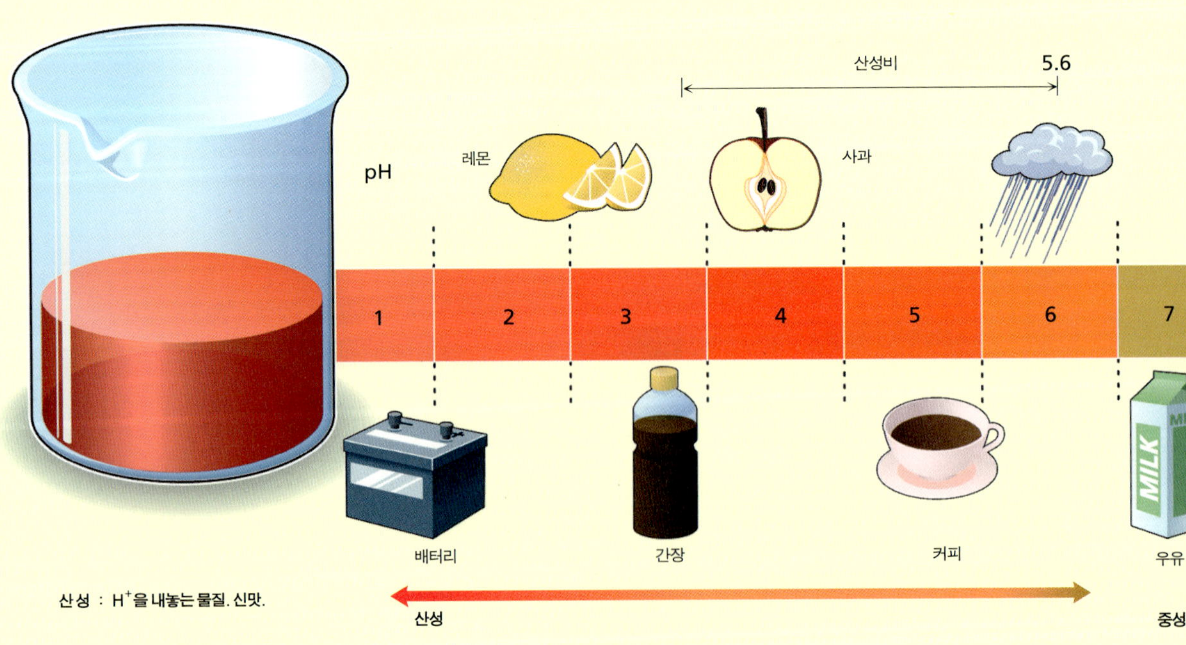

두 비금속 원소이다. 또 염기성 물질인 수산화나트륨(NaOH) · 수산화칼륨(KOH) · 수산화칼슘(Ca(OH)$_2$) · 수산화마그네슘(Mg(OH)$_2$) 등을 살펴보면 수산화 이온을 만드는 원소인 수소(H)와 산소(O)를 제외하면 나트륨(Na) · 칼륨(K) · 칼슘(Ca) · 마그네슘(Mg) 등이 그 구성 성분인데, 이들은 모두 금속 원소이다. 따라서 각 식품이 비금속 원소를 많이 함유하면 산성 식품이 되고, 금속 원소를 많이 함유하면 알칼리성 식품이 되는 것이다.

산성 식품에는 고기류 · 생선류 · 알류 등의 동물성 식품과 쌀 등의 곡류가 속하는데, 주로 단백질 · 탄수화물 · 지방 등의 3대 영양소를 많이 함유한 식품이 여기에 해당한다. 알칼리성 식품에는 채소 · 과일 등의 식물성 식품과 우유 · 굴 등이 있는데 주로 비타민 · 무기질 등의 영양소를 많이 함유한 식품이 여기에 해당한다.

결론적으로 알칼리성 이온 음료라는 말은 나트륨이나 마그네슘과 같은 금속 이온이 많이 들어 있다는 뜻이지, 실제 용액의 성질이 염기성이라는 의미는 아니다. 운동을 하고 나면 땀과 함께 몸에서 금속 이온들이 빠져 나가게 되는데, 이 때 알칼리성 이온 음료를 마시면 빠져 나간 이온들을 어느 정도 보충해 줄 수 있기 때문에 몸에 좋다고 하는 것이다.

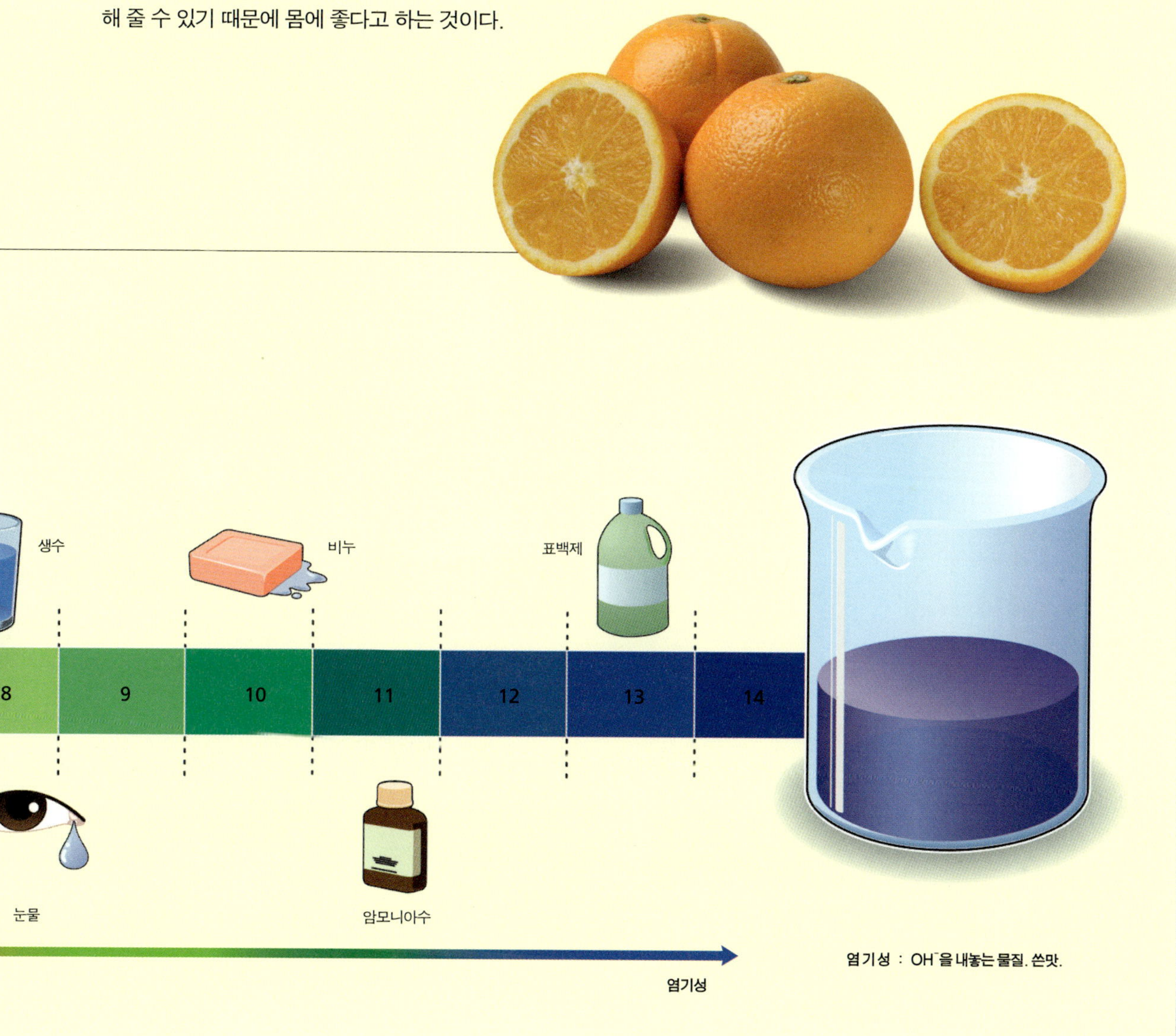

# 3 소화와 흡수

삼겹살을 아주 좋아하시는 우리 아버지. 그래서 오늘도 우리 가족 저녁 식사는 삼겹살 구이이다. 노릇노릇 잘 구워진 삼겹살을 입에 넣으니 살살 녹는다. 아, 이 흐뭇한 기분! 그런데 삼겹살은 내 뱃속에서 어떤 모양일까? 위 · 소장 · 대장을 지나면서 어떻게 변하기에 이 음식을 먹으면 힘이 솟는 걸까?

**| 음식을 먹는 이유 |** 우리는 먹지 않으면 살 수 없다. 배가 고프면 온몸에서 힘이 빠지고, 신경이 날카로워진다. 반대로 배가 부르면 기운이 솟고 심신이 느긋해져서 마음이 너그러워진다. 먹는다는 것은 사람을 포함하여 모든 동물들에게 활력을 주는 기본적인 활동이다.

우리 몸의 생명 활동은 뇌나 심장과 같은 특정 기관에서만 일어나는 것이 아니라 몸을 구성하고 있는 60조 개의 모든 세포에서 일어난다. 각각의 세포가 생명을 유지하기 위해서는 끊임없이 에너지가 공급되어야 하는데, 우리가 매일 먹는 음식물 속의 양분이 그 에너지원이 된다. 음식물 속의 양분은 소화, 흡수되어 혈관을 타고 온몸을 순환한다. 양분은

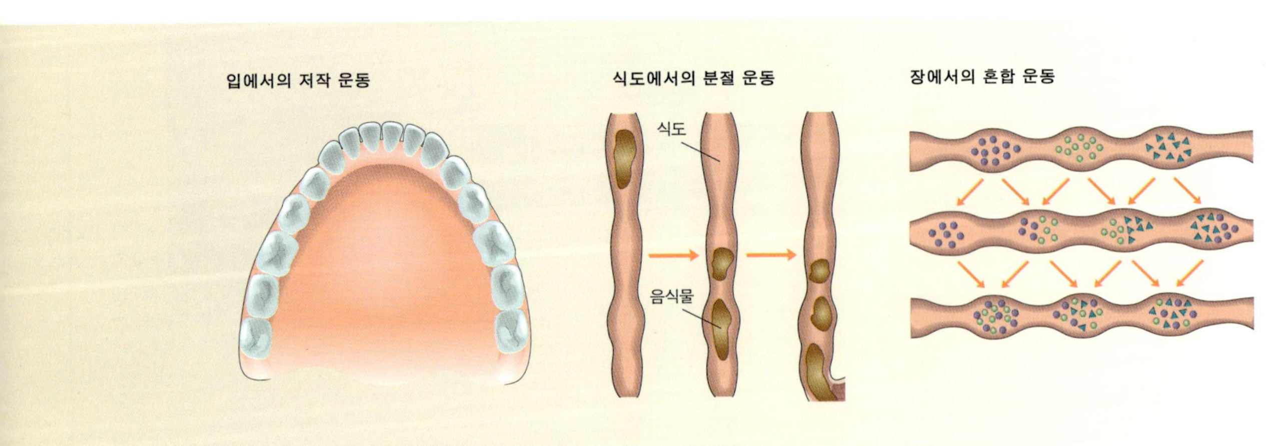

각 세포로 운반되어 산소와 결합하여 분해되면서 에너지를 만들어 낸다. 이 과정에서 불필요한 노폐물도 만들어진다. 따라서 우리가 살아가려면 양분과 산소는 계속 세포로 공급되어야 하고, 노폐물은 세포 밖으로 내보내져야 한다. 소화·호흡·순환·배설의 작용이 원활해야만 우리는 건강한 삶을 유지할 수 있다.

**| 기계적 소화와 화학적 소화 |** 우리가 먹은 음식물은 몸 속에서 흡수될 수 있도록 잘게 나누어져야 한다. 이러한 과정을 '소화' 라고 한다.

음식을 소화하는 방법은 2가지로 나누어 볼 수 있다. 첫째, 물질의 특성은 변화시키지 않고 소화 기관의 물리적 운동으로 음식물을 잘게 부수는 방법이다. 이러한 소화 방법을 * '기계적 소화' 라고 한다. 예를 들어, 고기는 주로 단백질로 이루어져 있는데, 고기를 다지고 또 다져서 아주 작은 크기가 되도록 나누었다면 단백질을 기계적으로 소화한 것이다. 그러나 아무리 작게 분쇄했다고 해도 단백질이 고분자 화합물이라는 사실은 변함이 없다. 이로 씹는 저작 운동과 소화관 내에 있는 음식을 잘게 나누는 분절 운동은 기계적 소화에 해당한다. 둘째, 음식물을 화학적으로 훨씬 더 작게 분해시키는 화학적 소화 방법이 있다. 단백질은 체내로 흡수되기에는 너무나도 큰 화합물인데, 화학적으로 분해시켜 아미노산이 되어야 흡수될 수 있다.

**| 소화가 이루어지는 과정 |** 소화 기관은 입·식도·위·소장·대장·항문으로 연결되어 있다. 소화 기관의 각 부분은 서로 이어져서 하나의 통로로 되어 있지만, 그 기능과 역할은 다르다.

소화는 음식물을 입 안에 넣고 씹어서 삼켰을 때부터 시작된다. 입에 음식물이 들어오면 이는 음식물 덩어리를 잘게 나누고 으깬다. 이 때 귀·혀·턱 밑에 있



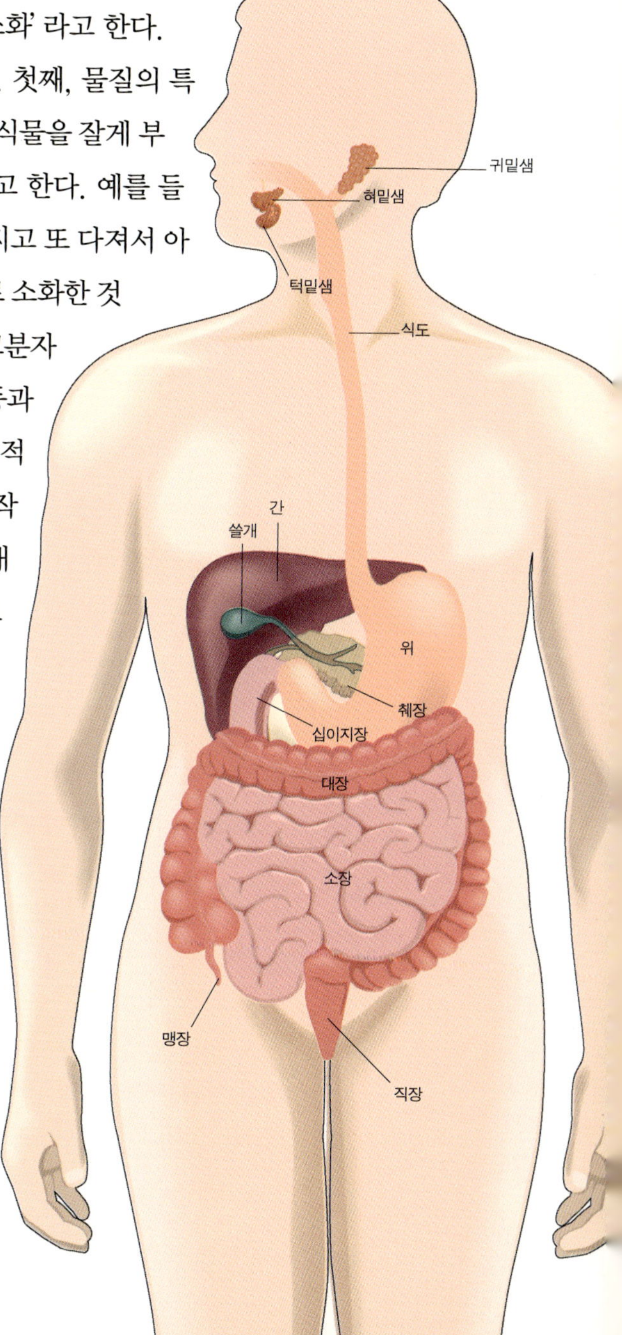

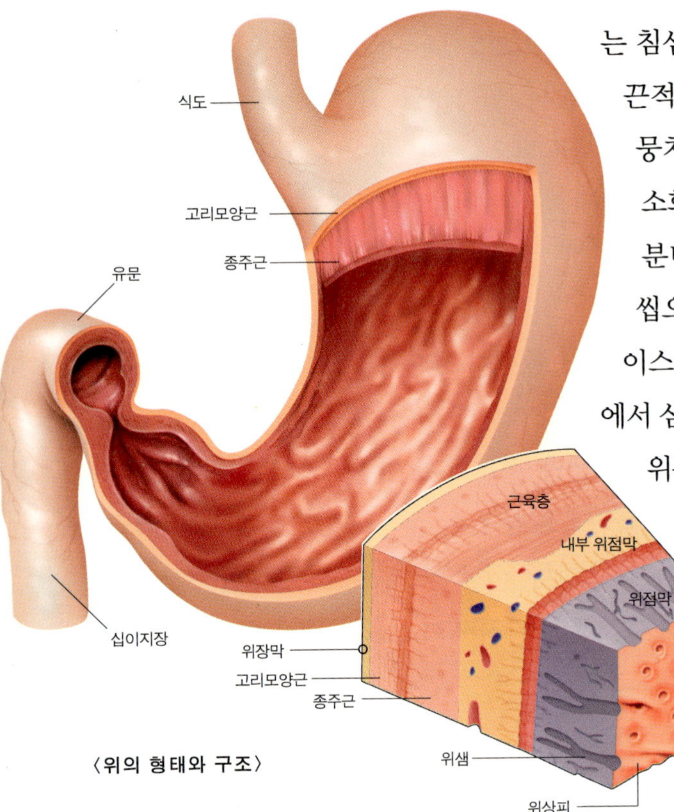



〈위의 형태와 구조〉

는 침샘에서 침이 분비되어 음식물과 섞인다. 침에는 끈적끈적한 점액이 들어 있는데, 이는 음식물이 잘 뭉쳐지도록 하는 역할을 한다. 또한 침 속에는 녹말 소화 효소인 아밀레이스가 함께 들어 있다. 하루에 분비되는 침의 양은 1.5~2ℓ 정도이다. 밥을 오래 씹으면 단맛이 나는 것도 침 속에 들어 있는 아밀레이스에 의해 녹말이 당분으로 분해되기 때문이다. 입에서 삼킨 음식물은 식도를 거쳐 위로 내려온다.

위는 자루 모양으로, 길이는 약 25cm이며, 지름은 위 속에 든 음식물의 양에 따라 달라진다. 위는 약 2ℓ의 음식물을 저장하는가 하면, 비워지면 공기가 빠진 풍선처럼 납작하게 줄어들기도 한다.

위에서는 소화 효소인 펩신과 위산이 섞인 위액이 분비된다. 펩신은 단백질을 소화시키고, 위산은 살균력이 강력하여 위에 들어 있는 내용물의 부패나 발효를 막는다. 위산의 주요 성분인 염산은 매우 강한 산성 물질이다. 그러나 위벽은 강산에서 견딜 수 있는 저항력이 강한 뮤신이라는 점액으로 덮여 있기 때문에 위산의 영향을 별로 받지 않는다. 이 점액으로 덮여 있는 한 위벽은 강산인 위액은 물론이고 어떤 자극성 강한 음식도 잘 견뎌 낼 수 있다. 우리 몸을 구성하는 주된 성분은 단백질인데, 위의 주성분도 역시 단백질이다. 만일 위벽에서 뮤신이 없어진 부위가 생기면 단백질을 소화시키는 펩신과 강한 산성인 염산이 그 부분을 파고들어가 소화시키고 말 것이다. 그 결과 소화된 위벽은 점막 깊은 곳까지 헐어서 짓무르게 된다. 이러한 상태가 바로 위궤양이다.

| 소화된 양분은 장에서 흡수된다 | 소장은 길이가 약 6m이고, 대장은 약 1.5m이다. 위와 연결된 소장의 가장 위쪽 부분을 십이지장이라고 한

다. 십이지장의 중간 부분에는 간에서 만들어져 쓸개에 저장되어 있는 쓸개즙과 이자액이 분비되는 관이 연결되어 있다. 이 관을 통해 강력한 소화 효소가 들어 있는 소화액이 흘러들어와 소장에서 혼합된다. 소장에서는 탄수화물은 포도당, 단백질은 아미노산, 지방은 지방산과 글리세롤로 소화되어 흡수된다.

소장의 안쪽 벽에는 주름이 많이 있고, 또 이 주름에는 융털이라는 돌기가 나 있다. 주름진 소장의 안쪽 면을 평평하게 펴 보면, 넓이가 200m²에 이른다. 이처럼 소장은 표면적이 넓기 때문에 영양소를 흡수하는 데 효율적이다.

소화 기관을 거치면서 소화, 흡수되고 남은 음식물의 찌꺼기들이 대장에 도착하면 대장에서는 수분을 흡수하여 변을 만든다. 대장에는 다행히 해가 없는 대장균이 있어서 다른 해로운 세균은 번식할 수 없다. 대장균은 인체에 아무런 해를 주지 않을 뿐만 아니라 음식물의 찌꺼기를 분해해서 비타민 등의 유익한 물질을 만들어 준다.

소화는 우리 몸 속에서 일어나는 물질의 변화 과정이다. 단순히 음식물의 크기만 작아지는 것이 아니라 화학적 성질도 변하게 된다. 물론 몸 안으로 흡수되어 에너지원으로 이용되기 위해서다. 이 과정에서 분비되는 소화 효소는 소화에 매우 중요한 역할을 한다.

**췌장**

인체에서 유일하게 내분비와 외분비를 동시에 하는 췌장은 소화 기관으로도 매우 중요하다. 위 사진은 투과 전자 현미경 사진으로 촬영한 것으로, 췌장의 소화 효소를 만들어 내고 있는 하나의 세포이다. 세포질 안에는 많은 효소를 합성하고 농축시켜 과립 형태(보라색)로 만들어서 소장으로 효소를 분비한다.

〈소장의 형태와 구조〉

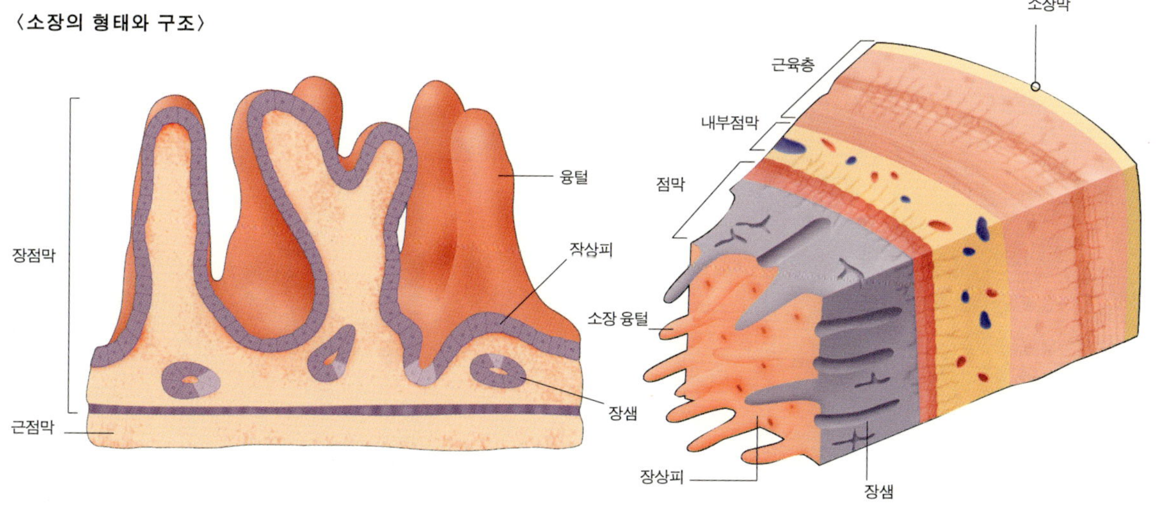


167

# 소화는 어떻게 이루어질까?

소화란 섭취한 음식물이 장에서 체내로 흡수되기에 적합한 크기로 분해하는 과정이다. 음식물의 소화를 위해 입·위·소장·대장과 같은 일련의 소화 기관이 연속적으로 연결되어 있다. 이와 더불어 간과 이자에서는 소화 효소를 생성 분비하여 소화 기관에서의 소화를 돕는다.

월요일 정오 12시

쳬장

**쳬장**
몸에 들어온 다양한 음식물의 소화를 돕기 위해서 여러 종류의 효소를 분비한다.

음식물

월요일 오후 3시

**위**
단백질의 화학적 소화가 처음 일어나기 시작한다. 단백질은 고분자 화합물이어서 몇 개의 큰 토막으로 나뉘어야 한다. 위에서 단백질은 펩신에 의해 펩톤으로 분해된다.

**십이지장**
위장과 소장이 연결되는 부위로 음식물이 지나갈 때 담낭에서 쓸개액과 쳬장에서 소화 효소가 나와서 음식물과 섞인다. 십이지장 안쪽에 있는 많은 융모는 소화된 음식물의 흡수를 돕는다.

**소장**
십이지장·공장·회장의 3부분으로 나뉘어 있으며, 길이는 약 6m이다. 탄수화물·지방·단백질이 모두 소화되어 흡수된다. 소장의 소화액은 pH8 정도의 약 염기성을 나타낸다.

**위점막**
주사전자현미경으로 촬영한 위점막. 점막에 붉은색으로 관찰되는 것이 헬리코박터 파이로리균이며, 이 세균은 사람의 위점막에 기생하는 세균으로 경우에 따라서 여러 가지 위장 질환을 일으킬 수 있다.

헬리코박터 파이로리균

월요일 오후 5시

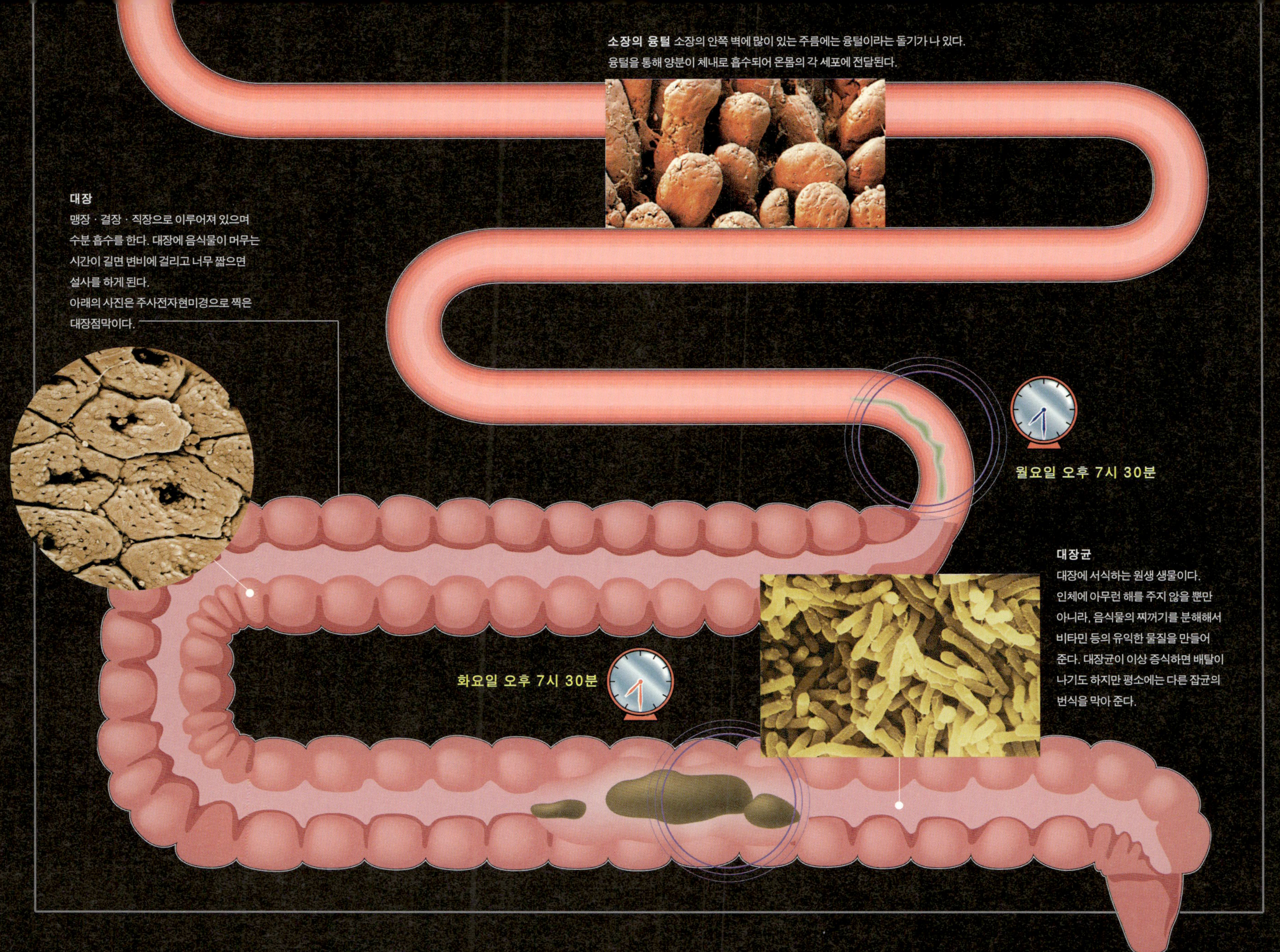

소장의 융털 소장의 안쪽 벽에 많이 있는 주름에는 융털이라는 돌기가 나 있다. 융털을 통해 양분이 체내로 흡수되어 온몸의 각 세포에 전달된다.

대장
맹장 · 결장 · 직장으로 이루어져 있으며 수분 흡수를 한다. 대장에 음식물이 머무는 시간이 길면 변비에 걸리고 너무 짧으면 설사를 하게 된다. 아래의 사진은 주사전자현미경으로 찍은 대장점막이다.

월요일 오후 7시 30분

화요일 오후 7시 30분

대장균
대장에 서식하는 원생 생물이다. 인체에 아무런 해를 주지 않을 뿐만 아니라, 음식물의 찌꺼기를 분해해서 비타민 등의 유익한 물질을 만들어 준다. 대장균이 이상 증식하면 배탈이 나기도 하지만 평소에는 다른 잡균의 번식을 막아 준다.

# 4 | 인체의 변화

아버지는 하루만 면도하지 않아도 수염이 덥수룩해진다. 나도 한동안 신경 쓰지 않고 있다 보면 머리카락이 어느 새 길게 자라 있다. 이처럼 우리 몸에서는 매순간 느끼지는 못하지만 어떤 변화가 일어나고 있다. 이런 변화는 어떻게 일어나는 걸까?

탄수화물이 많이 들어 있는 식품

탄수화물 구조도

**| 몸을 구성하는 성분 |** 우리의 몸은 67% 이상이 물로 이루어져 있다. 우리의 몸을 구성하는 성분을 무게에 따라 나누어 보면 물·단백질·지방·탄수화물 순으로 나타난다. 탄수화물·지방·단백질은 모두 몸을 구성하는 성분과 에너지원으로 쓰인다.

탄수화물은 우리 나라 사람들이 주로 먹는 밥이나 과일 등에 많이 포함되어 있다. 우리가 탄수화물을 많이 섭취하더라도 탄수화물은 몸의 구성 성분 중 약 1% 정도만 차지한다. 왜 그럴까? 탄수화물은 주로 에너지원으로 쓰이기 때문이다.

지방은 에너지원으로 쓰이거나, 피부 밑에 쌓여 우리 몸의 체온을 유지하는 데 쓰인다. 그런데 필요 이상의 양분을 섭취했을 때 여분의 양분은 주로 지방의 형태로 전환되어 저장된다. 비만인 사람은 이런 지방이 보통 사람보다

〈사람의 몸을 구성하는 성분〉

1% 탄수화물

4% 비타민, 무기염류

13% 지방

체내에 많이 쌓여 있다. 비만은 고혈압·심장병·뇌졸중·당뇨병 등 성인병의 원인이 된다. 대개 많이 먹고 잘 움직이지 않는 사람들이 비만 체형이 되기 쉬우므로 적게 먹고 많이 움직여야 비만을 예방할 수 있다.

단백질은 에너지원으로 쓰이기보다는 주로 우리 몸의 구성 성분이 된다. 우리 몸의 세포막, 체내에서 화학 반응을 촉진시키는 효소, 생리 기능을 조절하는 호르몬, 항체 및 근육 등이 모두 단백질에서 만들어진다.

| **단백질이 꼭 필요한 이유** | 육류·콩 등에 많이 들어 있는 단백질은 신체 내 모든 세포에서 발견되며 신체 조직의 성장과 유지에 매우 중요하다. 특히 성장기의 어린이의 경우 단백질이 부족하면 정상적인 성장이 이루어지지 않는다. 성장이 느려지는 것은 물론이고 심지어는 성장이 멈추기도 한다. 성인이라도 단백질이 부족하면 뇌의 신경 세포가 줄어들어 두뇌 활동이 저하되고, 체력이 약해진다.

사람은 스스로 단백질을 만들어 낼 수 없으므로 음식을 섭취하여 필요한 단백질을 만들어 낸다. 즉, 단백질을 섭취해서 분해하여 아미노산으로 만든 다음, 다시 내 몸에 맞는 단백질로 재구성하게 된다. 그런데 단백질은 우리 몸에서 어떻게 이용되고 있을까? 단백질은 손톱이나 발톱, 머리카락·피부·근육·뼈와 혈액의 주요 구성 성분이 된



단백질 구조도

단백질이 많이 들어 있는 식품

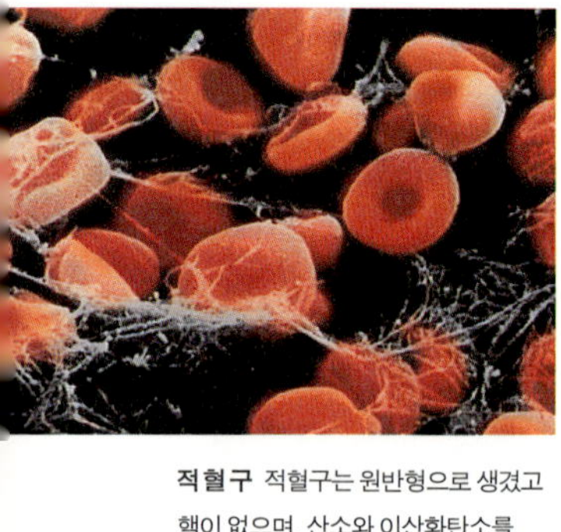

**적혈구** 적혈구는 원반형으로 생겼고 핵이 없으며, 산소와 이산화탄소를 운반한다. 혈액이 붉은 이유는 적혈구를 구성하는 단백질이 철(Fe)을 가지고 있어 산소와 결합하여 산화된 상태를 나타내기 때문이다. 적혈구는 혈액 1mm³당 450만~500만 개가 있다.

다. 그뿐만 아니라 호르몬·효소·항체 등의 구성 성분도 단백질이다.

호르몬은 여러 가지 기본적인 대사 과정을 조절해 주는 역할을 하는데, 갑상샘 호르몬·인슐린·아드레날린 등이 여기에 속한다. 효소는 탄수화물이나 지방, 단백질의 소화 및 물질대사를 촉진하는 역할을 한다. 항체는 병원균이나 세균성 이물질 등 여러 가지 항원이 체내에 들어왔을 때 몸을 방어하기 위해 만들어지는 단백질이다.

이처럼 다양하고 중요한 역할을 하는 단백질은 반드시 일정량이 공급되어야 한다. 단백질이 부족하게 되면 다음과 같은 이상 증세가 나타난다. 첫째, 성장이 제대로 이루어지지 않을뿐더러 피부도 거칠어지고 잔주름이 생기며 탄력이 떨어진다. 둘째, 혈중 콜레스테롤이 늘어나게 된다. 체내에서 다른 영양소를 이용하여 단백질을 만들려면 축적된 지방을 이용해야 한다. 이 때 지방이 혈관을 통해 이동하기 때문에 혈액 속에 콜레스테롤의 양이 늘어나게 된다. 셋째, 생리 불순이나 면역 저하 등의 증상이 나타날 수 있다. 넷째, 각질이 생기고 머리카락도 건조해지며 설사나 구토 등이 일어난다.

**백혈구** 백혈구는 불규칙한 모양의 핵을 가지고 있다. 백혈구는 혈액 1mm³당 약 8,000개가 있는데, 외부에서 들어온 세균을 직접 잡아먹는 식균 작용 등으로 우리 몸을 보호한다.

**혈소판** 불규칙한 모양을 하고 있는 혈소판은 몸에 상처가 났을 때 혈액을 응고시키는 역할을 한다. 혈액 1mm³당 25만~40만 개가 있다.

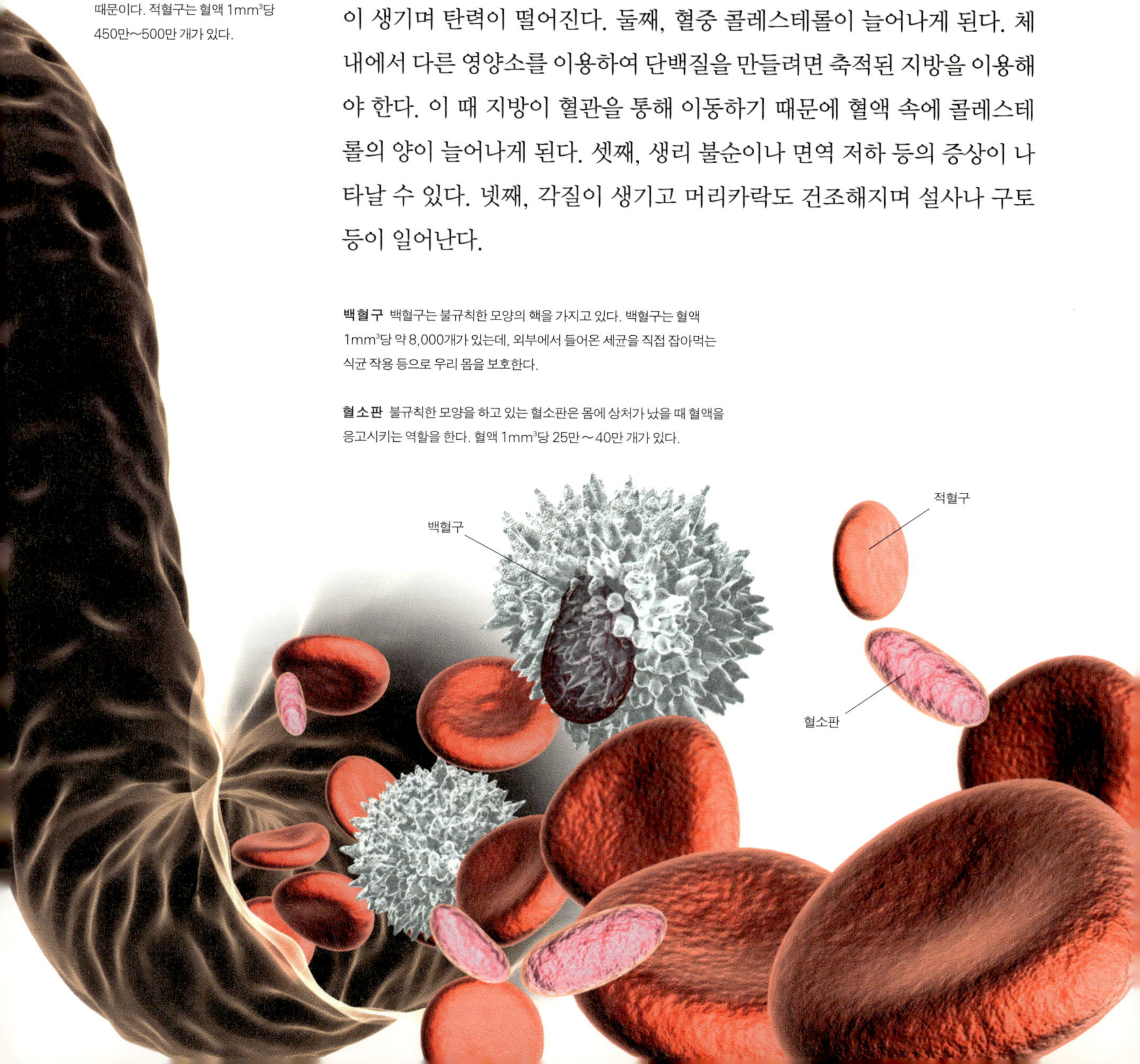

 우리의 몸에서는 항상 새로운 단백질이 만들어지고 있다. 혈액을 구성하는 적혈구·백혈구·혈소판도 단백질로 이루어져 있다. 적혈구는 우리 몸에서 산소를 운반하는 중요한 역할을 한다. 사람의 혈액이 붉은색을 띠는 것은 적혈구 속에 헤모글로빈이라는 색소가 들어 있기 때문이다. 적혈구의 수명은 약 120일이다. 백혈구는 몸 속에 들어온 세균을 잡아먹음으로써 우리의 몸을 보호하며 항체를 형성하는 작용을 한다. 백혈구의 수명은 2주일 정도이다. 혈소판은 지름 2~3㎛ 정도의 작은 조각이다. 혈소판은 몸에 상처가 났을 때 혈액을 응고시켜서 출혈을 막고 상처가 난 조직을 덮어서 보호하는 역할을 한다. 혈소판의 수명은 9~12일 정도이다.

피부 세포, 근육을 구성하고 있는 근육 섬유도 단백질이 주성분이다. 피부나 근육 섬유는 손상되지 않아도 시간이 지나면 세포를 구성하는 단백질이 새로운 성분으로 교체되며, 그 주기는 약 150일 정도이다. 그러므로 약 75일이면 몸을 구성하는 성분의 절반이 새롭게 바뀌는 것이다. 오줌은 단백질을 분해하면서 생긴 노폐물을 체외로 내보내는 역할을 한다.

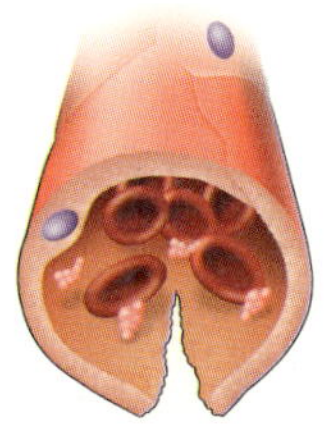

혈관벽이 손상됨.

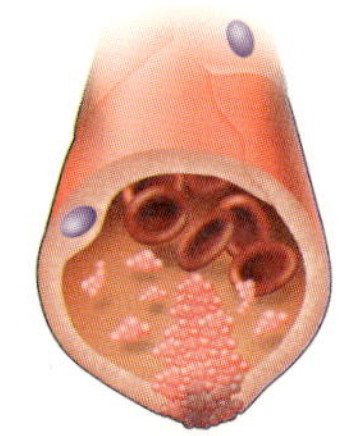

손상된 혈관 부위에 혈소판이 달라붙음.

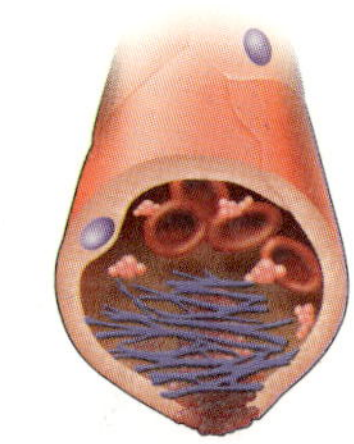

적혈구와 혈소판이 뭉쳐 마개를 형성함.

### 우리 몸에서는 왜 끊임없이 변화가 일어날까?

손톱·발톱·머리카락은 계속 자라기 때문에 깎아 주어야 한다. 또 피부도 우리가 모르는 사이에 새로 만들어진다. 피부 표면의 세포들은 죽어서 떨어져 나가고, 그 밑에 있는 새 세포가 올라온다. 목욕할 때 밀리는 때는 오래된 피부, 즉 죽은 피부 세포들이다. 이 세포들은 피부를 보호하는 역할을 하므로 때를 너무 심하게 밀면 피부가 충혈되고 세균에 감염될 수 있다.

이처럼 우리 몸 안에서는 끊임없이 변화가 일어나고 있다. 그렇다면 어제와 오늘의 내 몸이 달라졌다고 해서 전혀 새로운 성분으로 바뀌는 것일까? 그렇지 않다. 몸을 구성하는 단백질의 종류가 변하는 것이 아니라 단백질을 구성하는 아미노산이 새로운 것으로 교체되는 것이다. 마치 기계의 부품이 이상이 생기거나 오래되어 손상되었을 때 새것으로 교체하는 것과 같다. 우리 몸에서는 늘 새로운 부품을 갈아 끼우는 것과 같은 활동이 계속 일어나고 있다.

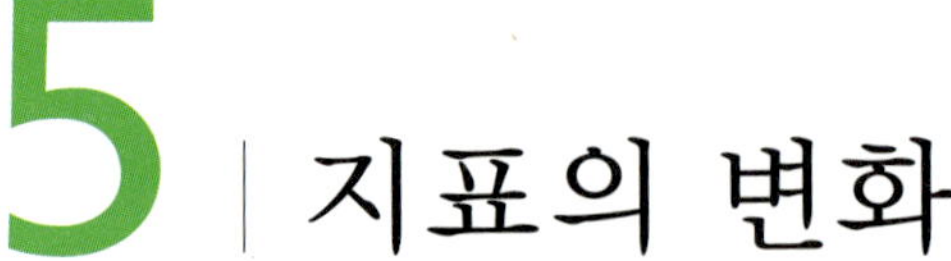

# 5 | 지표의 변화

눈 덮인 히말라야 산맥이나 거대한 골짜기 그랜드캐니언은 경이로움을 불러일으킬 정도로 아름답다. 이처럼 거대하고 아름다운 자연의 모습은 이전에도 같은 모습이었을까? 얼핏 지표에 나타난 모습은 전혀 변할 것 같지 않지만 과거와 현재의 모습이 다르고 앞으로도 달라질 것이다. 지표의 변화는 어떻게 일어날까?

**식물 뿌리에 의한 풍화**
바위 틈에 뿌리를 내린 식물이 성장하면서 암석의 틈을 점점 넓게 된다. 암석이 갈라져 틈이 넓어지면 풍화는 더욱 빠르게 진행된다. 이와 같이 암석이 잘게 부서지는 과정을 기계적 풍화로 구분하기도 한다.

**| 풍화에 따른 지표의 변화 |** 산에서 볼 수 있는 큰 바위는 언제나 같은 모습을 하고 있는 것처럼 보인다. 그러나 이런 바위도 오랜 세월 동안 비바람을 맞으면서 그 모습이 변해 간다. 이런 변화는 어떻게 일어날까?

아주 오래 전 뜨겁던 원시 지구가 식으면서 최초의 암석이 형성되었다. 그 후 지각을 구성하는 암석 가운데 지표 부근에 있던 암석이 오랜 시간에 걸쳐 변질되거나 잘게 부서지기 시작하였다. 이러한 과정을 거쳐 암석은 작은 돌조각이나 모래, 흙으로 변하여 토양을 형성하였다. 이처럼 단단하던 암석이 흙으로 변해 가는 과정을 '풍화' 라고 한다.

작은 돌멩이나 기묘한 절벽을 이루는 크고 작은 암석들은 이 순간에도 풍화를 받고 있다. 풍화를 일으키는 원인에는 물·공기·식물·중력 등이 있는데, 그 중에서도 물의 영향이 가장 크다. 왜 그럴까? 물은 대부분의 물질을 녹일 수 있는 독특한 성질을 갖고 있을 뿐 아니라 상태가 바뀔 때 부피가 크게 달라지기 때문이다. 물은 다른 물질과 달리 액체에서 고체로 변할 때 부피가 약 10% 정도 증가한다.



**결빙 작용에 의한 풍화**
암석 틈에 스며든 물이 얼면 부피가 늘어나면서 압력을 미치게 된다. 기온이 낮은 고산 지대에서는 물이 얼었다 녹았다 하는 과정이 반복되면서 암석이 점점 잘게 부서진다.

암석에는 크고 작은 틈이 있다. 이 틈 속으로 물이 스며들어 가면 암석에 섞여 있는 광물의 일부가 녹아 성분이 바뀌거나 광물의 결합력이 약해진다. 또 암석 틈으로 들어간 물이 얼면 부피가 늘어나기 때문에 틈이 넓어지는데, 이런 작용이 여러 차례 반복되면서 암석이 깨진다. 공기 중의 산소도 광물을 구성하는 성분 원소들과 결합하여 성질을 변화시킨다. 또한 암석 틈에서 자라는 식물의 뿌리나 이끼는 암석을 서서히 갈라지게 하고, 산비탈에서 중력에 의해 떨어지는 암석은 다른 암석들과 부딪치면서 깨지기도 한다. 이처럼 다양한 형태의 풍화가 진행되면서 지표의 모습은 끊임없이 변하고 있다.

| 침식·퇴적에 따른 지표의 변화 |  빗물은 땅 위를 따라 흐르면서 지표면을 깎아 내기도 하고, 흙과 모래를 낮은 곳으로 운반하여 쌓아 놓기도 하면서 지표를 변화시킨다. 흐르는 물이나 대기의 움직임으로 지표가 깎이는 현상을 '침식'이라 하고, 침식된 물질이 강바닥이나 바다 밑에 쌓이는 것을 '퇴적'이라 한다.

**암석의 풍화**

❶ 암석 표면에 이끼가 붙어 자라면 이끼에서 방출되는 화학 물질 등에 의해 암석의 성분이 변하고 암석을 구성하는 광물의 결합력이 약해진다. 이러한 현상은 화학적 풍화에 해당한다.

❷ 풍화된 암석들이 산비탈이나 낭떠러지 부근에 쌓여 있는 것을 볼 수 있는데, 이것을 테일러스라 하며 풍화의 흔적으로 볼 수 있다.

❸ 온난 다습한 지역의 암석층에서는 암석의 표면이 마치 양파 껍질처럼 벗겨지는 현상이 나타나는데, 이것을 박리 작용이라 한다. 지하에서 형성된 암석이 지표로 노출되면서 압력의 차이로 인해 표면과 나란한 틈이 생긴 결과이다.

❹ 오래 된 석상이나 비문 등은 그 원형이 크게 달라진 것을 볼 수 있다. 물·공기 등의 복합적 요인에 의해 점점 모습이 변해 가는 것이다.

**석회동굴** 석회암이 이산화탄소가 포함된 지하수에 녹아 흐르는 동안 이산화탄소가 빠져 나가면 다시 굳어지는데, 이 때 동굴 천장에서 굳어져 자라는 것이 종유석, 바닥에 떨어진 후 자라는 것이 석순이다. 종유석과 석순이 서로 자라 붙게 되면 기둥 모양의 석주가 형성된다.

지표를 따라 흐르는 물은 지속적인 침식과 퇴적을 일으킨다. 강의 상류에서 흔히 볼 수 있는 폭포나 V자 형의 가파른 골짜기 등은 침식에 의해 형성된 지형들이다. 그리고 산과 평지가 만나는 지역에 형성된 부채꼴 모양의 넓은 지형이나 강과 바다가 만나는 곳에 형성되는 삼각주 등은 퇴적이 만들어 낸 지형들이다. 흐르는 물은 지구상의 거의 모든 지역에서 지표의 모습을 변화시킨다.

빗물 가운데 일부는 지하로 스며든다. 이 때 이산화탄소가 녹아 약한 산성을 띠게 되는 지하수는 석회암을 녹이는 성질을 갖고 있어 석회동굴을 만들기도 한다. 석회동굴 속에는 종유석·석순·석주 등이 만들어진다. 우리 나라에서도 충청 북도나 강원도 등지에서 이런 석회동굴을 볼 수 있다. 충청 북도 단양의 고수 동굴이나 경상 북도 울진의 성류굴, 강원도 삼척의 관음굴 등이 이에 속한다.

해안 지역에서는 파도가 독특한 지형들을 만들어 낸다. 파도는 모래나 자갈을 옮겨 오기도 하고 휩쓸어 가기도 한다. 파도를 따라 움직이는 모래와 자갈은 바닷가의 암석을 깎아 내기도 한다. 바다 쪽으로 돌출한 지

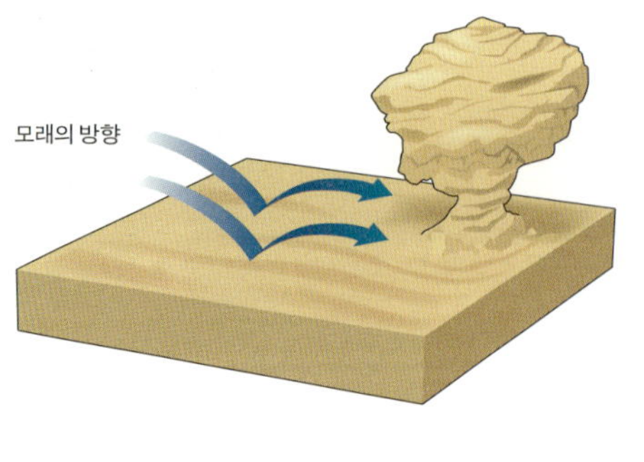



**버섯바위** 건조한 사막 지역에서 바람에 낮게 날리는 모래가 암석의 아래쪽을 침식하면서 버섯 모양의 바위가 만들어진다.

역에서는 오랜 시간에 걸쳐 일어나는 파도의 침식으로 암석이 깎여 나가면서 안쪽으로 해식동굴이 형성되고, 동굴이 무너지면서 경사가 가파른 해식 절벽 등이 형성된다. 이러한 침식 지형과 달리 육지 쪽으로 오목하게 들어간 지역에서는 백사장과 같은 퇴적 지형이 발달한다. 침식과 퇴적 지형들은 우리 나라 동해안에서 흔히 볼 수 있다.

우리 나라에서는 보기 어렵지만, 건조한 사막 지역에서는 바람에 의해 모래가 날린다. 이 때 삼릉석이나 버섯바위, 오아시스 등과 같은 침식 지형이 생기고, 사구와 같은 퇴적 지형이 발달하기도 한다.

극지방이나 높은 산에서는 눈이 녹지 않고 계속 쌓여 얼음으로 변한다. 이 얼음 덩어리는 낮은 곳으로 서서히 미끄러져 흘러내리게 되는데, 이를 빙하라고 한다. 빙하는 뾰족한 산봉우리인 혼이나 U자 형의 계곡과 같은 침식 지형과 빙퇴석 같은 퇴적 지형을 만들기도 한다.

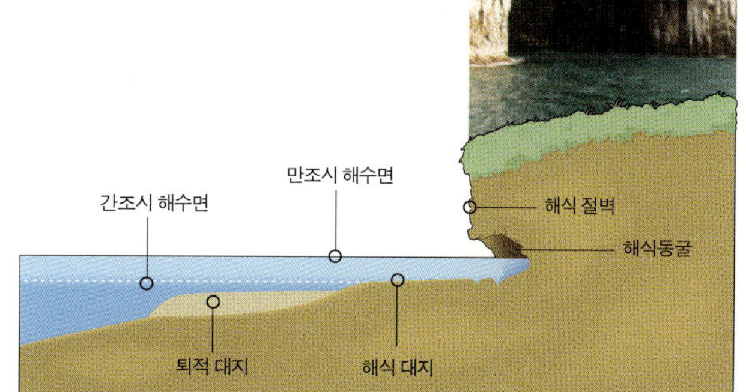


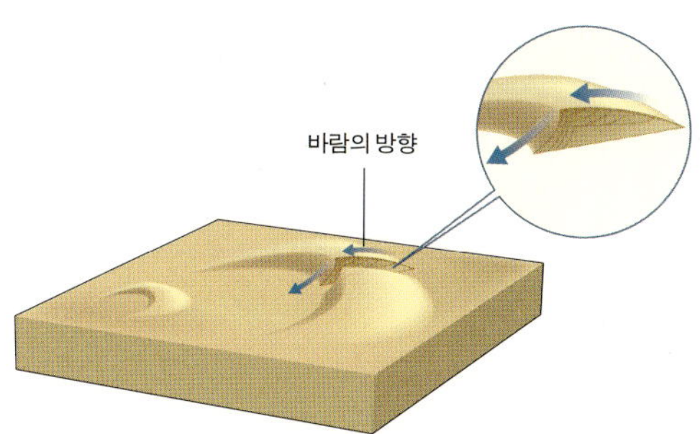


건조한 사막 지역에서 바람에 날리는 모래가 바람이 약해지는 곳에 쌓여 사구를 형성하는데, 바람이 부는 쪽의 경사는 완만하고 반대쪽의 경사는 급하다. 사구 중에서 초승달 모양으로 발달한 것을 '바르한' 이라 한다.

해안가에서는 파도의 침식에 의해 암석이 깎여 나가면서 해식 동굴이 형성되고, 위쪽의 암석이 무너져 내리면서 해식 절벽이 형성된다. 그리고 동굴의 위쪽에서는 깎여 나온 물질들에 의한 침식으로 평평한 해식 대지가 형성되고, 그 앞쪽에는 침식된 물질들이 쌓여 퇴적 대지를 만든다.

# 침식과 퇴적은 자연의 예술가

인간의 수명에 비추어 볼 때, 지표의 모습은 변하지 않는 것처럼 보인다. 그 변화가 매우 느리게 진행되기 때문이다. 그러나 지표의 모습은 끊임없이 변하고 있다. 때로는 홍수나 산사태 혹은 화산 활동 같은 자연 재해로 순식간에 변하기도 한다. 지표에서 오랜 세월 동안 풍화와 침식이 일어나면 지표의 모습은 어떻게 변할까? 당연히 높은 곳이 없어질 것이다. 높은 곳은 계속해서 깎여 나가고, 깎인 물질들은 좀 더 낮은 곳으로 이동하여 쌓이기 때문이다. 시간이 지날수록 지표는 점점 평평하게 변할 것이다. 하지만 지표면이 오랫동안 풍화와 침식, 퇴적을 받았는데도 평탄하지 않고 여전히 울퉁불퉁한 모습을 볼 수 있는 것은 지각의 운동 때문이다. 지구의 표면을 이루는 지각은 좀더 무거운 맨틀 위에 떠서 균형을 이루고 있다. 이것은 마치 물 위에 얼음이 떠 있는 것과 같다. 따라서 침식으로 가벼워진 지각은 위쪽으로 떠오르고, 그 후 풍화와 침식이 반복되면서 험준한 산맥과 골짜기를 형성하는 것이다. 지표에서 나타나는 특이한 지형들은 오랜 시간에 걸쳐 자연이 빚어낸 예술품이라 할 수 있다.

# 다이아몬드와 흑연의 엇갈린 운명

다이아몬드와 흑연은 둘 다 탄소(C) 원자로만 이루어져 있다. 최고의 보석으로 사랑받는 다이아몬드는 현재까지 알려진 가장 단단한 천연 광물이다. 그러나 흑연은 다이아몬드처럼 투명하지도 단단하지도 않다. 오히려 흑연은 무른 성질이 있어 연필심으로 많이 쓰인다.

똑같이 탄소 원자로 이루어져 있는데 이들의 운명을 갈라 놓은 것은 무엇일까? 물질의 성질은 그 물질을 구성하는 원자의 종류와 수에 따라 크게 달라진다. 그러나 같은 원자로 이루어진 물질이라도 원자의 배열에 따라 물질의 성질이 달라질 수 있다. 다이아몬드와 흑연의 운명은 그 구성 원자인 탄소 원자의 배열에서 찾아볼 수 있다.

1개의 탄소 원자는 4개의 다른 원자와 결합할 수 있다. 다이아몬드 내의 모든 탄소 원자는 다른 4개의 탄소 원자들과 결합하여 아래 그림과 같이 치밀한 그물 구조를 이룬다. 이러한 탄소와 탄소 사이의 결합은 매우 단단하여 잘 끊어지지 않기 때문에 단단한 다이아몬드 결정을 이루는 것이다. 한편, 흑연은 모든 탄소 원자가 다른 3개의 탄소 원자와 결합하여 육각형 모양이 계속 이어져 얇은 판 모양의 결합 구조를 만든다. 그리고 판과 판 사이에 탄소 원자끼리 또다른 약한 결합을 이룬다. 이 때 흑연을 구성하는 육각형의 탄소 결합은 잘 깨지지 않으나 판과 판 사이의 탄소 결합은 쉽게 깨진다.

다이아몬드의 원자 구조                    흑연의 원자 구조

다이아몬드는 인류의 역사에서 언제부터 사용했을까? 인도의 드라비다족은 기원전 7~8세기에 다이아몬드를 처음으로 사용했다고 한다. 로마 시대에는 왕후 귀족만 지닐 수 있는 귀중한 보석이었다. 지금도 값비싼 보석의 대명사로 불리는 다이아몬드는 실제로 공업적인 용도로 더 많이 쓰인다. 드릴·절삭공구·연마재 등에는 모두 다이아몬드가 이용된다.

천연 다이아몬드는 지구 내부에 있는 흑연으로부터 만들어진다. 지각 하부의 매우 높은 열과 압력에 의해 흑연을 구성하는 탄소의 결합 구조가 바뀌어 다이아몬드를 만드는 것이다. 이런 생성 과정에 착안하여 흑연으로 인조 다이아몬드를 만들어 내려는 노력들도 있었다. 인공 다이아몬드의 제조는 1950년대에 미국 제너럴 일렉트릭의 연구소에서 처음 성공하였다. 우리 나라에서도 1990년대부터 만들기 시작하여 몇몇 회사에서 제품으로 생산하고 있다. 그러나 수천 ℃의 고온과 수만 기압의 고압 상태에서 촉매를 사용해야 하기 때문에 비용이 많이 든다. 또 이 때 만들어지는 인조 다이아몬드는 그 크기가 매우 작은 미립 결정이 대부분이고, 이것들은 대부분 공업용으로 이용된다. 최근에는 가스를 분해해 고체를 얻는 방법으로 저압에서도 다이아몬드를 얻을 수 있다고 하는데, 이것 역시 공업용으로 사용되는 매우 작은 다이아몬드라고 한다.

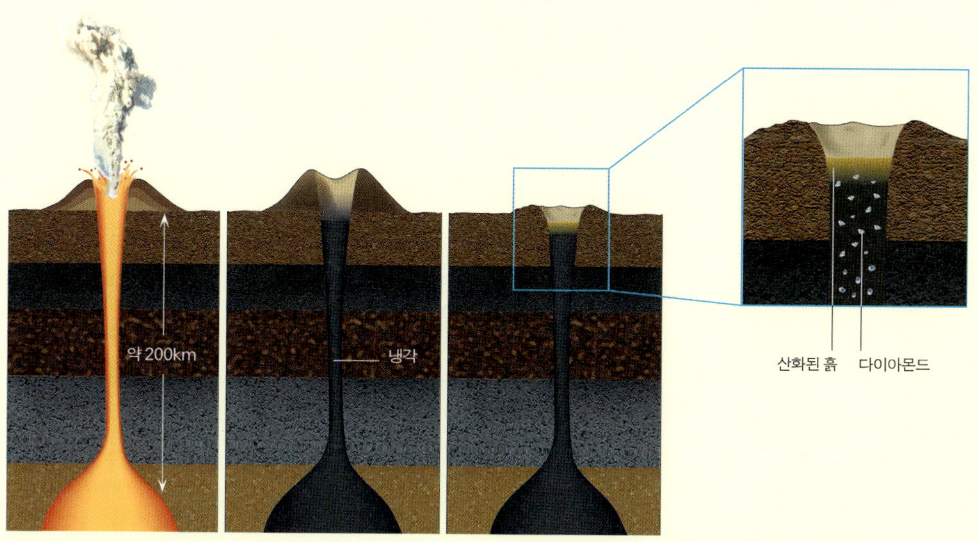


**다이아몬드가 생성되는 원리** 다이아몬드가 생성되는 근원암은 감람석의 일종인 킴벌라이트이다. 이 킴벌라이트는 지하 160~320km에 위치한 화산암체의 일부를 구성하고 있는데, 이 곳의 높은 온도와 압력 조건하에서 생성된 다이아몬드는 마그마의 급격한 상승 운동에 의해 지표 부근으로 이동한다.

# 공기로 빵을 만든 과학자, 하버

프리츠 하버 Fritz Haber, 1868~1934

지금부터 불과 100여 년 전만 해도 인구의 폭발적인 증가에 따른 식량 부족은 인류가 해결해야 할 가장 큰 문제였다. 농경이 시작된 이래 인류는 식량을 거의 토지에 의존해 왔다. 토지에서 생산되는 식량의 주된 유기 구성 성분은 탄소·수소·산소·질소 등이다. 이 중 탄소·수소·산소는 공기 중의 이산화탄소와 땅 속의 물에서 얻는다. 생물체를 구성하는 단백질의 주요 성분인 질소는 대기 중에 78%나 포함되어 있지만 식물은 공기 중의 질소를 직접 흡수하지 못하고 흙을 통해 흡수한다. 옛날부터 척박해진 땅에는 콩을 심었는데, 콩과 식물은 뿌리에 기생하는 뿌리혹박테리아를 이용해 질소를 흡수할 수 있기 때문이다. 그러나 콩과 식물에 의존하여 질소를 얻는 데는 한계가 있었다. 따라서 식량 생산량을 늘리기 위해서는 질소 성분을 포함하는 비료를 외부에서 공급해 주어야 했다. 오래 전부터 이러한 비료로 퇴비나 동물의 배설물을 이용해 왔는데, 19세기 초에는 칠레 사막에서 발견된 초석($NaNO_3$)이 질소 비료의 문제를 다소나마 해결해 주었다. 그러나 이것도 얼마 후 바닥을 드러내면서 질소 비료 공급원을 시급히 찾아야만 했다.

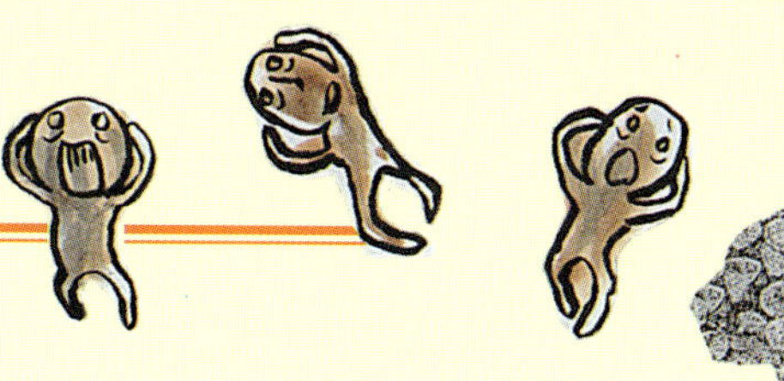

이 때 독일의 화학자 하버가 질소 비료에 사용되는 암모니아를 대
량 생산할 수 있는 길을 열었다. 하버는 물을 전기 분해해서 얻은 수소와 공
기 중의 질소를 높은 온도와 압력에서 철 촉매를 이용하여 반응시킴으로써 암모니아
를 얻는 방법을 개발한 것이다. 이후 1913년 하버는 보슈Carl Bosch, 1874~1940와 협력하여 하
루에 20t의 암모니아를 공업적으로 생산하기 시작하였다.

　하버와 보슈의 암모니아 합성법은 퇴비와 천연 비료에만 의존하던 농업을 개선해 식량
생산량을 향상시키는 데 기여함으로써 인류를 굶주림의 공포에서 해방시켜 주었다. 그래
서 공기에서 식량을 생산하는 하버의 암모니아 합성법은 인류 역사상 가장 위대한 발견
가운데 하나로 인정받고 있다. 하버와 보슈는 이 업적으로 각각 1918년과 1931년에 노
벨 화학상을 수상했다.

　오늘날 세계적으로 농경지에 뿌려지는 질소 비료의 약 40%가 하버-보슈 공정을 통
해 합성된 비료이다. 사람이 섭취하는 단백질의 약 75%가 직접 또는 간접적으로 농작물
에서 나온다면 전 인류가 섭취하는 단백질의 약 3분의 1이 하버가 개발한 질소 비료에서
나오는 셈이다.

　하지만 하버의 암모니아 합성은 인류에게 커다란 재앙을 안겨 주기도 했다. 하버가
대량 생산한 암모니아는 쉽게 폭약을 생산할 수 있는 질산으로 바뀔 수 있었기 때문이
다. 하버가 제1차 세계 대전 때 독일의 승리를 앞당기기 위해 개발한 염소 가스는 실제 전
투에 사용되어 많은 사람에게 치명적인 해를 입혔다.

　인류에게 빛과 재앙을 동시에 가져다준 하버의 생애는 과학의 성과물이 인류에게 어떻게
이용되어야 하는지, 또 그 과정에서 과학자는 어떤 역할을 해야 하는지를 잘 보여 주는 사례
라고 할 수 있다.

# 6 전기와 자기

# 1 | 정전기의 발견

건조한 겨울철이 되면 자동차문의 손잡이를 잡는 순간 손이 찌릿찌릿하여 놀라는 경우가 있다. 머리를 빗을 때 빗에 머리카락이 달라붙거나 옷을 벗을 때 '따딱' 소리가 나기도 한다. 어떤 때에는 불꽃이 생기기도 하는데, 이런 현상은 왜 생기는 걸까?

**|인류는 언제 전기를 알았을까?|** 호박은 나무에서 흘러나온 액이 돌처럼 단단하게 굳어 만들어진 보석이다. 문지르면 아름다운 광택을 내어 그리스 사람들은 장식품으로 애용하였다. 호박으로 장식품을 만드는 마지막 공정은 헝겊으로 호박 표면을 문질러 닦는 일이었다. 그러나 닦으면 닦을수록 작은 종잇조각이나 마른 나뭇잎 부스러기 등이 호박에 달라붙었다. 호박에서 이런 현상이 일어난다는 사실을 처음 확인하여 기록으로 남긴 사람은 철학자 탈레스였다.

전기의 역사는 여기에서 시작된다. 당시의 사람들은 이와 같은 정전기 현상이 왜 일어나는지 몰랐기 때문에 이를 단지 신비한 힘으로만 여겼다. 심지어는 호박 속에 신이 숨어 있다고 생각하여 멀리한 사람도 있었다.

그리스 시대에 발견된 정전기 현상은 사람들의 관심을 특별히 끌지 못했다. 2,000년의 시간이 흐른 후 영국의 과학자 길버트William Gilbert, 1540~1603가 처음으로 정전기를 과학적인 연구 대상으로 간주하였다. 그는 여러 가지 물체를 문질러 보고 유황·유리·보석류·가죽·면 등도 호박과 같은 현상이 나타난다는 사실을 발견하였다.

**|정전기 현상을 본격적으로 연구하다|** 길버트는 호박이나 자석 등을 이용하여 전기에 관한 재미있는 실험을 많이 하였고, 이후 정전기 현상을

**정전기 유도**
전기를 띤 물체를 다른 물체에 가까이할 때, 전기를 띤 물체와 가까운 쪽은 다른 종류의 전기를 띠고, 먼 쪽은 같은 종류의 전기를 띠는 현상을 말한다.

탐구하는 여러 연구가 이루어졌다. 먼저, 전기를 연구하려면 전기를 대량으로 쉽게 만들어 내는 장치가 필요했다. 1660년 독일의 과학자 게리케Otto von Guericke, 1602~1686는 정전기를 대량으로 만들어 낼 수 있는 장치를 발명하였다. 그는 이 실험 장치를 이용하여 전기는 끌어당기기만 하는 것이 아니라 밀어내기도 한다는 사실을 발견하였다. 또 전기를 띤 물체 옆에 전기를 띠지 않은 물체를 놓으면 그 물체도 전기를 띠게 되는 현상을 발견하였다.

1729년 영국의 물리학자 그레이Stephen Gray, 1670~1736는 여러 실험을 통해 모든 물질은 금속과 같은 도체와, 유리와 같은 절연체로 나눌 수 있음을 증명하였다. 그는 "도체나 절연체 모두 전기가 발생한다. 그러나 도체는 전기가 쉽게 빠져 나가기 때문에 정전기 현상이 나타나지 않고, 절연체에서는 전기가 움직이지 않기 때문에 정전기 현상이 나타난다."고 설명하였다. 이 때부터 움직이지 않고 한 곳에 머물러 있는 전기, 즉 정전기 개념이 생겨나기 시작하였다.

**게리케가 만든 마찰 발전기**
유황으로 만든 크고 둥근 구를 축에 끼워 돌리면서 건조한 손바닥으로 문질러 구가 전기를 띠게 한다. 이 구를 다른 물체와 접촉시키면 물체가 전기를 띠게 된다.

|**정전기 현상은 왜 일어날까?**| 물체를 문지르면 마찰열이 발생한다. 서로 다른 두 물체를 문지를 때 발생하는 이 열에너지에 의해 한 물체에서 다른 물체로 전자가 이동한다. 이 때 전자를 잃은 물체는 전체적으로 (+)전하로 *대전되고, 전자를 얻은 물체는 (−)전하로 대전된다. 이와 같은 과정으로 정전기 현상이 일어난다. 물질 중에는 전자를 주로 주는 것이 있고, 반대로 즐겨 받는 것이 있다. 전자를 즐겨 주는 물질을 순서대로 나열해 보면 다음과 같다.

대전
중성인 물체가 (＋)전기 또는 (−) 전기를 띠는 현상을 말한다.

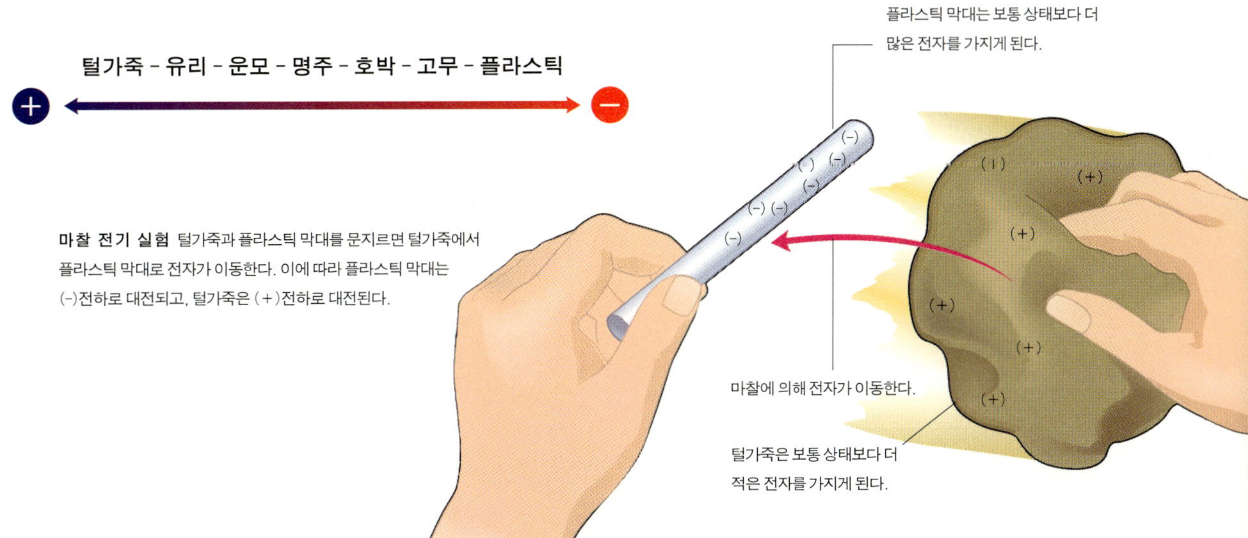


**마찰 전기 실험** 털가죽과 플라스틱 막대를 문지르면 털가죽에서 플라스틱 막대로 전자가 이동한다. 이에 따라 플라스틱 막대는 (−)전하로 대전되고, 털가죽은 (＋)전하로 대전된다.

**톰슨 Joseph John Thomson, 1856~1940**
영국의 물리학자. 1897년에 전자를 발견하여 원자 구조에 대한 지식을 혁명적으로 변화시키는 데 공헌했다.

이 마찰 전기 순서에서 왼쪽의 물질은 전자를 주기 쉽고, 오른쪽의 물질은 전자를 얻기 쉽다. 따라서 이 중의 두 물체를 마찰하면 왼쪽 물질의 전자가 오른쪽 물질로 옮겨 간다. 그러면 왼쪽 물질은 (+)전하, 오른쪽 물질은 (−)전하를 띠게 된다. 예를 들어 호박을 털가죽으로 문지르면 털가죽은 (+)전하로, 호박은 (−)전하로 대전된다. 그러나 호박을 고무로 문지르면 호박은 (+)전하로, 고무는 (−)전하로 대전된다.

**|정전기 현상을 일으키는 물질, 전자|** 19세기 말 전자가 발견되고 20세기에 들어와서 원자의 구조가 밝혀지면서 비로소 정전기 현상을 과학적으로 설명할 수 있게 되었다. 1897년에 톰슨이 전자electron의 존재를 밝혀내면서 전기에 대한 본격적인 연구가 이루어졌다. 톰슨은 전자의 질량이 수소 원자의 약 1,837분의 1이며, 모든 원소에 공통으로 들어 있는 물질이라는 것을 발견하였고, 이후의 연구에서 이 입자가 전기 현상을 일으키는 근원 물질이라는 것이 알려지게 되었다. 전자의 발견으로 물질을 구성하는 기본 입자인 원자에 대한 연구도 활발해졌다. 톰슨은 1903년 '건포도 원자 모형'을 제시하였다. 즉, (+)전하를 띤 공 속에 (−)

톰슨은 1903년 '건포도 원자 모형'을 제시하였다. (+)전하를 띤 공 속에 (−)전하를 띤 전자들이 박혀 있다고 생각하였다.

원자핵을 발견한 러더퍼드는 원자핵을 중심으로 전자들이 돌고 있다고 생각하였다. 그러나 전자들이 어떻게 안정적으로 핵 주위를 돌 수 있는가를 설명하지 못했다.

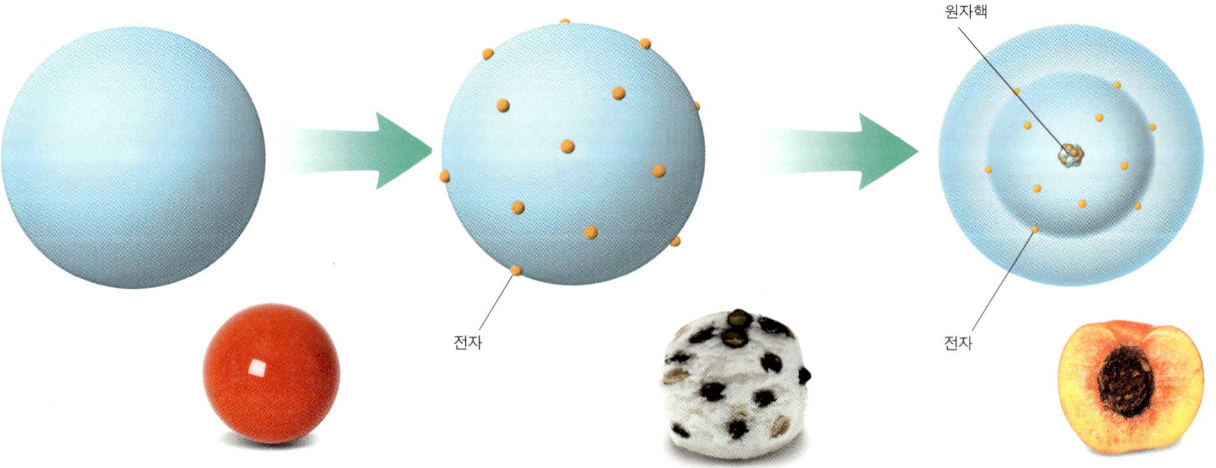

전하를 띤 전자들이 박혀 있다고 생각한 것이다. 톰슨의 건포도 모형은 러더퍼드와 보어 <sup>Niels Bohr, 1885~1962</sup>의 원자 모형에 영향을 끼쳤다. 원자핵을 발견한 러더퍼드는 원자핵을 중심으로 전자들이 돌고 있다고 생각하였다. 그러나 전자들이 어떻게 안정적으로 핵 주위를 돌 수 있는가를 설명하지 못했는데, 보어가 이를 체계화함으로써 러더퍼드의 고민을 해결하였다. 그 후 러더퍼드의 밑에서 원자핵 구조를 연구하던 채드윅 <sup>James Chadwick, 1891~1974</sup>은 1932년 중성자를 발견함으로써 원자핵이 양성자와 중성자로 이루어졌다는 사실을 알아내었다.

오늘날에는 원자의 가운데에 원자핵이 있고, 원자핵은 (+)전기로 대전된 양성자와 전기를 띠지 않는 중성자로 구성되어 있으며, 이 원자핵의 주위를 (−)전하를 띤 몇 개의 전자가 빙글빙글 돌고 있다고 알려져 있다.

전자의 수는 원자의 종류에 따라 다르지만, 1개의 원자 안에 있는 양성자가 갖는 (+)전하의 총량과 전자가 갖는 (−)전하의 총량은 같다. 따라서 겉으로는 전기를 띠지 않는 상태가 된다. 전자는 몇 개의 정해진 궤도에서 원자핵 주위를 돈다. 이 중 가장 바깥쪽의 궤도를 돌고 있는 전자는 원자핵에서 가장 먼 위치에 있기 때문에 양성자의 인력이 약하다. 따라서 밖에서 에너지가 주어지면 튀어나와 근처의 원자로 옮겨 갈 수 있다.

보어는 원자 내의 전자들은 양자화된 특별한 에너지를 가진 궤도에서만 돌고 있다는 모형을 제시하였다. 이를 통해 수소 원자의 미세 구조를 해명하고, 수소 스펙트럼 문제를 완벽하게 수학적으로 풀었다.

# 2 | 흐르는 전기, 전류

무더운 여름날 밤, 갑자기 정전이 되자 집 안은 아수라장으로 변했다. 에어컨은커녕 선풍기도 돌아가지 않고 샤워도 못 하고, 게다가 내일은 시험을 치르는데…… 평소에는 스위치만 켜만 들어오던 전기가 새삼 고마울 따름이다. 전기는 도대체 어떻게 흐르길래 이렇게 한순간에 멈추는 걸까?

|**전자들의 흐름, 전류**| 물의 높이가 다른 두 물통을 연결하면 높은 물통에 있는 물이 낮은 물통으로 흐른다. 이 때 물을 흐르게 하는 에너지원은 두 물통의 수압차이다. 두 물통의 수압차가 클수록 물의 흐름은 빨라지고, 수압차가 작을수록 물의 흐름은 느려진다. 또 물의 높이가 같아지면 물은 더 이상 흐르지 않게 된다. 물을 계속 흐르게 하려면 펌프를 이용하여 수압차를 계속 유지시켜 주어야 한다.

전기 회로에서 전자가 도선을 따라 흐르기 위해서도 에너지원이 필요하다. 그 역할을 하는 것이 전지이다. 전지에서 (+)극은 전위가 높고, (−)

**전류의 방향**

전자의 존재를 알지 못하던 때에 과학자들은 전류의 방향을 전지의 (+)극에서 도선을 따라 (−)극으로 흐른다고 약속하였다. 그 후 전류는 전자의 흐름으로 밝혀졌지만, 전류의 방향은 그대로 사용하기로 하여 전류의 방향과 전자의 이동 방향이 반대가 되었다.

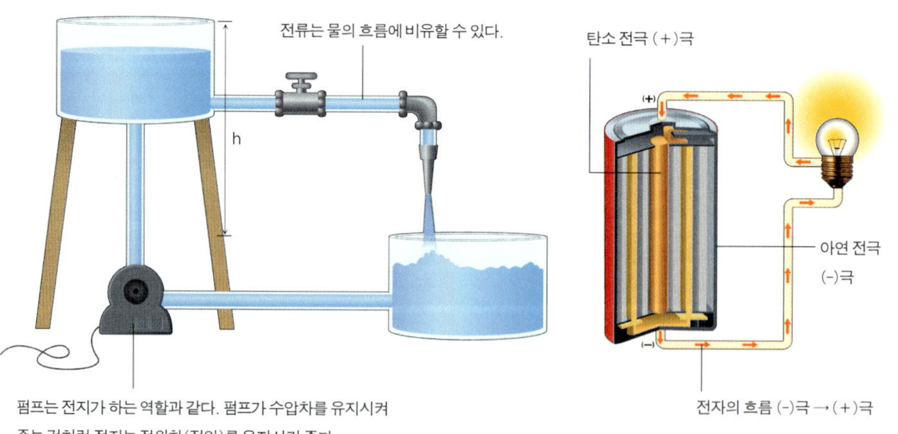


펌프는 전지가 하는 역할과 같다. 펌프가 수압차를 유지시켜 주는 것처럼 전지는 전위차(전압)를 유지시켜 준다.

극은 *전위가 낮다. 두 극 사이의 전위 차이를 '전위차' 또는 '전압' 이라고 한다. 전압의 기호는 $V$이고, 단위는 볼트(V)를 사용한다.

전위차에 의해 전자들은 (−)극에서 도선을 따라 (+)극으로 이동한다. 이러한 전자들의 흐름을 '전류' 라고 한다. 전류란 전하를 띤 입자들의 흐름이다. 과학자들은 전류가 흐르는 방향을 (+)극에서 (−)극으로 정하였다.

전지와 같은 화학 전지를 회로에 연결하면 전자들이 일정한 방향으로 움직인다. 이와 같이 도선 내에서 전자들이 한 방향으로 움직일 때 생기는 전류를 '직류' 라고 한다. 그러나 전기 에너지를 만들기 위해 전자들이 한 방향으로만 움직일 필요는 없다. 도선 속에 있는 전자들이 움직이는 방향이 바뀌더라도 전류가 흐를 수 있다. 이와 같이 도선 내에서 전자들이 움직이는 방향이 주기적으로 바뀔 때 생기는 전류를 '교류' 라고 한다. 가정에서 사용하는 전기는 교류이다. 60Hz의 교류가 흐른다는 것은 전자들이 1초에 120번씩 방향을 바꾼다는 것을 의미한다.

| **전류의 세기** | 파이프 속에 물이 흐르고 있다고 가정해 보자. 파이프 속에서 흐르는 물의 세기는 단위 시간당 파이프 끝에서 나오는 물의 양을 측정하면 된다. 마찬가지로 도선 속에서 흐르는 전류의 세기도 같은 방법으로 나타낼 수 있다.

*전류의 세기는 회로의 어떤 지점을 1초 동안에 지나는 전자의 수로 나타낼 수 있다. 1초 동안 지나가는 전자의 수가 많으면 전류의 세기는 세고, 전자의 수가 적으면 전류의 세기는 약하다.

전류의 기호는 $I$이고, 단위는 암페어(A)를 사용한다. 1암페어의 전류가 흐를 때 도선의 어떤 지점을 1초 동안에 지나가는 전자의 수는 $6.25 \times 10^{18}$개이다.

| **전류의 흐름을 방해하는 저항** | 전지와 전구를 연결한 회로에 전류가 흐르면 불이 켜진다. 이 때 전자는 구리 도선 안에서는 쉽게 이동한다. 그러나 전자가 전구의 필라멘트에 도착하면 필라멘트의 저항이 너무 커



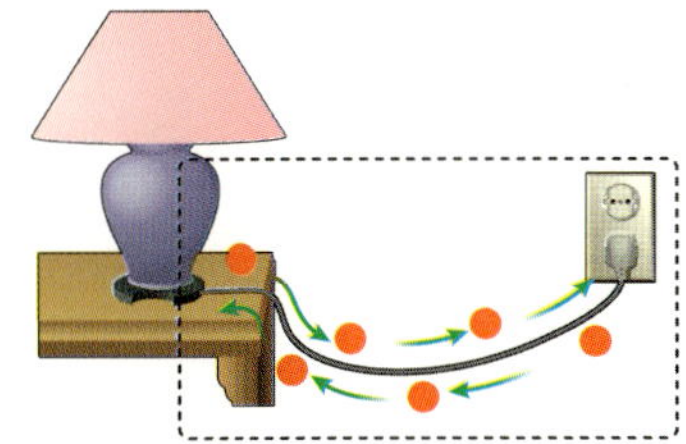

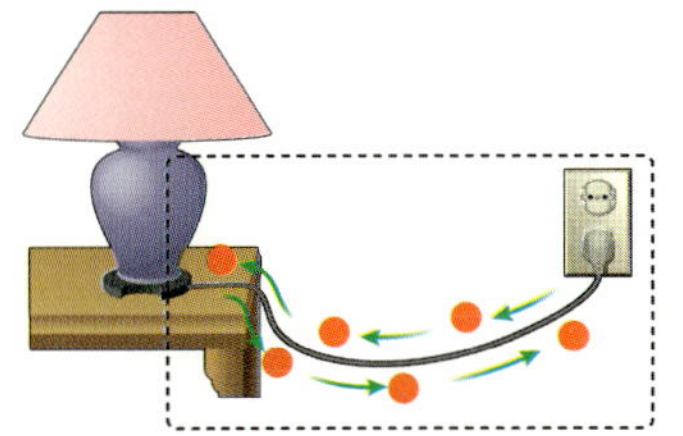

교류
가정에 공급되는 전기는 60Hz이므로, 전자의 운동 방향이 1초에 120번씩 바뀐다.

전류의 세기
1암페어(A)는 1초 동안에 1쿨롱(C)의 전하량이 지나가는 전류의 세기를 말한다. 전자 1개가 가진 기본 전하량이 $1.6 \times 10^{-19}$C이므로, $6.25 \times 10^{18}$개의 전자가 모여야 1쿨롱이 된다.

옴 Georg Ohm, 1789~1854
독일의 물리학자로 1827년에
전압 · 전류 · 저항 사이의 관계를 밝힌
'옴의 법칙'을 발표하였다. 저항의 단위를
그의 이름을 따서 옴(Ω)이라고 부른다.

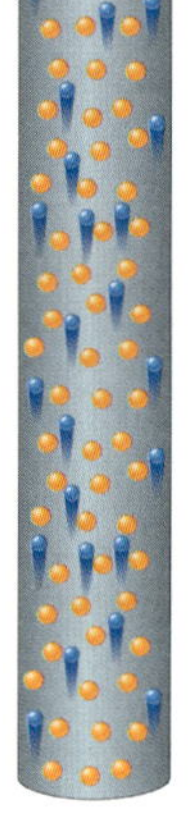
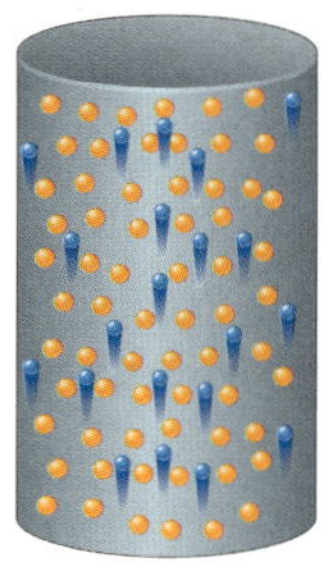



도선의 길이와 굵기에 따른 저항
가늘고 긴 도선은 굵고 짧은 도선보다
저항이 크다.

서 쉽게 흐르지 못한다. 이 때 필라멘트에서는 전자가 가진 전기 에너지가 열에너지와 빛에너지로 바뀐다.

구리 도선과 필라멘트의 예처럼 도선의 종류에 따라 전자의 흐름을 방해하는 정도는 다르다. 이와 같이 전자의 이동을 방해하는 것을 '전기 저항' 또는 줄여서 '저항'이라고 한다. 저항의 기호는 $R$이고, 크기를 나타내는 단위는 옴(Ω)을 쓴다. 1Ω은 1V의 전원에 연결된 저항에 1A의 전류가 흐를 때의 저항값이다.

전자는 구리나 알루미늄 같은 도체에서는 잘 흐르다가 플라스틱 · 고무 · 나무 등과 같은 부도체 또는 절연체에서는 흐르지 않기도 한다. 도체의 종류에 따라서도 달라, 철이나 금에서보다 은이나 구리 등에서 전자가 더 잘 흐른다. 저항이 은 · 구리보다 철 · 금이 더 크기 때문이다. 또 저항은 같은 물질이라도 길이 · 두께 · 온도에 따라 달라진다. 긴 도선은 짧은 도선보다, 가는 도선은 굵은 도선보다 저항이 크다. 온도가 올라가면 물질의 저항도 커진다.

**|소금물에서 전기가 잘 통하는 이유|** 설탕과 소금은 고체 상태에서는 전류가 흐르지 않는다. 공유 결합성 물질인 설탕은 중성의 설탕 분자들이 무수히 모여 이루어진 것이기 때문에 전류가 흐르지 않는 것은 당연하다. 반면, 이온 결합성 물질인 소금은 나트륨 이온($Na^+$)과 염화 이온($Cl^-$)의 정전기적 인력에 의해 결합되어 있기 때문에 고체 상태에서도 전기를 띤 입자는 존재한다. 하지만 고체 상태에서는 이들 입자들이 강하게 결합되어 있기 때문에 도선을 연결해 주더라도 전류가 흐르지 않는다. 그러나 소금을 액체 상태로 만들면 상황은 달라진다. 액체 상태에서는 구성 입자들이 움직일 수 있기 때문에 전류가 흐른다.

설탕물은 중성의 설탕 분자만 존재할 뿐 전하를 운반시켜 줄 입자가 없기 때문에 전류가 흐르지 않는다. 그러나 소금은 물에 녹았을 때 전기를 띤 입자인 양이온과 음이온으로 나뉘기 때문에 이 입자들이 수용액 속에서 전하를 운반할 수 있다.

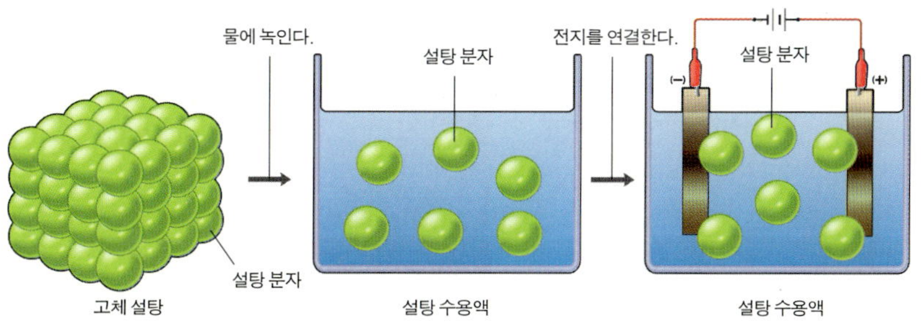


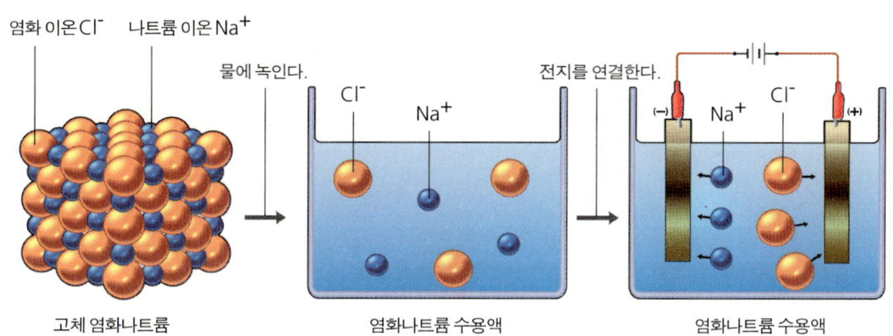




**|전압 · 전류 · 저항의 관계는?|** 전기 회로에 흐르는 전류의 세기는 전압에 따라 달라질 뿐만 아니라 전기 저항에 따라서도 변한다. 독일의 물리학자 옴은 도선의 전기 저항을 정밀하게 계산하여 전류와 전압의 관계를 밝히는 문제에 몰두하였다. 그는 도체의 굵기나 길이를 바꿀 때 흐르는 전류의 세기를 측정하는 실험을 통해 마침내 1827년 다음과 같은 '옴의 법칙'을 발표하였다.

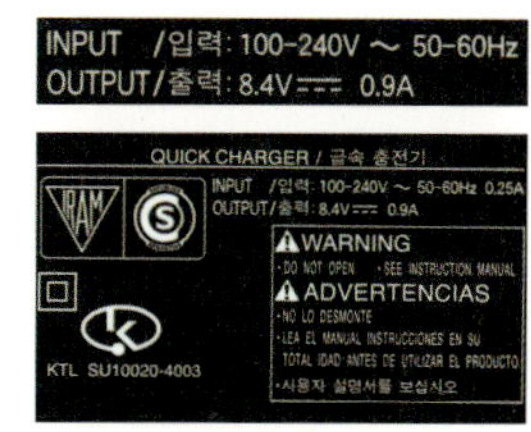

**휴대 전화용 충전기**
100 ~240V, 50 -60Hz의 교류 전기를
전압이 8.4V이고 최대 전류가 0.9A인
직류 전기로 바꾸어 주는 장치이다.

$$I = \frac{V}{R}$$

$$전류 = \frac{전압}{저항}$$

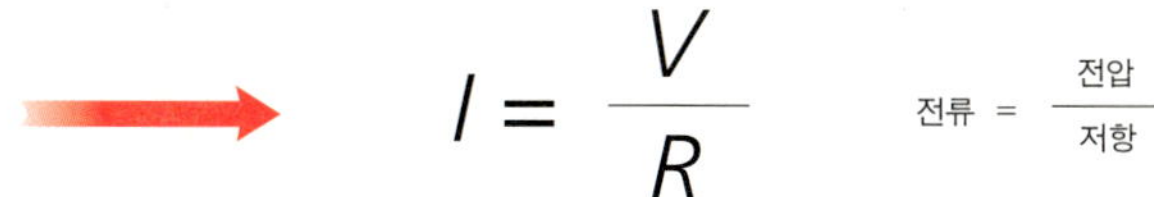

**전류의 세기는 전압에 비례하고 저항에 반비례한다.**

옴의 법칙은 전기에서 양의 개념을 형성하는 데 결정적으로 기여하였을 뿐만 아니라 그 때까지 혼란스러웠던 전압·전류·전기 저항의 관계를 명확하게 밝혔으며, 전기 회로 이론을 세우는 기초가 되었다.

# 3 | 화학 전지

깨끗하게 반짝이던 은수저를 꺼내 보니 광택은 사라지고 검은색으로 변해 있다. 그런데 삼촌이 은 박지 조각과 소다를 가져가더니 은수저를 새것처럼 만들어 왔다. 오, 놀라워라! 삼촌은 은수저의 녹을 없앤 원리를 발전시키면 전지도 만들 수 있다고 한다. 과연 그 원리는 무엇일까?

|금속마다 반응성이 다르다| 마그네슘이나 철 같은 금속을 산성 용액에 넣으면 수소 기체를 발생시키면서 녹는다. 그러나 금이나 은은 거의 녹지 않는다. 또한 나트륨이나 칼슘 등의 금속은 자연계에 염화나트륨이나 탄산칼슘 등의 다른 물질과 결합한 화합물로는 많이 존재하지만, 순수한 금속 상태로는 거의 존재하지 않는다. 그러나 금이나 은 등의 금속은 자연계에서 순수한 금속 상태로 얻을 수 있다.

금속은 다른 원소와 화합물을 만들 때 자신이 가진 전자를 주려고 한다. 그런데 전자를 내놓는 능력이 다음과 같이 금속마다 다르다.

(+)이온이 되기 어렵다. 반응성이 작다. ⟶

$$K > Ca > Na > Mg > Al > Zn > Fe > Ni > Sn > Pb > [H] > Cu > Hg > Ag > Au$$

⟵ (+)이온이 되기 쉽다 . 반응성이 크다.

**금속의 이온화 경향**
금속이 전자를 내주고 (+)이온이 되려는 정도. 반응성이 큰 금속의 이온화 경향이 크다.

나트륨은 전자를 내주면서 다른 원자와 쉽게 화합물을 만들지만 금은 화합물을 잘 만들지 않는다. 그렇기 때문에 나트륨은 물만 있어도 매우 격렬하게 반응하지만 금은 오랜 시간이 지나도 전혀 변하지 않는다. 그래서 금으로 만든 장신구들은 수천 년 동안 지하 무덤에 묻혀 있다가도 온전한 형태로 발굴되지만, 나트륨이나 칼륨 같은 금속은 수분이 전혀 없는 기름 속에 넣어 보관해야 하는 것이다.

 은수저의 검은색 녹은 은(Ag)이 음식
물의 성분 가운데 하나인 황(S)과 반응하여 생성된 황화은(Ag₂S)이라는
화합물이다. 물을 넣은 그릇에 알루미늄 포일 조각을 깔고 식용 소다를
조금 녹인 다음 은수저를 넣고 가열하면 이 녹은 쉽게 없어진다. 대개 치
약과 같은 마모제로 문질러 은수저의 녹을 제거하려 하지만, 이럴 경우
에는 은을 함유한 화합물이 벗겨진다. 그러나 알루미늄 포일과 소다를
넣은 물에 은수저를 넣고 가열하면 원래의 은이 다시 생긴다. 이 때 은수
저의 녹을 제거하는 데 중요한 역할을 한 것은 알루미늄이다. 알루미늄
은 은보다 (+)이온이 되기 쉽기 때문에 은 이온에게 전자를 내주고 알루
미늄 이온이 되고, 은 이온은 이 전자를 받아 금속 은으로 된다.

　주유소의 지하에 묻혀 있는 철제 기름 탱크가 녹스는 것을 방지하는 데
도 같은 원리를 이용한다. 금속 철은 지하에 스며든 물과 반응해 전자를
내주고 녹을 만드는 반응을 일으킨다. 그러나 기름 탱크에 연결된 마그네
슘의 반응성이 철보다 크기 때문에 물과 먼저 반응한다. 즉, 철보다 마그
네슘이 먼저 이온화됨으로써 철이 이온으로 되면서 녹스는 것을 막아 주
는 것이다. 그러므로 정기적으로 점검하여 반응에 의해 소모된 마그네슘
만 보충해 주면 기름 탱크가 부식되는 것을 막을 수 있다.

**지하 기름 저장고의 녹 방지**
마그네슘은 전자를 잘 내놓고 이온이
되는데, 이 때 나온 전자가 구리선을
따라 철로 된 기름 저장 탱크로 이동해
와 철이 녹스는 것을 막아 준다.

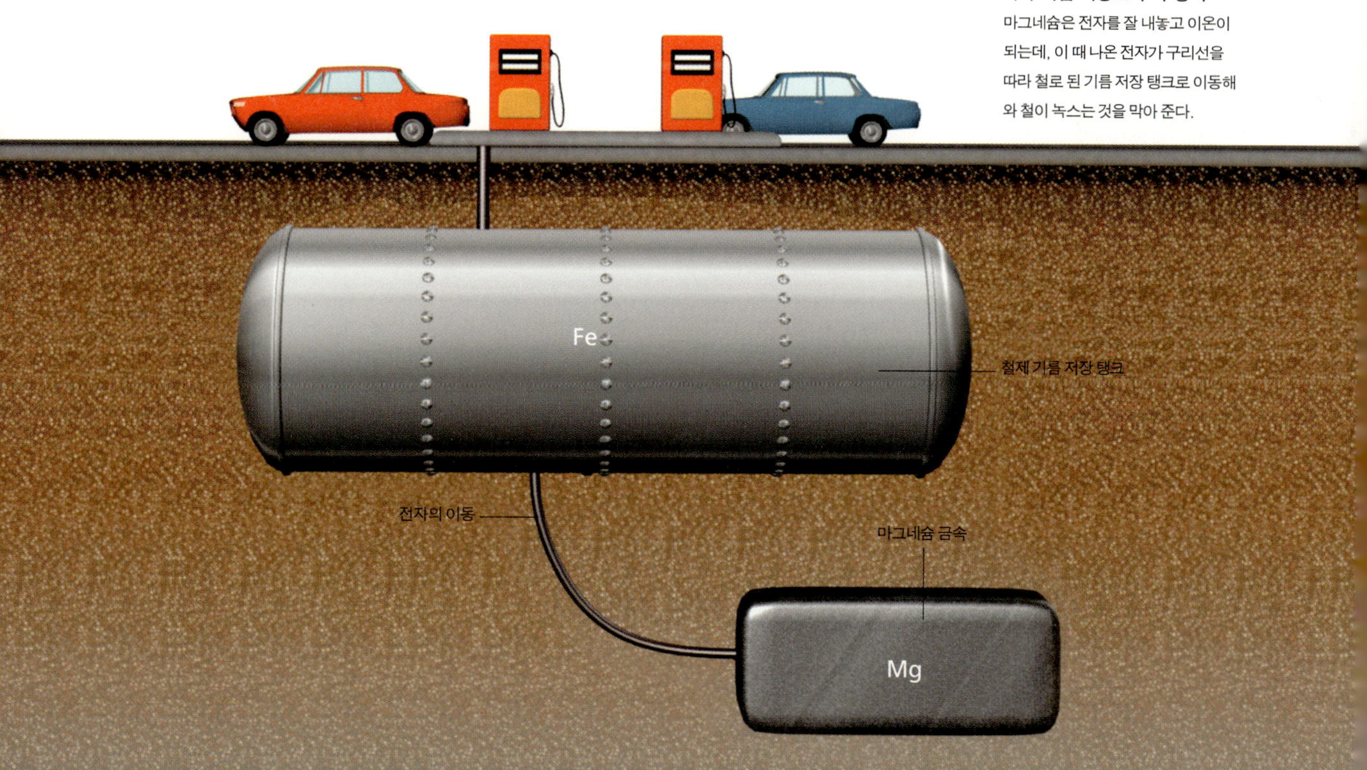

**볼타 전퇴 voltaic pile**

|최초의 전지, 볼타 전지| 기름 저장 탱크처럼 이온화 경향이 다른 2개의 금속을 도선으로 연결하여 한 금속이 이온화하면서 계속 전자를 내놓을 수 있는 조건을 만들어 주면 전류를 얻을 수 있다.

갈바니<sup>Luigi Galvani, 1737~1798</sup>의 동물 전기에 의문을 품은 이탈리아 물리학자 볼타<sup>A. Volta, 1745~1827</sup>는 생명체가 개입되지 않고 전기를 만드는 장치를 고안했다. 볼타는 먼저 은판과 아연판 사이에 소금물이나 알칼리 용액으로 적신 천 조각을 끼운 것을 여러 쌍 겹쳐 쌓았다. 그런 다음 이 장치의 양끝에 전선을 연결하였더니 전류를 얻을 수 있었다. 이것이 우리가 사용하는 화학 전지의 기원이다.

이 장치와 같은 원리를 이용해서 만든 볼타 전지의 원리를 살펴보자. 볼타 전지는 묽은 황산 용액이 든 그릇에 구리판과 아연판을 넣고 두 금속을 도선으로 연결한 것이다. 두 금속 중 아연이 이온화 경향이 크기 때문에 아연 이온($Zn^{2+}$)이 용액에 녹아 나온다. 아연판의 전자는 도선을 통해 구리판으로 이동하여, 모여 있는 수소 이온($H^+$)에게 전자를 준다. 이 때 전자는 아연판에서 구리판으로 이동하므로, 아연이 (−)극, 구리는 (+)극이다. 볼타 전지는 여러 가지 면에서 단점이 많아 오늘날에는 사용되지 않으나 최초의 전지로서 전기 화학 발전에 크게 공헌하였다.

**볼타 전지의 단점** 볼타 전지는 처음에 1.1V 정도의 전압을 나타내지만, 시간이 지남에 따라 전압이 떨어진다. 왜냐 하면 구리판에서 발생한 수소 기체가 구리판 주위에 막을 형성하여 전자의 이동을 방해하기 때문이다. 또한 사용하지 않을 때에도 아연판은 끊임없이 부식된다.

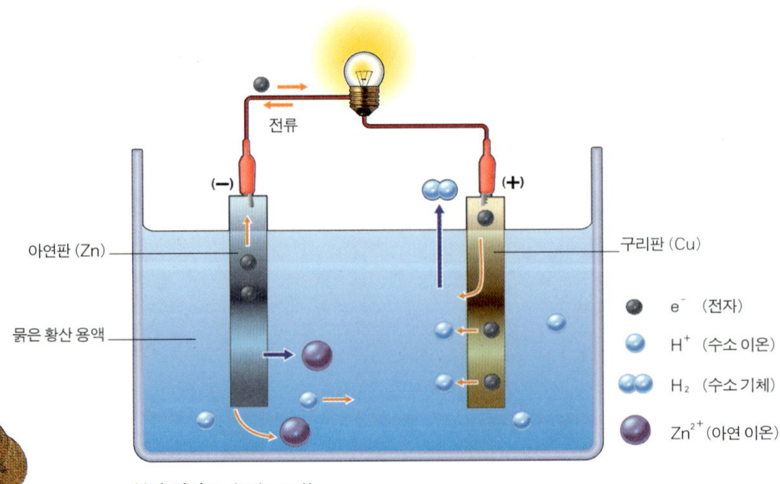


볼타 전지 voltaic cell

**|전지의 종류|** 전지는 카메라·시계·휴대 전화 등 생활 곳곳에서 매우 중요하게 사용되고 있으며, 그 모양과 종류 또한 매우 다양하다. 사용 기기가 갈수록 소형화되고 성능은 뛰어나면서, 좀더 강력한 에너지원인 전지가 필요하게 되었다. 전지는 물질들 사이의 화학 반응을 이용하여 전기 에너지를 생산하는 장치이다. 그 기본 원리는 두 금속의 이온화 경향의 차이를 이용하는 것이다.

전지는 한 번 사용하고 버리는 1차 전지와 재충전해서 다시 사용할 수 있는 2차 전지로 나눌 수 있다.

1차 전지의 대부분은 (−)극으로 아연 금속을 사용한다. 흔할 뿐만 아니라 값도 싸고 이온화 경향이 커서 오랜 시간 많은 에너지를 사용할 수 있기 때문이다. 그러나 2차 전지의 경우 충전할 때 아연 주변에 불순물이 많이 생기고 변형도 쉽게 이루어지기 때문에 아연 금속을 사용하지 않는다. 초기에 2차 전지로 니켈−카드뮴 전지를 많이 사용했으나 *메모리 효과가 있으며 가격이 비싸고 에너지 밀도가 높지 않다는 단점이 있었다. 현재는 에너지 밀도가 크고 소형화가 가능한 리튬계 2차 전지가 많이 쓰이고 있다.

**메모리 효과**
완전히 방전시키지 않고 충전하면 남아 있던 에너지를 못 쓰게 되어 결과적으로 전지 용량이 점점 줄어드는 효과를 말한다. 리튬계 전지는 이런 메모리 효과가 나타나지 않는다.

**1차 전지** 한 번 소모되면 다시 쓸 수 없는 전지로 망간 전지·알칼리 전지·수은 전지·리튬 전지 등이 있다.

**2차 전지** 충전하여 여러 번 쓸 수 있는 전지로 납축 전지·니켈−카드뮴 전지·니켈−수소 전지, 리튬계 전지 등이 있다.

**|환경을 생각하는 연료 전지|** 최근 들어 미래의 에너지 문제와 공해 문제를 한꺼번에 해결할 수 있는 대안으로 연료 전지를 꼽고 있다. 연료 전지의 기본 원리는 전기를 이용해 물을 수소와 산소로 분해하는 것을 역이용하여 수소와 산소에서 전기 에너지를 얻는 것이다. 연료 전지는 중간에 발전기와 같은 장치를 사용하지 않고, 수소와 산소의 반응에 의해 전기를 직접 생산하기 때문에 발전 효율이 매우 높다.

발전 장치의 규모가 크지 않아도 되기 때문에 소규모로 여러 곳에 설치해서 송전 비용도 줄일 수 있다. 뿐만 아니라 사용 원료가 고갈될 염려도 없고, 전기를 생산한 후 발생하는 물질이 물뿐이므로 공해도 전혀 일으키지 않는다.

이렇게 장점이 많기 때문에 연료 전지는 초기에 자동차나 인공위성 등 이동용 장치의 독립 전원으로 개발되기 시작하였으며, 최근에는 대체 에너지원으로 사용하기 위한 대형 시스템이 개발되고 있다. 아직도 연료 전지가 실용화되려면 해결해야 할 문제점이 많지만, 미래의 에너지 문제를 해결하고 에너지 생산에 뒤따르는 환경 문제를 일으키지 않는다는 점이 연료 전지의 미래를 밝게 하고 있다.

**연료 전지의 구조**

연료 전지에 의한 발전의 메커니즘은 물의 전기 분해의 역방향으로 진행된다. 즉, 물의 전기 분해에서는 물에 전기를 흐르게 하면 수소와 산소가 발생하지만, 연료 전지에서는 수소와 산소를 반응시켜 전기를 발생시킨다.

이 반응으로 배출되는 것은 물뿐이다. 연료극에서 수소는 수소 이온과 전자로 나누어진다. 전해질의 고분자막은 수소 이온만을 통과시키고, 막 안쪽의 음극에는 전자가 남게 된다. 수소 이온은 공기극의 산소와 결합하여 물이 된다. 이 양극 사이의 전위차에 의하여 전류가 발생한다.

## 생물이 일으키는 전기

1780년 이탈리아의 의사이며 해부학자인 갈바니는 두 종류의 금속을 죽은 개구리의 근육에 연결하였더니 근육이 갑자기 경련을 일으키며 수축하는 것을 관찰했다. 이 때 마침 실험 테이블에 놓여 있던 정전기 발생 장치에서 전기 불꽃이 튀었다. 당시 많은 사람들은 전기를 흘러다니는 유체라고 생각하였는데, 갈바니도 개구리의 근육 안에 전기 유체가 꽉 차 있어서 전기가 흐르는 것으로 생각하고, 이를 '동물 전기'라고 불렀다. 그는 몸 안에 돌아다니는 전기가 만들어지는 곳은 두뇌일 것이라고 생각했으며, 이러한 전기력은 나중에 몸 전체로 배분될 때까지 신경 안에 저장되어 있다고 믿었다. 갈바니의 동물 전기라는 생각은 나중에 잘못된 것으로 밝혀졌지만 이후 많은 사람들이 생물 전기에 관심을 갖고 연구하게 된 계기가 되었다.



전기뱀장어나 전기메기, 전기가오리는 매우 강력한 전기를 만들어 낸다. 그리고 보통의 살아 있는 생물의 세포에서도 약한 전압의 전기가 만들어진다. 전기 물고기가 아닌 생물의 세포는 마치 전지를 병렬로 연결한 것처럼 되어 있기 때문에 흥분했을 때 생기는 전압이 그리 높지 않다. 그러나 전기 물고기는 높은 전압의 전기를 생산할 수 있는 특별한 기관을 가지고 있다. 근육이 변형되어 전기 물고기의 발전 기관이 된 것이다.

근육을 이루는 세포들이 전지를 직렬로 연결한 것과 같은 구조를 이루고 있는 전기뱀장어의 발전 기관에서는 흥분하면 높은 전압이 만들어진다. 이러한 강력한 발전은 공격과 방어에 모두 유용하다. 우리 나라 서남해 연안에서 사는 전기가오리는 가슴지느러미 부분의 피부 속에 벌집 모양의 발전기를 갖고 있는데, 이곳에서 (-)전기를 내고 등 부분에서 (+)전기를 내어 외부의 침입을 막는다. 또 전기메기는 먹이를 잡을 때나, 적에 대한 방어 수단으로 방전을 한다. 그 밖에 어떤 물고기는 약한 전기를 발생시켜 물체의 탐지 등에 사용한다.

# 4 | 전기와 자기의 만남

전류가 흐르는 도선 주위에 나침반을 놓으면 나침반의 바늘이 움직인다. 과학자들은 우연히 발견한 이 현상에서 전기와 자기의 관련성을 찾아내었고 이 연구를 발전시켜 초인종 · 자동문 · 자기 부상 열차 등 많은 것을 개발해 내었다. 전기와 자기는 서로 어떻게 연결되어 있을까?

**지구 자기**
지구 자기의 북극은 지리학적 북극에서 1,800km나 떨어진 캐나다 북부의 허드슨 만 근처에 위치하고 있다. 지구 자기의 남극은 호주의 남부에 위치하고 있다. 따라서 나침반이 가리키는 방향은 정확히 북쪽이 아닌데, 나침반이 가리키는 북극과 지리학적 북극의 차이를 자기 편각이라고 한다.

**|자석은 자기장을 만든다|** 자석을 처음으로 이용한 사람들은 고대 중국인이었다. 자석이 남북을 가리키는 것을 이용하여 중국인들은 방향을 찾는 나침반을 만들었다. 이후 나침반은 유럽으로 건너가 15, 16세기에 대항해 시대의 막을 여는 데 큰 역할을 하였다.

자석에는 북쪽을 향하는 N극과 남쪽을 향하는 S극이 있다. 자석이 철을 당기거나 두 자극 사이에 작용하는 힘을 '자기력'이라고 한다. 자기력과 전기력의 성질은 비슷하다. 즉, 같은 종류의 자극 사이에는 미는 힘이 작용하고, 다른 종류의 자극 사이에는 서로 당기는 힘이 작용한다. 또 자석의 양 끝에 있는 두 자극의 세기는 같다. 자석은 정전기 유도에 의해 양

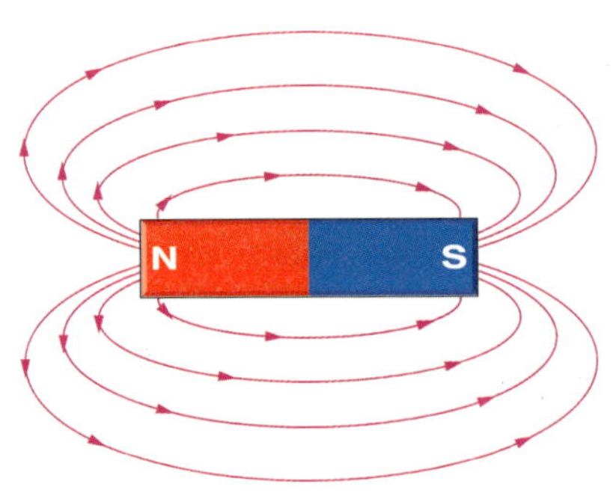

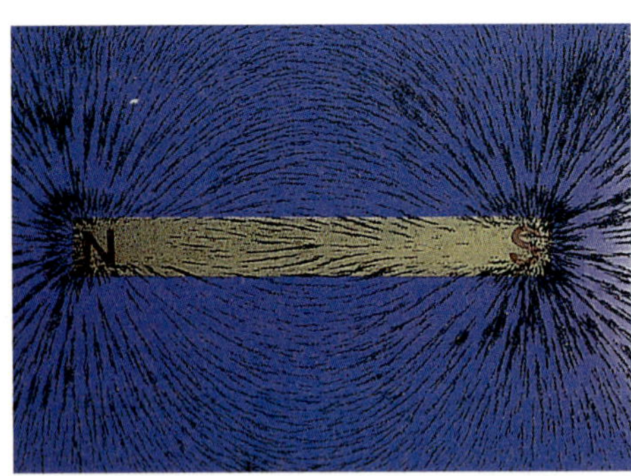

**막대 자석 주위의 자기장** 철가루가 늘어선 모양은 자석 주위에 형성되는 자기장의 모양을 보여 준다. 자기장의 근원은 자석을 이루고 있는 철 원자 내의 전자 운동이다.

끝에 (+)와 (−)의 전하가 생긴 금속 막대와 닮았다. 그러나 물체는 (+)나 (−)전기만으로 대전할 수 있지만 자석은 N극 또는 S극만 따로 존재할 수 없다. 막대자석을 둘로 나누면 자른 곳에 N극과 S극이 나타나 새로운 2개의 자석이 된다.

과학자들은 자기력은 자석과 자석 사이에서 직접 작용하는 것이 아니라고 생각한다. 어떤 곳에 자석을 놓으면 우선 그 주위에 자기장을 만들고, 이 자기장이 다른 자석에 자기력을 작용한다는 것이다. 이와 같이 자석의 힘이 미치는 공간을 '자기장' 이라고 한다. 전기력의 경우도 마찬가지다. 어떤 곳에 전하를 놓으면 전하는 주위에 전기장을 만들고, 이 전기장이 다른 전하에 전기력을 작용한다고 생각한다. 이와 같이 전기의 힘이 작용하는 공간을 '전기장' 이라고 한다.

외르스테드 Hans Christian Örsted, 1777～1851
자유롭게 움직일 수 있도록 한 자침이 전류에 의해 흔들리는 현상을 발견하였고, 덴마크 왕립과학협회를 창설하여 회장이 되었다. 문학에도 관심이 많아 동화 작가 안데르센과도 친교가 있었다.

앙페르의 오른 나사의 법칙 오른손을 사용하여 엄지손가락이 전류의 방향을 향하게 펴고 나머지 네 손가락으로 도선을 감아 쥘 때, 네 손가락이 감아 쥐는 방향이 도선 주위에 생기는 자기장의 방향이 된다.

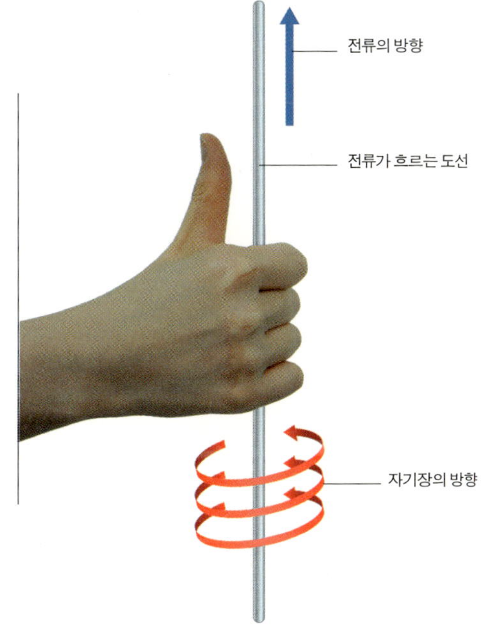


|**전류도 자기장을 만든다**| 전류가 흐르고 있는 도선에 나침반을 가까이 하면 바늘이 흔들린다. 도선에 전류가 흐르고 있는 동안에 바늘은 어느 한 쪽으로 계속 돌아가 있다. 이런 사실은 전류가 그 주위에 자기장을 만든다는 것을 보여 준다. 1820년 덴마크 코펜하겐 대학의 물리학 교수였던 외르스테드는 실험 강의에서 우연히 전류가 흐르는 철사 주위에 있던 자침

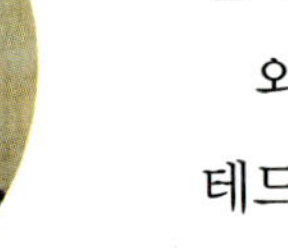





**외르스테드의 실험**
남북을 가리키는 나침반 위에 자침과
평행하게 전선을 놓는다. 여기에
전류를 흐르게 하면 자침이 움직인다.
이 실험은 전지 1개로도 간단하게 할
수 있다. 단, 전선이 뜨거워질 수
있으므로 주의해야 한다.

이 흔들리는 현상을 발견하였다. 그는 이 뜻밖의 현상을 보고 전기가 자기를 만든다고 생각하였다.

외르스테드의 발견은 유럽의 학계에 큰 반향을 불러일으켰다. 외르스테드의 논문을 읽은 앙페르는 전류에 의해 발생하는 자기장의 방향을 찾았다. 직선 도선 주위에 생기는 자기장의 모양은 도선을 중심으로 한 동심원 모양이다. 이 때 자기장의 방향은 오른손의 엄지손가락을 전류의 방향으로 하여 도선을 감아쥘 때, 나머지 네 손가락의 방향이다. 이것을 '앙페르의 오른나사의 법칙' 이라고 한다.

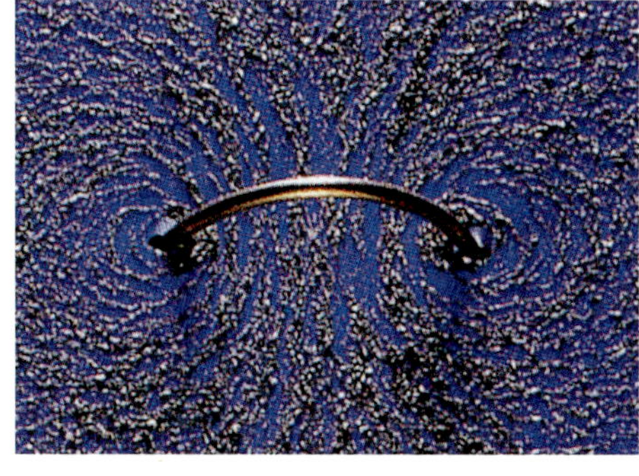
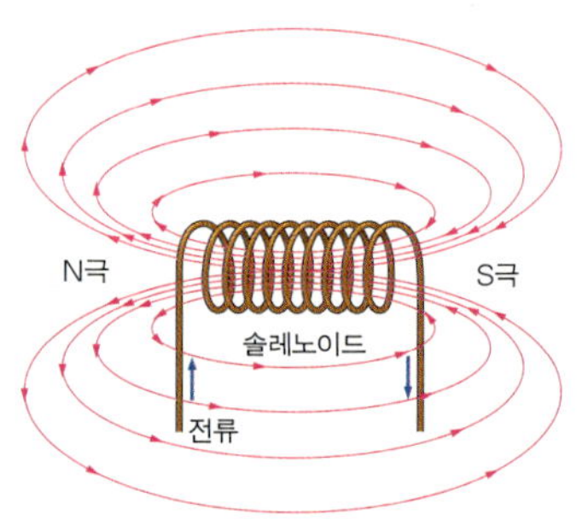



**전류가 흐르는 고리와 코일 주위의 자기장** 고리의 각 부분을 직선 도선의 일부분으로 보고 직선 전류에서처럼 오른손을 이용하면, 짧은 직선 도선에 흐르는 전류에 의한 자기장의 방향을 알 수 있다. 이들을 모두 합하면 원형 전류에 의한 자기장이 된다.

**|전자기 유도 법칙|** 과학자들은 '전류가 흐를 때 그 주위에 자기장이 생긴다면 자기장을 변화시켜 도선에 전류가 흐르게 할 수는 없을까?' 라는 의문을 갖게 되었다. 영국의 물리학자 패러데이는 실험을 통해 도선 주위의 자기장의 변화가 도선에 전류를 발생시킨다는 '전자기 유도 법칙' 을 발표하였다.

패러데이는 코일로 감아 놓은 도선의 양끝을 검류계와 연결하고 그 코일 안으로 자석을 집어 넣었다 뺐다 하면 전류가 흐른다는 사실을 보여 주었다. 전지는 연결하지 않고 자석만 코일 속으로 움직였을 뿐인데 검류계의 바늘이 움직인 것이다. 코일 속에 자석을 넣으면 자기장이 생기고 이러한 자기장의 변화에 의해 전류를 흐르게 하는 전압이 유도된 것이다. 전자기 유도 현상에서 자기장이 없거나 일정한 크기의 자기장이 지속되는 경우에는 전류가 유도되지 않는다. 자기장의 증가나 감소 등으로 자기장의 변화가 있을 때에만 전류가 유도된다. 이 법칙은 오늘날 전기 문명의 기초가 되는 현상으로 정리하면 다음과 같다.

**자기장이 변화하면 전기장이 생긴다.**

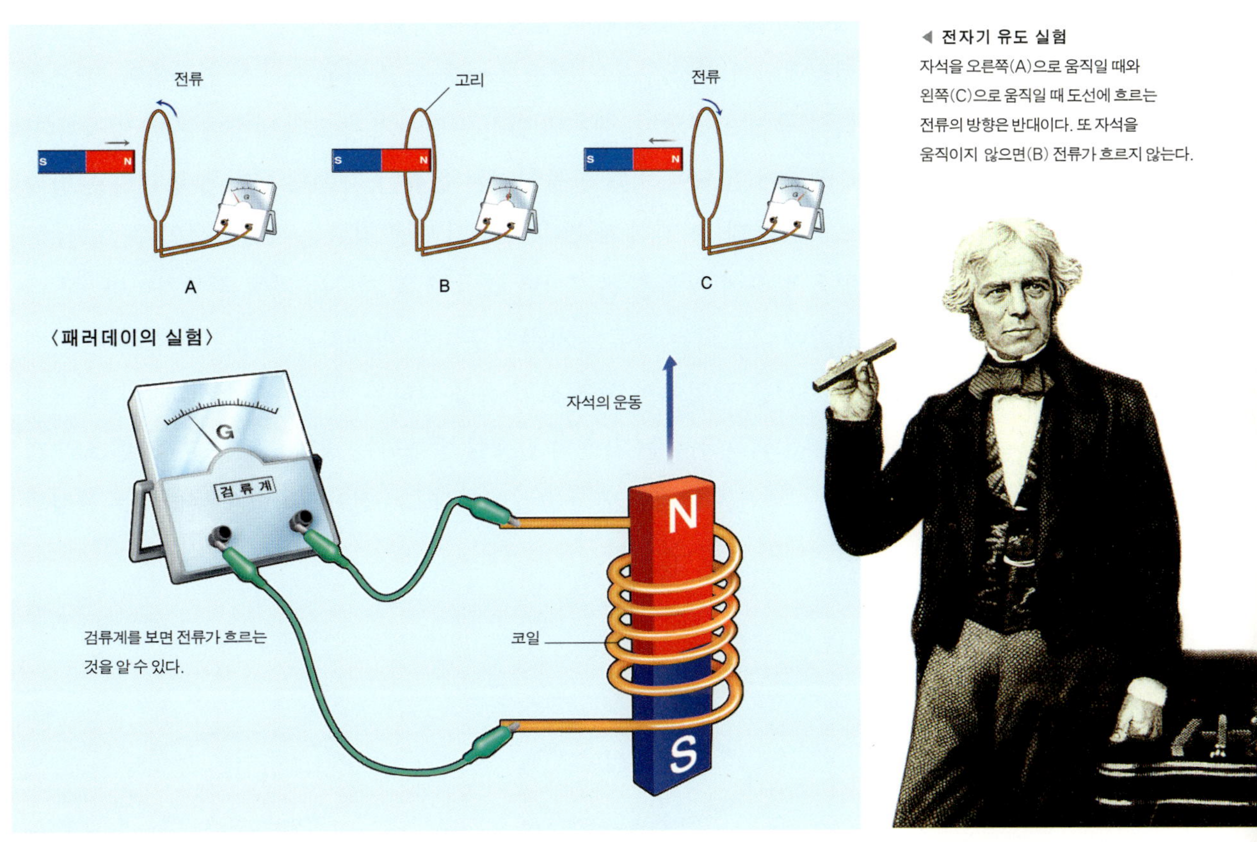


◀ **전자기 유도 실험**
자석을 오른쪽(A)으로 움직일 때와 왼쪽(C)으로 움직일 때 도선에 흐르는 전류의 방향은 반대이다. 또 자석을 움직이지 않으면(B) 전류가 흐르지 않는다.

**패러데이 Michael Faraday, 1791 ~ 1867**
영국의 물리학자이자 화학자. 정식 교육은 읽기와 쓰기, 셈하기 정도밖에 받지 못했으나 제본소의 직원으로 일하면서 과학 서적을 탐독하였다. 패러데이의 실험적 창의성과 물리적 통찰력은 왕립 학회의 조수로 일하면서 본격화되었으며, 그가 발견한 전자기 유도 현상은 전자기 법칙의 핵심 가운데 하나이다.

패러데이의 전자기 유도 현상은 이후 많은 과학자들에게 큰 영향을 주었을 뿐만 아니라 확고한 이론으로 자리잡게 되었다. 전기와 자기가 본질적으로 연결되어 있다는 것을 보여 주었고, 전자기장이라는 독특하고 중요한 물리 개념을 세우는 데 큰 역할을 하였다.

　패러데이는 전자기 유도 현상을 발견한 후, 과학 애호가들을 대상으로 강연한 적이 있었다. 그 때 청중이었던 재무 장관이 "이 법칙은 어디에 도움이 될 수 있는가?"라고 질문했다. 이에 대해 패러데이는 "장래에 세금을 매길 수 있게 될지도 모른다."고 답했다. 전자기 유도 법칙은 발전기·전동기·변압기의 제작에 이용되는 기본 법칙으로, 패러데이의 말대로 현재 엄청난 세원이 되고 있다.

|**렌츠의 법칙**| 1834년 독일의 과학자 렌츠<sub></sub>Heinrich Friedrich Emil Lenz, 1804~1865는 패러데이의 전자기 유도 발견 소식을 듣고 더욱 자세히 연구하여 '렌츠의 법칙'을 발표하였다. 렌츠의 법칙은 전자기 유도의 방향에 관한 법칙이다.
　전자기 유도에 의해 만들어지는 전류는 자속의 변화를 방해하는 방향으로 흐른다. 여기서 자속이란 '어떤 면을 지나는 자기력선의 수'이다. 코일을 향하여 자석을 움직이면 코일 속을 지나는 자속은 증가한다. 이 때 코일에 유도되는 전류는 자속의 증가를 방해하는 방향으로 흐른다. 반대로 자석을 코일에서 빼면 코일 속을 지나는 자속은 감소한다. 이 때 코일에 유도되는 전류는 자속의 감소를 방해하는 방향으로 흐른다. 렌츠의 법칙은 '자연은 급격한 변화를 싫어한다.'는 전자기학에서 나타나는 관성의 법칙이라고 할 수 있다.

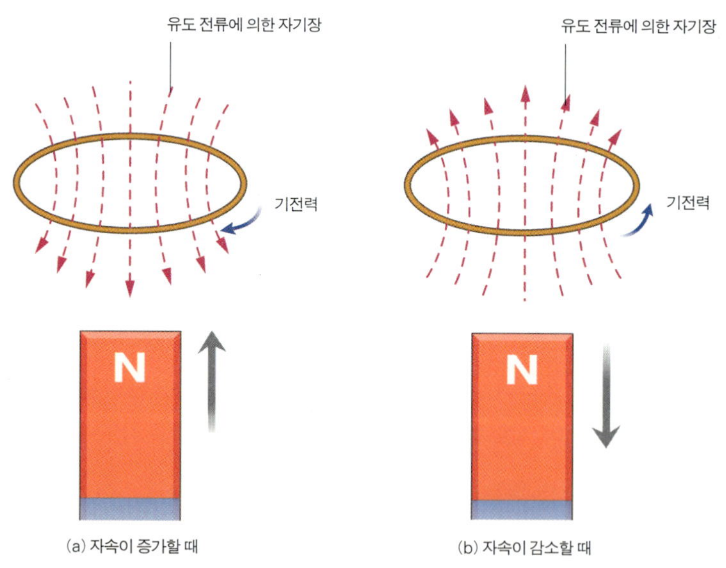


**렌츠의 법칙**
전자기 유도에 의해 생기는 전류의 방향은 코일 내부의 자속의 변화를 방해하는 방향이다. (a)에서 자석의 N극이 코일에 가까워지면 자속의 증가를 방해하는 방향인 시계 방향으로 전류가 흐른다. (b)에서 자석의 N극이 코일에서 멀어지면 시계 반대 방향으로 전류가 흘러 자속의 감소를 방해한다.

## 코일에 쇠막대를 넣으면 왜 강한 전자석이 될까?

코일에 직류 전류를 흐르게 하면 코일 주위에는 자기장이 생기는데, 이를 전자석이라고 한다. 전자석은 전류가 흐를 때에만 자석의 성질을 띠고, 전류가 흐르지 않을 때에는 자석의 성질을 띠지 않는다. 이 때 코일 속에 쇠막대를 넣어 주면 자기장의 세기는 훨씬 더 세진다. 이것은 쇠막대 안의 작은 자석이 같은 방향으로 정렬되면서 자기장을 만들어, 코일에 의해 생기는 자기장과 겹쳐지기 때문이다.

자석을 가까이하면 철은 전체적으로 자석이 되는데, 자석을 멀리하면 다시 원래 상태로 되돌아가는 것도 있고 되돌아가기 힘든 것도 있다. 이것은 철 원자의 정렬 방식이나 불순물이 섞여 있는 정도에 따라 달라진다. 영구 자석에 사용하는 철은 원래의 상태로 되돌아가기 힘든 것을 사용한다. 그러나 전자석에는 원래의 상태로 되돌아가기 쉬운 철을 사용한다. 이러한 철을 '연철'이라고 한다.

철을 붉어질 때까지 한 번 가열한 다음 천천히 식힌 것이 연철이다. 전자석으로 연철을 사용하는 것은 전류를 끊었을 때 쉽게 자석의 성질이 사라지기 때문이다. 전자석은 초인종·전화기·자동문 등에 널리 활용되고 있으며, 강력한 전자석은 폐품 처리에 이용되기도 한다. 또한 최첨단 과학 연구, 로봇 또는 자동화 장치 등에 이르기까지 매우 광범하게 이용되고 있다.

**전자석** 코일에 쇠막대를 넣으면 자기장의 세기가 훨씬 더 세진다. 쇠막대 안의 작은 자석이 같은 방향으로 정렬되면서 자기장을 만들어 코일에 의해 생기는 자기장과 겹쳐지기 때문이다.

# 5 | 전자기파의 발견

라디오 · 텔레비전 · 휴대 전화 · 전자 레인지의 공통점은 무엇일까? 이들은 모두 전자기파를 이용한다는 것이다. 지금 이 순간에도 우리 주위에는 수많은 전자기파가 존재하지만 눈으로 볼 수는 없다. 인류는 언제부터 전자기파의 존재를 알았을까? 또 어떻게 전자기파를 이용하게 되었을까?

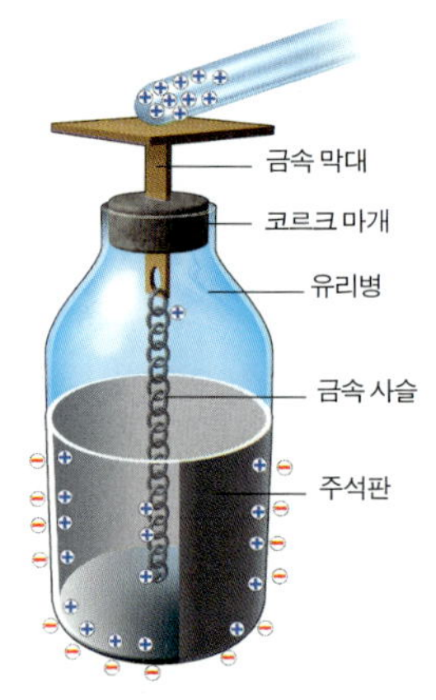

**라이덴병**
18세기 중엽에 만들어진 축전기로 유리병의 안쪽에 주석판을 붙이고 금속 사슬을 늘어뜨려 안쪽의 주석판에 닿도록 하였다. 전기를 저장하려면 유리막대를 (+)전기로 대전시킨 다음, 금속 사슬에 접촉시키면 된다. 그러면 유리 막대의 전기는 안쪽의 주석판으로 퍼져 나가게 된다. 한편, 라이덴병의 바깥쪽 주석판에는 정전기 유도 현상에 의해 (−)전기가 나타난다. 이렇게 해서 (+)전기와 (−)전기가 서로 잡아당기게 되어 결국은 도망갈 수 없게 된다.

|**불꽃 방전과 전자기파**| 19세기 중엽 과학자들은 당시까지 발견된 법칙으로는 설명하기 어려운 현상을 발견하였다. 라이덴병에 모아 두었던 전기를 방전시키면 60m나 떨어진 곳에 놓여 있던 나침반의 바늘이 움직인 것이다. 또 에디슨은 모스 식 전신기의 키를 두드릴 때 불꽃이 튀는 것을 발견하였고, 1842년 미국의 헨리Joseph Henry, 1797~1878는 불꽃 방전에 의해 진동하는 전류가 발생한다는 사실을 발견하였다.

이러한 현상들은 모두 전자기파 때문에 일어난다. 그러나 당시에는 이런 현상이 왜 일어나는지 아무도 설명할 수 없었다. 단지 불꽃을 방전시키면 어떤 일들이 일어난다는 사실만 알고 있었을 뿐이다. 이처럼 인류는 전기 불꽃을 통해 처음 전자기파를 만났다.

|**전자기파의 존재를 예언하고 발견하다**| 마찰 전기 · 동물 전기 · 번개 · 전자기 유도에서 생기는 자석 전기 등 인류는 여러 가지 모습의 전기를 발견하였다. 패러데이는 이러한 전기가 생성되는 근원이 다 다르더라도 그 본성은 하나라고 생각하였다. 그 후에도 많은 과학자의 노력으로 전기의 본질이 차례차례 밝혀지게 되었다.

이러한 성과 위에 영국의 물리학자 맥스웰은 1873년 당대의 전자기 이론을 집대성하였다. 이 이론은 지금도 전자기학의 기본이 되고 있다. 그

"

는 이 연구에서 전자기파의 존재를 예측하였다. 맥스웰은 전자기파는 전기장과 자기장이 한 쌍이 되어 공중으로 전달되는 것이며, 빛도 전자기파의 일종일 것이라는, 이른바 빛의 전자기파설을 주장하였다.

1879년 베를린의 과학 아카데미는 맥스웰이 예언한 전자기파의 존재를 증명한 사람에게 현상금을 주겠다고 발표하였다. 이에 많은 연구자가 이 실험에 몰두하였다. 그 중 한 사람인 독일의 물리학자 헤르츠는 전자기파의 존재를 실험적으로 확인하였다. 그가 방전 실험을 하고 있을 때 매우 멀리 떨어진 곳에 놓아 둔 방전 장치에서 불꽃이 일어났다. 이 현상을 발견한 헤르츠는 좀더 다양하게 불꽃 방전 장치의 형태를 변화시키면서 실험을 거듭하다가 마침내 맥스웰이 예측한 전자기파를 찾아냈다.

맥스웰 James Clerk Maxwell, 1831~1879
영국의 대표적인 물리학자. 패러데이의 연구를 이어받아 전자기학을 수학적으로 체계화하여, 전기와 자기를 통합한 '맥스웰 방정식'을 발견하였다. 그의 연구는 라디오와 텔레비전을 비롯한 모든 통신 기술의 기초가 되었다.

|전자기파의 발생과 이용| 헤르츠가 발견한 전자기파는 전기장과 자기장의 상호 작용에 의해 발생한다. 전극 사이에서 방전이 일어나면 이 전류에 의해 전류와 직각 방향으로 동심원 모양의 자기장이 생긴다. 전류가 교류인 경우에는 이 자기장은 변한다. 변하는 자기장은 전자기 유도에 의해 새로운 전류를 발생시킨다. 이 전류는 실제로 흐르는 전류는 아니다. 맥스웰은 이것을 '대체 전류 displacement current'라고 하였다. 대체 전류에 의해 또 자기장이 발생하고, 이것에 의해 또 전기장이 생긴다. 이것이 반복되면 전기장과 자기장의 연속적인 사슬이 생긴다. 이 연속적인 사슬이 전자기파가 되어 공간으로 전달된다. 이것이 '전자기파'이다.

전자기파가 발견되자 이를 통신에 이용하고자 하는 연구가 시작되었다. 당시의 유선 통신으로는 바다에 있는 배와 교신할 수 없었기 때문이다. 과학자들은 전파를 이용하면 바다와 통신할 수 있을 것으로 생각하여 연구하기 시작하였다.우선 미약한 전파를 멀리 떨어진 곳에서도 감지할 수 있는 감도가 좋은 검파기가 필요하였다.

헤르츠 Heinrich Rudolf Hertz, 1857~1894
독일의 물리학자. 맥스웰이 예언한 전자기파가 실제로 존재하며, 먼 거리에서도 탐지될 수 있다는 사실을 밝혔다. 전자기파를 사용하면 대서양을 횡단하여 메시지를 송신할 수 있다고 확신하였으나, 자신의 생각이 옳다는 것이 증명되기 전에 세상을 떠나고 말았다.

1890년 영국의 로지 Oliver Joseph Lodge, 1851~1940는 유리관에 니켈 가루를 넣은 검파기를 만들었다. 니켈 가루는 보통 높은 저항을 갖고 있지만, 근처에서 전기 방전이 일어나 전자기파가 발생하면 서로 밀착되어 전기 전

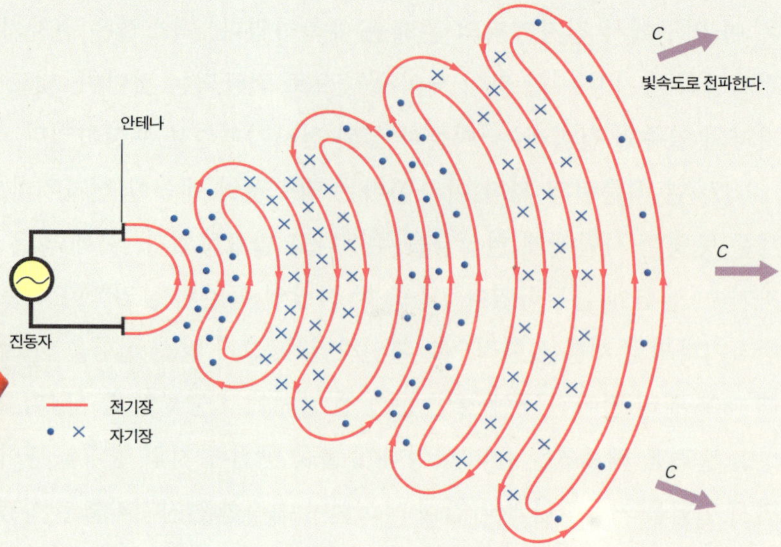

도성이 높아진다. 이 검파기를 '코히러cohere 검파기' 라고 한다. 이 검파기가 초기 무선 수신기의 핵심 부품이 되면서 무선 통신의 개발 경쟁이 시작되었다.

|무선 통신 시대가 열리다| 이탈리아 물리학자 마르코니는 1894년에 전파를 발견한 헤르츠가 죽었을 때 그의 추도 기사를 읽으면서 무선 통신을 연구하기로 결심하였다. 우선 발진기를 개발하고 안테나를 고안하였다.

수신기로는 감도 높은 독자적인 검파기를 개발하여 이것에 전기를 지속적으로 공급하는 장치를 연결하여 모스 신호를 인식할 수 있도록 하였다. 1895년 마르코니는 여러 기술을 조합하여 마침내 실용화될 수 있는 무선 통신 장치를 완성하였다. 그 다음 해에는 약 3km의 무선 통신에 성공하였다.

실험에 성공한 마르코니는 1897년에 세계 최초의 무선 전신 회사를 설립하였고, 1899년에는 도버 해협을 건너는 무선 통신에 성공하였다. 이어서 대서양 횡단 무선 통신에 도전하고자 영국의 남단에 높이 45m의 기

마르코니 Guglielmo Marconi, 1874~1937
이탈리아의 물리학자로, 라디오 전신 체계의 발명가이다. 단파 무선 통신 개발에 대해 연구했고, 이는 거의 모든 현대 장거리 무선 통신의 기초를 이루었다.

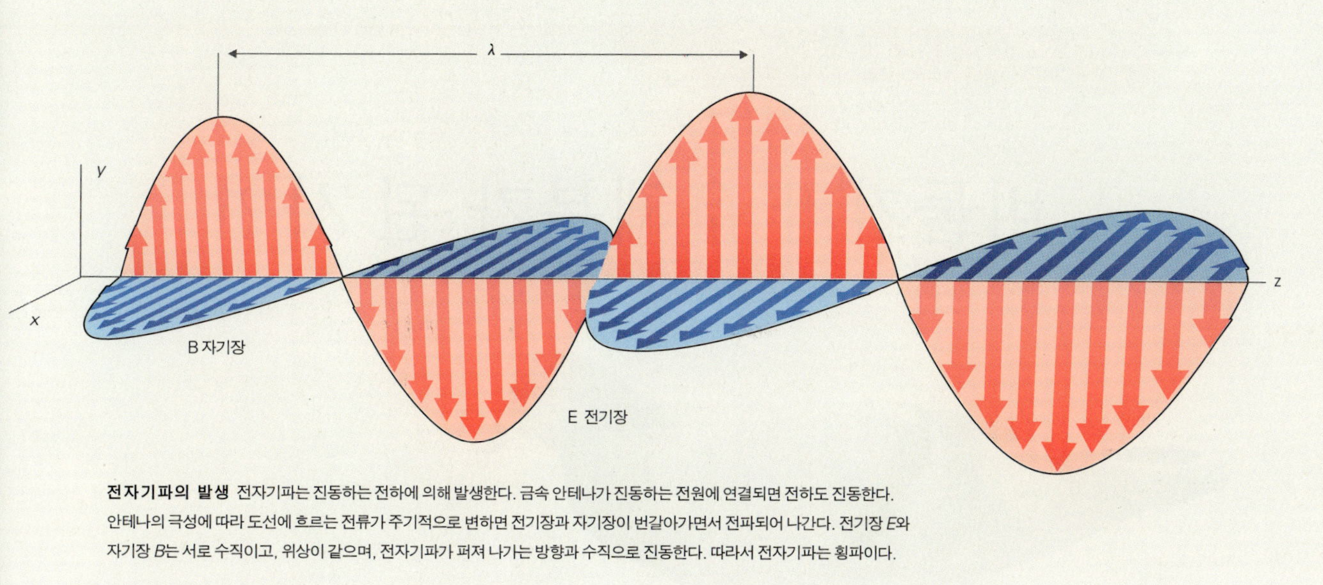



**전자기파의 발생** 전자기파는 진동하는 전하에 의해 발생한다. 금속 안테나가 진동하는 전원에 연결되면 전하도 진동한다. 안테나의 극성에 따라 도선에 흐르는 전류가 주기적으로 변하면 전기장과 자기장이 번갈아가면서 전파되어 나간다. 전기장 $E$와 자기장 $B$는 서로 수직이고, 위상이 같으며, 전자기파가 퍼져 나가는 방향과 수직으로 진동한다. 따라서 전자기파는 횡파이다.

등을 2개 세운 안테나를 1901년 8월에 완성하였다. 같은 해 11월 미국으로 건너가 4.5km의 안테나를 연으로 150m 높이까지 매달아 올린 수신 장치를 만들었다. 그리하여 12월 12일 영국에서 발신한 전파를 2,900km 떨어진 미국에서 잡는 데 성공하였다. 이 때 통신에 사용된 것은 오직 'S'라는 한 글자였다. 그 후 1902년 12월에는 캐나다에, 1903년 1월에는 미국에 각각 무선 통신국을 설립하여 영국과 교신하기 시작하였다. 이와 같이 마르코니의 정열적인 활약과 불굴의 도전 덕분에 무선 통신 시대는 열릴 수 있었다. 그의 업적에 노벨 위원회는 1909년에 노벨 물리학상으로 화답했다.

맥스웰이 예언하고 헤르츠가 발견하였으며, 마르코니가 통신에 이용한 전자기파는 오늘날 우리 생활 깊숙이 침투해 있다. 개인용 휴대 전화에서 음성 신호를 실어나르는 역할을 할 뿐만 아니라 텔레비전 방송국에서는 영상과 음성을 전자기파에 실어 가정까지 보낸다. 보이저 2호가 머나먼 해왕성 근처에서 찍은 영상도 전자기파를 통해 지구까지 전송되었다. 이와 같이 전자기파는 우리 눈에는 보이지 않지만 우리에게 없어서는 안 될 중요한 역할을 하고 있다.

# 비둘기가 우체부가 된 사연

지금처럼 휴대 전화나 인터넷, 전화 등 통신 시설이 없던 시절에는 비둘기가 멀리 떨어진 지역에 소식을 전해 주었다. 아주 오래 전부터 비둘기는 '전서구(傳書鳩)' 라 불리며 먼 곳까지 소식을 전해 주었다. 다리에 편지를 묶어 날려 보내면 비둘기는 정확하게 날아가 편지를 전달해 주었던 것이다. 비둘기는 아무리 멀리 있어도 자기의 집을 찾아오는 습성이 있는 것으로 알려져 있다. 사람들은 방향 감각과 귀소본능이 뛰어난 비둘기를 서로 교배시켜 그런 특성이 발달된 품종을 유지시켰다.

비둘기들은 어떻게 해서 집을 찾아오는 것일까? 과학자들은 여러 연구를 통해 태양과 자기장이 비둘기가 집을 찾는 데 큰 역할을 한다는 사실을 밝혀냈다. 비둘기는 태양을 기준으로 방향을 잡아 자기 집을 찾아온다는 것이다.

과학자들은 비둘기를 정상보다 6시간 일찍 일어나고 일찍 자게 하였다. 정상보다 6시간 빠르게 아침처럼 빛을 쬐어 주고 저녁에도 6시간 빠르게 어둡게 해 주었다. 그런 다음 자연 상태에서 생활한 비둘기와 이 비둘기를 집이 보이지 않는 먼 곳에서 함께 날려 보냈다. 그랬더니 자연 상태에서 생활한 비둘기는 자기 집으로 잘 찾아왔으나 6시간 일찍 일어난 비둘기는 시계 반대 방향으로 90° 정도 떨어진 위치를 찾아갔다고 한다. 그리고 흐린 날에 실험을 하면 두 비둘기 모두 집을 잘 찾지 못했다고 한다. 이 실험은 비둘기가 집을 찾는 데 태양이 중요한 지표 역할을 하고 있다는 것을 의미한다.

자기장도 비둘기가 집을 찾아오는 데 중요한 역할을 한다. 과학자들은 비둘기에게 불투명한 콘택트렌즈를 끼워 앞이 잘 보이지 않도록 한 다음 먼 곳에서 날려 자기 집을 잘 찾아가는지 알아보는 실험을 하였다. 그랬더니 비둘기들은 놀랍게도 정확히 집을 찾아왔다고 한다. 이번 에는 지구 자기장의 영향을 알아보는 실험을 하였다. 먼저 비둘기의 머리에 코일을 감아 전기 를 통하게 하여 북반구에서 지구 자기의 N극이 위치하는 것처럼 N극이 비둘기의 아래쪽에 형성되도록 했더니 이 비둘기는 흐린 날에도 집을 잘 찾아갔다. 그런데 N극이 비둘기의 머리 위쪽을 향하도록 했더니 비둘기들이 집에서 아주 멀리 떨어진 곳으로 날아가 집을 찾지 못했 다고 한다. 또다른 연구를 통해 아주 맑은 날에도 인위적으로 자기장을 변화시키면 비둘기가 멀리 흩어지고, 집을 잘 찾아오지 못하게 된다는 사실을 알게 되었다.

이처럼 비둘기가 집을 찾는 데는 태양과 자기장의 영향을 받는다. 과학자들은 비둘기가 자 기장을 감지할 수 있는 기관을 갖고 있을 것이라고 확신하였다. 이것을 확인하기 위해 과학자 들은 집비둘기를 해부하여 각 기관을 조사해 보았다. 그 결과 전두엽 두개골에 $0.1\,\mu\mathrm{m}$ 크기의 바늘 모양으로 생긴 철을 포함한 기관이 100만 개 정도 있는 것을 발견하였다. 게다가 비둘기 와 다른 종류의 철새의 목 근육에서도 영구 자석과 비슷한 물질을 발견했다고 한다. 결국 이러한 기관이 자기장을 감지하여 비둘기나 철새가 방향을 인식하는 역할을 하는 것으로 볼 수 있다.

전서구는 군대의 통신 수단으로 널리 쓰였지만 제2차 세계 대전 이후 서서히 사라지기 시작했다.

# 번개의 정체를 찾아서

천둥의 단짝 번개는 인류가 예부터 무서워한 것 가운데 하나였다. 사람들은 하늘이 노해서 번개가 친다고 생각해 왔다. 지금도 번개 때문에 많은 사람이 죽고 화재가 나기도 한다. 특히 전기 설비에서 송전 선로 사고의 절반 이상은 번개 때문에 발생한다. 번개의 정체는 무엇일까?

1752년 미국의 프랭클린Benjamin Franklin, 1706~1790은 연을 띄우는 실험으로 번개가 전기 현상이라는 것을 증명하였다. 프랭클린의 실험 전에도 번개가 전기 현상이 아닐까라는 추측은 있었다. 1749년에 이미 번개와 전기의 유사성을 밝히는 논문을 현상 공모하고 있었기 때문이다. 프랭클린의 실험은 자칫 위험하기까지 했다. 실제로 프랭클린은 번개가 연에 떨어지지 않도록 번개 구름에서 멀리 떨어진 곳에서 연을 날렸다.

번개 구름이 (−)전기를 띠고 있으면 연의 표면에는 정전기 유도에 의해 (+)전기가 유도되고, 손 옆에 연결한 금속 고리에는 (−)전기가 유도된다. 프랭클린은 이것을 전기를 모으는 라이덴병에 연결해 전기를 저장하여 번개가 전기 현상이라는 사실을 증명해 보였다.

프랭클린은 뾰족한 금속 막대의 끝에서 일어나는 전기의 특이한 현상에 흥미를 가졌다. 그리하여 금속의 뾰족한 끝은 전기를 쉽게 받아들이고, 쉽게 방출한다는 사실을 발견하였다. 그는 이것을 응용하여 피뢰침을 발명하였다. 피뢰침은 건물의 꼭대기에 뾰족한 금속을 달고 이것을 구리선으로 연결하여, 구리선의 끝을 땅 속에 묻은 것이다. 번개는 뾰족하고 높은 곳에 잘 떨어진다. 따라서 피뢰침을 세우면 번개는 피뢰침을 통하여 땅 속으로 흘러가게 되므로 근처의 다른 곳은 피해를 입지 않는다.

번개 구름의 정전기 유도에 의해 지면에 반대 극성의 전기가 유도되는데, 이 전기가 지면에 많이 저장되면 번개 구름과 지면 사이에 전위차가 크게 되어 공기의 절연이 깨지면서 낙뢰가 일어난다. 피뢰침의 끝을 뾰족하게 하여 그 끝에서 전기를 공기 중으로 빠져 나가게 하면 지면에 전기가 모이기 어려워진다. 따라서 번개 구름과 지면 사이의 전위차가 커지지 않게 되므로 낙뢰가 잘 일어나지 않는다.

프랭클린은 교회의 지붕에 피뢰침을 가장 먼저 설치하였다. 당시의 사람들은 번개와 같은 자연 현상은 신의 의지에 의해 발생하는 것이라고 생각하였다. 피뢰침을 달아 신의 의지를 막는 행위를 허락할 것인지 말 것인지 교회 관계자들 사이에 의견이 분분하였다. 결국 사람의 목숨을 번개로부터 지키는 것도 신의 의지를 따르는 것이라는 결론에 따라 피뢰침을 달기로 하였다. 피뢰침은 곧 유럽 전역에 전파되었다. 현재 우리 나라에서는 높이 20m 이상의 건물에는 피뢰침을 설치하도록 의무화하고 있다.

**번개** 번개가 대기 중의 방전 현상이라는 것은 프랭클린의 연 실험을 통해 확인되었다. 번개의 전기량은 1회에 전압 10억V, 전류 수만A에 이를 정도로 엄청나다. 예를 들어 5,000A의 낙뢰는 100W의 전구 7,000개를 8시간 동안 켤 수 있는 에너지와 맞먹는다.

# 7

에너지

# 1 | 일이란 무엇일까?

"아버지께서 회사에서 일을 너무 많이 하셔서 지금은 몹시 피곤하시다.", "나도 일이 있어 어머니를 따라 시내에 나갔다." 등 우리는 일상 생활에서 '일'이란 말을 자주 쓴다. 그런데 일은 과학에서도 많이 사용하는 중요한 개념이다. 과학에서 말하는 일은 어떤 뜻을 지니고 있을까?

**| 과학에서 말하는 일 |** 마크 트웨인의 소설 《톰 소여의 모험》에 나오는 톰에게 페인트칠은 싫증나는 일이었다. 톰은 꾀를 내어 페인트칠이 매우 재미있는 놀이처럼 보이게 하였고, 친구는 톰에게 사과까지 주면서 페인트칠을 신나게 한다. 톰이 하기 싫어하는 페인트칠이 친구에게는 더 이상 일이 아니었던 것이다.

이렇게 일상 생활에서 사용하는 일의 개념은 사람에 따라 다르게 해석된다. 같은 행동을 하더라도 어떤 사람은 일이라고 생각하고, 다른 사람은 일이 아니라고 생각하는 것이다. 과학에도 '일'이라는 개념이 있다. 그러나 과학에서 말하는 일은 우리가 흔히 말하는 일과는 다르다. 과학에서는 일을 어떻게 정의할까?

과학에서는 물체에 힘을 가하여 물체가 힘의 방향으로 이동할 때 일을 한다고 말한다. 힘을 가하더라도 물체가 이동하지 않으면 한 일은 0이다. 예를 들어, 역도 경기에서 선수가 심판이 판정할 때까지 역기를 머리 위에 들고 조금도 움직이지 않은 채 서 있는 것은 과학에서 말하는 일의 개념으로 볼 때 일을 전혀 하지 않은 것이다. 그 이유는 무엇일까?

역도 선수는 역기를 들고 서 있느라 힘을 썼지만, 역기가 힘의 방향으로 움직이지 않았기 때문이다. 생물학적으로 따지면 역도 선수는 근육의 수축과 이완이 일어나면서 일을 한 것이지만, 역기에 대해서는 아무런 일도 하지 않은 것이다. 하지만 역기를 들어올리는 과정은 다르다. 역도 선수가 마룻바닥에서 역기를 들어올리는 동안에는 일을 한 것이다. 역기가 힘의 방향으로 움직였기 때문이다.

**｜일의 크기는 어떻게 구할 수 있을까?｜** 무거운 상자를 옮긴다고 생각해 보자. 이 때 한 일의 양은 어떻게 구할 수 있을까? 같은 무게의 상자인 경우 1층까지 옮기는 것보다 2층까지 옮길 때 더 많은 일을 한다. 또 같은 층까지 옮기더라도 상자를 1개 옮길 때보다 2개 옮길 때 더 많은 일을 한다. 이와 같이 한 일의 양은 작용한 힘의 크기와 물체의 이동 거리에 비례한다. 따라서 일은 물체에 작용한 힘의 크기와 작용한 힘의 방향으로 물체가 이동한 거리의 곱으로 나타낸다.

$$W = Fs$$

일＝힘×이동 거리

이 때 물체에 작용한 힘의 크기를 나타내는 단위는 뉴턴(N)이고, 물체가 움직인 거리를 나타내는 단위는 미터(m)이다. 따라서 일의 단위는 뉴턴미터(Nm)라고 한다. 뉴턴미터는 줄(J)로 나타낼 수 있다. 1J은 1N의 힘을 사용해서 물체를 1m 이동시킬 때 한 일의 양이다. 1J의 크기는 식탁에 놓여 있는 물 한 컵을 들어 마실 때 필요한 일의 양과 비슷하다.

**｜일에도 능률이 있다｜** 지수와 민규가 같은 무게의 상자를 2층까지 들어올리는 경우 필요한 힘의 크기와 이동하는 거리는 같다. 따라서 지수와 민규가 한 일의 양은 같다. 그러나 지수가 민규보다 20분 더 빨리 일을 끝냈다고 하자. 이 때 누가 더 능률적으로 일을 했다고 할 수 있을까?
두 사람이 한 일의 양은 같기 때문에 일의 양을 계산하는 것으로는 누가 더 능률적으로 일을 했는지 알 수 없다. 따라서 일을 하는 데 걸린 시간을 포함하는 다른 개념이 필요하다. 일의 양을 그 일을 하는 데 걸린 시간으로 나눈 값을 '일률'이라고 한다. 일률은 일의 능률을 나타낸다. 일률이

▼ 물체를 들어올릴 때 하는 일
100g의 물체를 들어올리는 데 필요한
힘의 크기는 약 1N이다. 이 물체를
1m 들어올릴 때 하는 일은
1N×1m ＝ 1J이 된다.

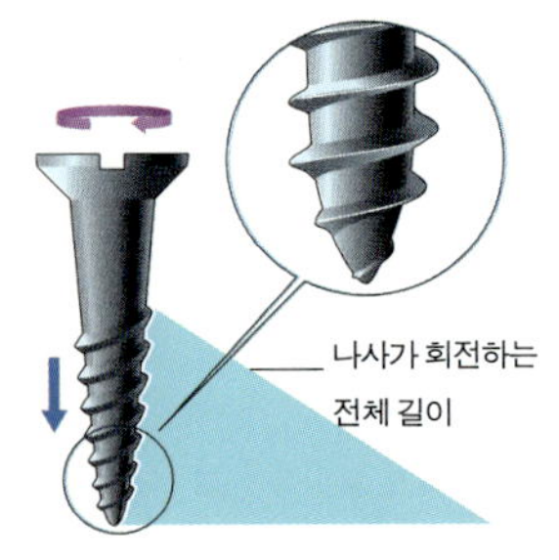

**나사**
나사 머리를 돌리면 나사 전체를 돌려
준 힘보다 더 큰 힘으로 앞으로
나아간다.



크다는 것은 좀더 효율적으로 일을 한다는 뜻이다.

$$P = \frac{W}{t}$$ 일률 $= \dfrac{\text{일}}{\text{시간}}$

일의 단위가 줄(J)이고, 시간의 단위가 초일 때 일률의 단위는 줄/초(J/s)이다. J/s의 다른 이름이 와트(W)이므로 1J/s는 1W와 같다. 1W는 대략 물 한 컵을 1초 동안에 1미터 들어올리는 경우의 일률이다. 1kW는 $10^3$W이며, 1MW는 $10^6$W이다.

엔진의 일률을 나타내는 데는 마력(HP)을 사용하는 경우가 많다. 이 단위는 영국의 제임스 와트<sup></sup>James Watt, 1736~1819가 자신이 발명한 증기 기관의 일률을 나타내기 위해 만들어 낸 것이다. 그는 말 한 필이 1초 동안에 할 수 있는 일의 양을 마력이라고 정하였다. 1마력은 746W와 같은 크기를 가진다.

어떤 엔진의 일률이 2배라는 것은 같은 양의 일을 하는 데 2분의 1의 시간이 걸리거나 같은 시간에 2배의 일을 할 수 있다는 것을 뜻한다. 예를 들어 강력한 엔진을 가진 자동차는 일률이 크며, 이런 자동차는 다른 자동차에 비해 짧은 시간에 빠른 속력을 얻을 수 있다.

**도구를 사용할 때의 일** 피라미드를 만들 때에는 빗면을 사용하여 무거운 돌을 높은 곳까지 들어올릴 수 있었다. 또 무거운 돌 아래에 통나무를 깔면 마찰력이 감소하므로 힘을 적게 들이면서 끌어올릴 수 있다.

|일을 할 때 도구를 사용하는 이유| 사람들은 아주 오래 전부터 무거운 물체를 쌓거나 옮길 때 지레·도르래·빗면 등의 도구를 사용해 왔다.

학교의 3층 음악실에 있는 피아노를 1층 강당으로 옮긴다고 가정해 보자. 무거운 피아노를 쉽게 옮길 수 있는 방법은 무엇일까? 아무런 도구도 사용하지 않고 직접 옮길 수도 있지만 도르래와 줄·빗면·바퀴 달린 판 등을 이용하면 힘을 훨씬 덜 들이고 쉽게 옮길 수 있다. 도르래와 줄을 이용하면 창문을 통해 피아노를 내릴 때 필요한 힘의 크기를 줄일 수 있고, 바퀴 달린 판은 마찰력을 줄여 주어 복도에서 쉽게 옮길 수 있도록 도와 준다. 또 빗면은 계단을 따라 피아노를 내릴 때 필요한 힘의 크기를 줄여 준다. 이처럼 도구를 사용하면 필요한 힘의 크기를 줄일 수 있다.

그러나 도구를 사용한다고 해도 일의 양이 줄어들지는 않는다. 힘의 이득을 얻은 만큼 이동 거리가 길어지기 때문이다. 따라서 일의 양에는 아무런 차이가 없다.

**지레의 원리를 이용한 도구**
호두까기 집게는 큰 힘을 내는 데 필요한 도구이고, 젓가락은 움직이는 거리의 이득을 얻을 때 필요한 도구이다.

## 거중기의 원리

거중기는 수원 화성을 축조할 때 처음 사용된 기계 장치로, 정약용이 설계하고 제작하였다. 거중기의 특징은 고정 도르래와 움직 도르래를 함께 이용하여 복합 도르래를 구성한 것이다. 고정 도르래는 힘의 방향을 바꾸어 주고, 움직 도르래는 절반의 힘만으로도 물체를 들어올릴 수 있게 한다. 화성 건축에 사용된 거중기는 7.2t에 달하는 돌을 30명의 힘으로 들어올릴 수 있었는데, 이는 장정 1명당 240kg의 물체를 들어올린 셈이 된다. 이 때 사용된 거중기는 모두 11대로, 공사 기간을 당초 예상한 10년에서 단 2년으로 단축시켰다.

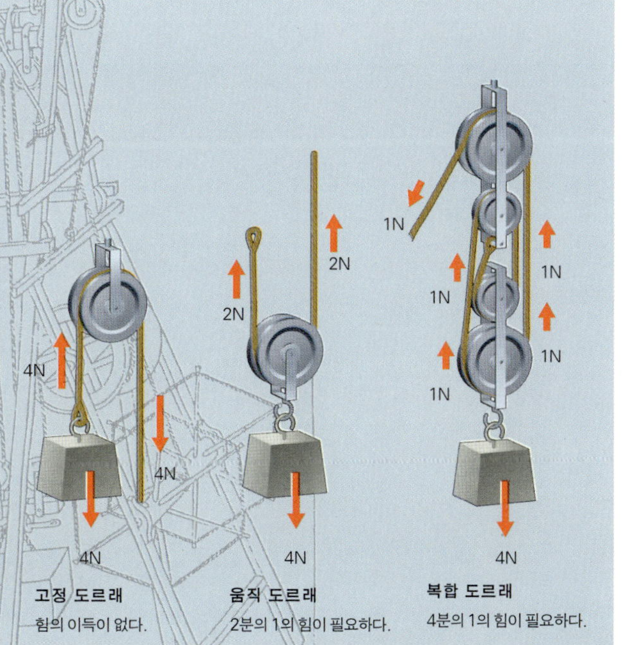

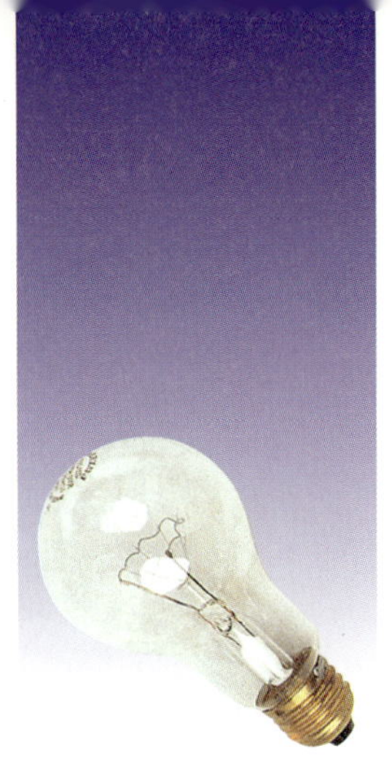

# 2 | 에너지란 무엇일까?

전기 공급이 중단된다면 우리의 생활은 어떻게 될까? 가로등은 물론 컴퓨터 · 텔레비전 · 냉장고 · 에어컨 · 지하철 등 모든 것이 작동을 멈추어 우리의 생활은 상상하기 힘들 정도로 불편해질 것이다. 이처럼 에너지를 공급받지 못한다면 인류 문명은 잠시도 유지될 수 없다. 볼 수도, 냄새를 맡을 수도, 느낄 수도 없는 에너지의 실체는 무엇일까?

**| 에너지의 정체를 찾아서 |** 사람은 음식물을 먹어야 일을 할 수 있고, 자동차는 연료를 태워야 달릴 수 있다. 또 시계의 용수철을 감아 주면, 용수철은 시계의 톱니바퀴를 돌린다. 따라서 음식물이나 연료, 용수철은 일을 할 수 있게 하는 능력을 가졌다고 할 수 있다. 과학에서는 이러한 능력을 '에너지'라고 한다. 에너지의 어원은 '안에 있는 일'이라는 뜻의 그리스 어 '에르곤ergon'이다.

▼ **화력 발전** 석탄이나 석유와 같은 화석 연료를 이용해서 만든 증기의 힘으로 발전기를 돌려 전력을 얻는 발전을 말한다.

인류는 대부분 석유·석탄·천연 가스, 나무 등에서 에너지를 얻고 있는데, 지금 수준으로 에너지를 소비한다면 석유는 40년, 석탄은 200년, 천연 가스는 60년 정도면 고갈될 것이라고 한다.

발전소에서는 수력·화력·원자력·풍력·파력·지열 등 여러 에너지원을 이용하여 전기 에너지를 생산한다. 그러나 발전소에서 전기를 생산한다기보다는 다른 형태의 에너지를 전기 에너지로 전환시킨다고 하는 것이 옳다. 화력 발전소에서는 석유나 석탄을 연소시킬 때 나오는 열로 물을 가열한다. 물이 끓어 고압의 수증기가 되면, 이 압력으로 발전기의 *터빈을 돌려 전기를 생산한다. 즉, 석유나 석탄이 지닌 화학 에너지를 전기 에너지로 바꾸는 것이다. 원자력 발전소에서는 석유나 석탄의 화학 에너지 대신에 연료봉인 우라늄 핵의 에너지를 이용하여 전기 에너지를 얻어 낸다. 수력 발전소에서는 댐을 지어 물을 모은다. 이 물을 파이프를 통해 낙하시켜 발전기 터빈의 프로펠러에 부딪히게 하고, 이 충돌로 발전기를 회전시켜 전기를 생산한다.

이와 같이 발전소에서 만들어진 전기 에너지는 선류에 의해 가정이나 공장으로 운반된 다음, 그 곳에서 여러 형태의 에너지로 전환된다.



터빈
흐르는 물이나 증기가 지닌 에너지를 기계적인 일로 변환시키는 엔진으로, 전력을 생산하는 데 사용된다.

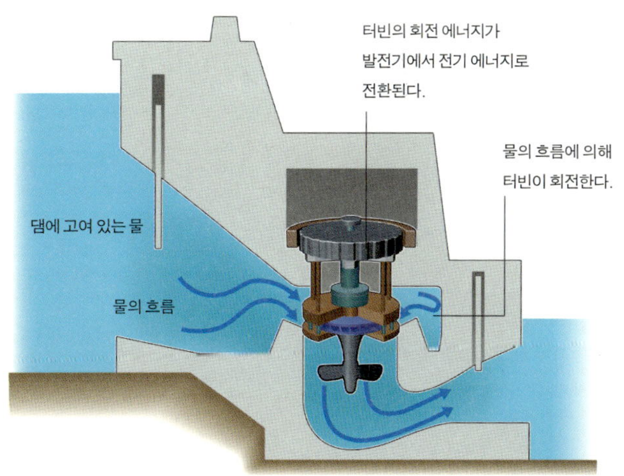


수력 발전 물의 위치 에너지와 운동 에너지를 이용하여 터빈을 돌려 전력을 얻는 발전 방식을 말한다.

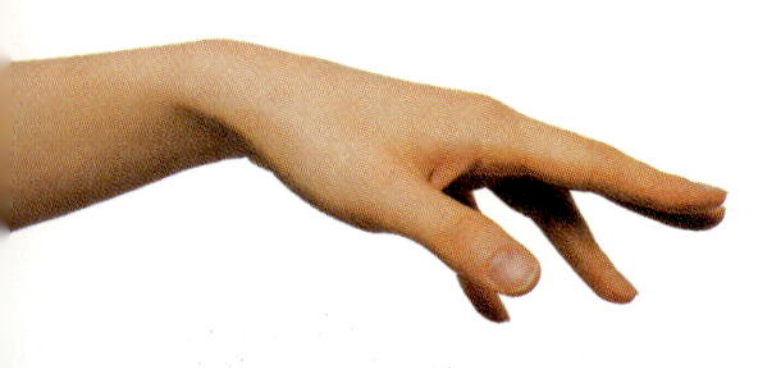

**공에서의 에너지 전환**
사람의 화학 에너지를 이용하여 공을
들어올리면 사람이 한 일은 중력에
의한 위치 에너지로 저장된다. 공을
놓으면 중력에 의한 위치 에너지가
운동 에너지로 전환된다.

**프랑스 화가 맥시밀런 루스
Maximilien Luce의 '말뚝박기'**
사람의 근육이 가진 화학 에너지를
이용하여 해머를 들어올린 다음
놓으면, 중력에 의해 해머가
낙하하면서 말뚝을 박는 일을 한다.

| 에너지의 흐름과 전환 과정 | 건설 현장에서 이용하고 있는 말뚝 박는 기계에서 일어나는 에너지 전환을 알아보자. 말뚝 박는 기계로 말뚝을 박을 때, 우선 무거운 해머를 높은 곳까지 들어올려야 한다. 그런 다음 해머를 낙하시켜 아래에 있는 말뚝 머리에 충돌시켜 말뚝을 땅 속으로 밀어넣는다.

높은 곳에 있는 물체는 중력의 작용으로 낙하한다. 물체는 시간이 지남에 따라 가속되므로 점점 더 빠르게 낙하한다. 낙하하는 물체가 다른 물체와 충돌하면 힘을 가하면서 물체를 이동시키므로 일을 할 수 있다. 따라서 높은 곳에 있는 물체는 일을 할 수 있는 능력을 갖고 있다. 이와 같이 높은 곳에 있는 물체가 가지는 에너지를 중력에 의한 '위치 에너지'라고 한다.

또 달리는 롤러코스터나 자동차와 같이 운동하고 있는 물체도 다른 물체와 충돌하면 힘을 가하면서 물체를 이동시키는 일을 한다. 따라서 운동하고 있는 물체는 에너지를 가지는데, 이를 '운동 에너지'라고 한다.

높은 곳에 있는 물체가 낙하하면 중력에 의한 위치 에너지가 감소하면서 점점 더 빨라지므로 운동 에너지가 증가한다고 할 수 있다. 이와 같이 중력에 의한 위치 에너지와 운동 에너지는 서로 쉽게 전환된다. 따라서 두 에너지를 합쳐 '역학적 에너지'라고 한다.

해머가 말뚝에 충돌하면 해머는 말뚝을 땅 속으로 밀어넣는다. 이 때 말뚝은 어느 정도 깊이까지 박힌 다음 멈춘다. 말뚝과 땅 사이에 마찰력이 작용하고 있기 때문이다. 이 과정을 에너지의 흐름에 따라 설명해 보자. 해머가 높은 곳에 있을 때 가진 중력에 의한 위치 에너지는 낙하하면서 운동 에너지로 바뀌고, 말뚝에 충돌하면 운동 에너지가 열에너지로 변한다.

이 해머로 새로운 일을 하기 위해서는 해머를 높은 곳으로 다시 들어올려야 하고, 높은 곳까지 들어올리기 위해서는 가솔린 엔진을 장착한 크레인으로 일을 해야 한다. 가솔린의 화학 에너지를 해머의 중력에 의한 위치 에너지로 바꾸는 것이다. 만약 사람의 힘으로 해머를 들어올린다면 사람의 근육이 가진 화학 에너지가 해머의 중력에 의한 위치 에너지로 전환된다. 우리 생활에 꼭 필요한 에너지는 과학에서도 가장 중심이 되는 개념이다.

위치 에너지·운동 에너지·전기 에너지·열에너지·화학 에너지 등 여러 가지 다른 형태로 존재할 수 있을 뿐만 아니라 열, 일과 같이 한 물체에서 다른 물체로 이동하는 과정에서 존재하는 에너지도 있다. 또한 여러 방법을 통해 한 형태에서 다른 형태로 변환될 수 있는데, 이와 같은 에너지의 흐름과 전환 과정을 살펴보면 자연에서 일어나는 대부분의 현상을 이해할 수 있다.

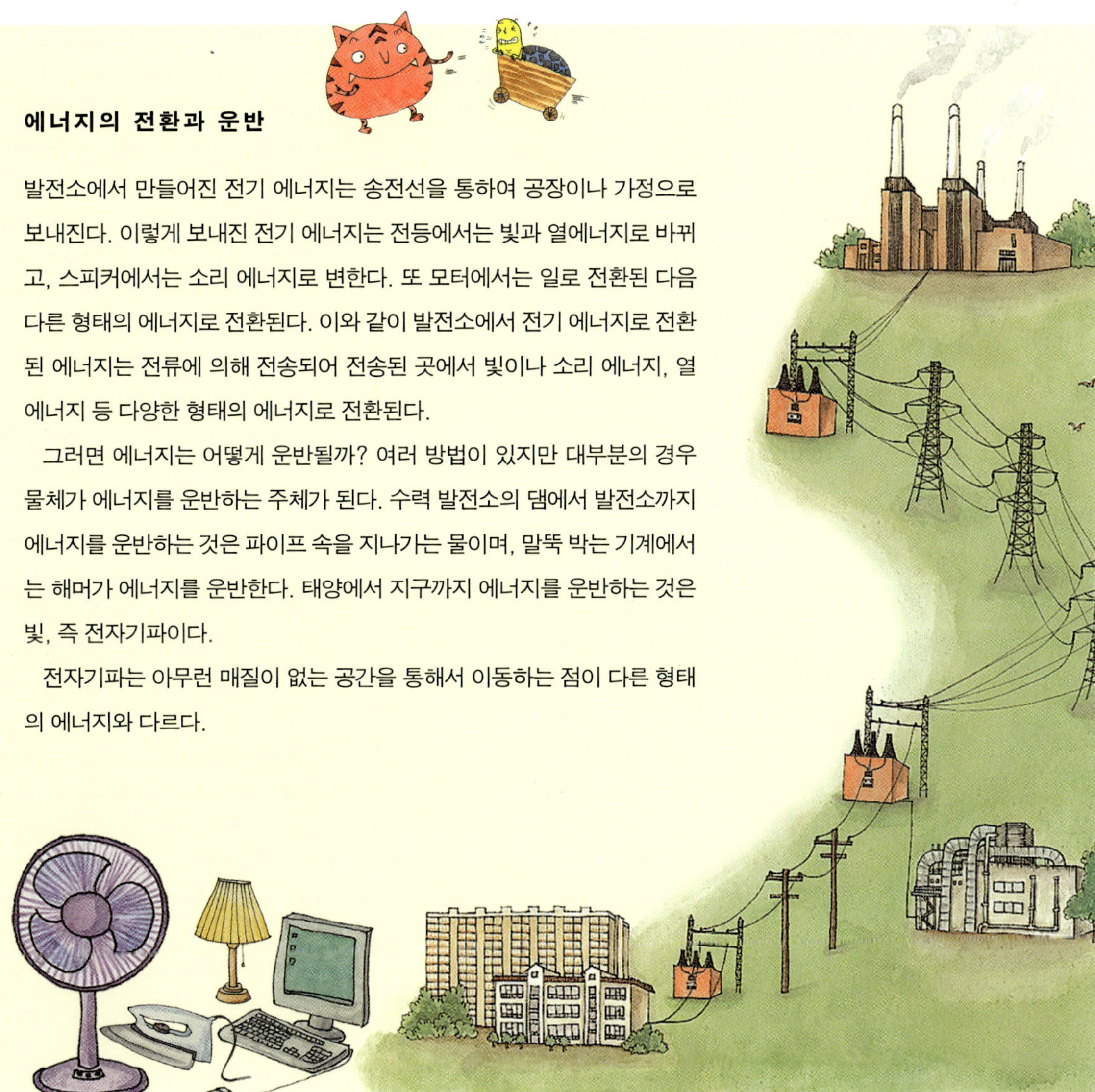

### 에너지의 전환과 운반

발전소에서 만들어진 전기 에너지는 송전선을 통하여 공장이나 가정으로 보내진다. 이렇게 보내진 전기 에너지는 전등에서는 빛과 열에너지로 바뀌고, 스피커에서는 소리 에너지로 변한다. 또 모터에서는 일로 전환된 다음 다른 형태의 에너지로 전환된다. 이와 같이 발전소에서 전기 에너지로 전환된 에너지는 전류에 의해 전송되어 전송된 곳에서 빛이나 소리 에너지, 열에너지 등 다양한 형태의 에너지로 전환된다.

그러면 에너지는 어떻게 운반될까? 여러 방법이 있지만 대부분의 경우 물체가 에너지를 운반하는 주체가 된다. 수력 발전소의 댐에서 발전소까지 에너지를 운반하는 것은 파이프 속을 지나가는 물이며, 말뚝 박는 기계에서는 해머가 에너지를 운반한다. 태양에서 지구까지 에너지를 운반하는 것은 빛, 즉 전자기파이다.

전자기파는 아무런 매질이 없는 공간을 통해서 이동하는 점이 다른 형태의 에너지와 다르다.

# 3 | 에너지 보존의 법칙

전기 주전자에 물을 데우면 전기 에너지는 열에너지로 바뀌지만 뜨거운 물은 곧 식어 버린다. 물의 열에너지는 어디로 간 걸까? 물의 열에너지는 사라진 것이 아니라 공기 중으로 퍼져 나간 것일 뿐이므로 에너지의 총합은 같다. 이처럼 에너지는 끊임없이 변하고 그 형태도 일정하지 않지만 전체 양은 항상 일정하게 보존된다고 하는 에너지 보존 법칙에 대해 알아보자.

**| 에너지는 전환되어도 총량은 변하지 않는다 |** 지구는 지금부터 약 46억 년 전에 탄생하였다. 소행성들이 차례로 충돌하여 합쳐지면서 지구가 만들어진 것이다. 소행성이 원시 지구에서 멀리 떨어져 있을 때에는 위치 에너지를 가진다. 이것은 댐에 저장된 물이 중력에 의한 위치 에너지를 갖는 것과 같다. 소행성이 원시 지구의 중력에 의해 지구에 끌려오면 속력이 점점 증가한다. 소행성의 위치 에너지가 운동 에너지로 바뀌는 것이다.

**▼ 소행성 충돌**
소행성의 위치 에너지가 운동 에너지로 전환되고, 지구와 충돌하면 열에너지로 전환된다. 이 과정에서 에너지의 전체 양은 변하지 않는다.

이후 소행성이 지구에 충돌하면 소행성의 운동 에너지는 매우 큰 열에 너지로 변한다. 이 열 에너지의 일부는 열 복사에 의해 지구 밖으로 방출되고 남은 것은 지구 내부에 축적되었다. 그래서 지구 내부의 온도가 매우 높은 것이다.

이와 같이 소행성이 처음에 가진 중력에 의한 위치 에너지는 운동 에너지와 열에너지로 모습을 바꾸었다. 이 때 에너지의 형태가 변하더라도 에너지의 전체 양은 변하지 않는다. 이것을 '에너지 보존 법칙'이라고 한다.

**| 야구공은 얼마나 높이 올라갈까? |** 야구 경기에서 투수가 시속 144km로 공을 던지면, 이 속도는 초속 40m에 해당한다. 기계를 이용하여 야구공을 초속 40m로 똑바로 위로 쏘아 올렸다고 가정해 보자. 공기 마찰에 의한 에너지 손실이 없다고 가정할 때 이 공은 몇 m 높이까지 올라갈 수 있을까?

공을 위로 쏘아 올리면 높이 올라갈수록 속력이 점점 느려지다가 꼭대기에 도달하는 순간 정지한다. 처음에 지녔던 공의 운동 에너지가 가장 높은 지점에서 모두 중력에 의한 위치 에너지로 전환된 것이다. 에너지 보존 법칙에 의하면, 쏘아 올릴 때 가졌던 공의 운동 에너지는 가장 높은 지점에서 가지는 위치 에너지와 그 크기가 같다.

어떤 물체의 운동 에너지는 그 물체의 질량에 비례하고, 속력의 제곱에 비례한다. 구체적으로 질량이 $m$(kg)인 물체가 속력 $v$(m/s)로 운동할 때, 이 물체의 운동 에너지 $E_k$는 다음과 같다. 이 때 운동 에너지의 단위는 줄(J)로 나타낸다.

▶ **역학적 에너지의 전환** 공기의 마찰을 무시할 때 처음 던져 올리는 순간의 야구공의 운동 에너지는 위로 올라가면서 위치 에너지로 전환된다. 최고점에서 운동 에너지는 0이고, 위치 에너지만 가진다. 그러나 위로 올라가는 동안의 총 에너지는 일정하다.

$$\text{운동 에너지} = \frac{1}{2} \times \text{질량} \times (\text{속력})^2$$

$$E_k = \frac{1}{2}mv^2$$

어떤 물체의 중력에 의한 위치 에너지는 그 물체의 질량에 비례하고, 높이에 비례한다. 구체적으로 질량 $m$(kg)인 물체가 높이 $h$(m)에 있을 때 중력에 의한 위치 에너지 $E_p$는 다음과 같이 나타낸다.

$$\text{중력에 의한 위치 에너지} = \text{중력 가속도} \times \text{질량} \times \text{높이}$$

$$E_p = 9.8mh$$

중력 가속도는 물체가 아래로 떨어질 때 속력이 증가하는 비율을 말한다. $9.8\text{m/s}^2$은 낙하하는 물체의 속도가 1초에 $9.8\text{m/s}$씩 증가하는 것을 뜻한다. 중력에 의한 위치 에너지의 단위도 줄(J)이다.

따라서 처음에 쏘아 올릴 때의 운동 에너지는 가장 높은 지점에서의 위치 에너지와 크기가 같다는 에너지 보존의 법칙을 위의 두 식에 대입하여 나타내면 다음과 같다.

$$\text{처음에 공이 가진 운동 에너지} = \text{가장 높은 지점에서 공이 가진 위치 에너지}$$

$$\frac{1}{2}mv^2 = 9.8mh \quad v^2 = 19.6h \quad \text{따라서} \quad h = \frac{v^2}{19.6}$$

초속 40m로 공을 똑바로 위로 쏘아 올리면 공은 몇 m 높이까지 올라갈까? 위의 식에 대입해 계산해 보자. 처음 속력 $v$가 40일 때, 높이 $h = 40 \times 40 \div 19.6 \fallingdotseq 80$이다. 따라서 초속 40m인 물체가 가지는 운동 에너지의 크기는 이 물체가 80m 높이에 올라갔을 때 가지는 중력에 의한 위치 에너지의 크기와 같다.

| **높이뛰기 선수는 얼마나 높이 뛸 수 있을까?** | 육상 종목 가운데 높이뛰기 경기를 떠올려 보자. 선수는 힘차게 달려간 다음 땅에 반동을 주면서 뛰어오른다. 이 때 달릴 때 가졌던 운동 에너지가 모두 중력에 의한 위치 에너지로 전환된다면 높이뛰기의 세계 기록은 얼마나 될까?

높이뛰기 선수의 빠르기는 초속 10m이다. 따라서 위 식에 대입하면 약 $5\mathrm{m}\left(=\dfrac{10^2}{19.6}\right)$가 나온다. 사람의 무게 중심이 배꼽 주위, 즉 지상으로부터 1m 정도 높은 곳에 있으므로 이론상 높이뛰기의 최고 기록은 약 6m라고 할 수 있다. 그러나 실제 높이뛰기의 기록은 그 절반 이하다. 높이뛰기의 세계 기록은 1993년에 쿠바의 선수가 세운 2m 45cm이고, 우리 나라의 최고 기록은 2m 34cm에 불과하다.

대나무나 유리 섬유로 만든 장대를 이용하는 장대높이뛰기의 경우는 어떨까? 선수는 자신이 가진 운동 에너지를 장대의 탄성 에너지로 전환시킨 다음, 중력에 의한 위치 에너지를 얻는다. 이 경우에는 직접 뛰어오를 때보다는 전환 효율이 높지만 약 6m 이상의 기록은 기대하기 어렵다. 장대를 사용하더라도 선수가 처음에 가졌던 운동 에너지를 모두 위치 에너

**에너지 전환**
마이크는 소리 에너지를 전기
에너지로 전환하고, 스피커는 전기
에너지를 소리 에너지로 전환한다.

장대높이뛰기의 세계 기록은 6m 14cm이고,
우리 나라의 기록은 5m 63cm이다. 장대높이뛰기 기록의
한계는 얼마일까?

지로 전환시킬 수는 없다. 왜냐 하면 선수가 지닌 운동 에너지의 일부가 공기와의 마찰이나 장대가 휘어질 때 생기는 마찰 등에 의해 열에너지로 빠져 나가기 때문이다. 그래서 장대높이뛰기의 최고 기록은 이론값보다 절대로 높아질 수 없는 것이다.

**| 에너지 전환 효율 |** 일반적으로 어떤 두 형태의 에너지도 서로 전환시킬 수 있다. 예를 들어 소리 에너지와 전기 에너지는 스피커와 마이크를 이용하여 서로 전환할 수 있다. 즉, 스피커는 전기 에너지를 소리 에너지로 전환하고, 마이크는 소리 에너지를 전기 에너지로 전환한다. 이와 같이 여러 형태의 에너지를 효율적으로 전환하기 위해서는 도구나 기술이 필요하다. 예를 들어, 발전기가 발명되기 전에는 석유, 석탄(화학 에너지), 높은 곳에 있는 물(위치 에너지)이 가진 에너지를 전기 에너지로 전환시킬 수 없었다.

한편, 한 형태의 에너지가 다른 형태의 에너지로 전환될 때 전환 효율이 낮으면 많은 열이 발생한다. 예를 들어, 자동차 엔진은 휘발유가 가진 에너지의 3분의 1도 운동 에너지로 전환시키지 못한다. 나머지 3분의 2가 열의 형태로 빠져 나가 버리기 때문이다. 열에너지로 한번 빠져 나간 것은 위치 에너지나 운동 에너지와 같은 역학적 에너지로 완전히 전환시킬 수 없다. 우리가 '에너지를 절약해야 한다.' 고 말하는 것도 이 때문이다. 즉 에너지를 절약하자는 말은 쓸모없이 열로 전환되는 에너지를 줄이자는 것이다.

### 교통과 에너지

세계적으로 1차 에너지 소비량의 25%는 교통이 차지한다. 이것은 전체 이산화탄소 배출량의 4분의 1이 교통에서 발생한다는 것을 의미한다. 비행기 · 선박 · 승용차 · 버스 · 기차 · 자전거 등의 교통 수단 가운데 1인 km(한 사람을 1km 실어나르는 것)당 가장 많은 에너지를 소비하고 가장 많은 이산화탄소를 배출하는 것은 승용차와 비행기이다. 반면에 이산화탄소 배출량이 거의 없고 에너지를 가장 적게 소비하는 것은 자전거이다.

기차와 버스가 1인 km당 이산화탄소를 각각 90g과 59g 배출하는 데 비해 승용차는 200g을 배출한다. 승용차가 버스에 비해 3~4배 많은 에너지를 소비하는 것이다. 교통에서 에너지를 효율적으로 사용하고 이산화탄소 배출을 줄이기 위해서는 대중 교통 수단을 이용해야 한다.

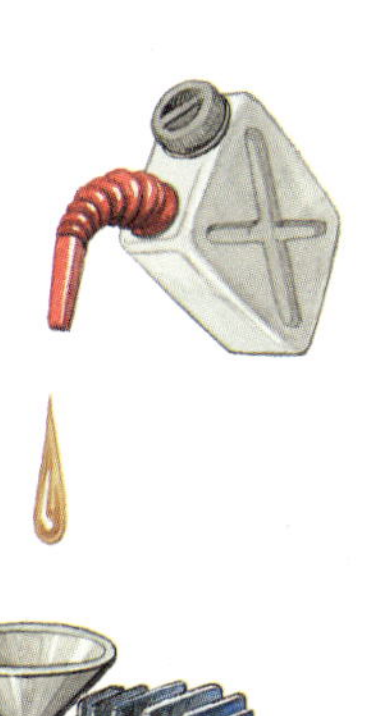

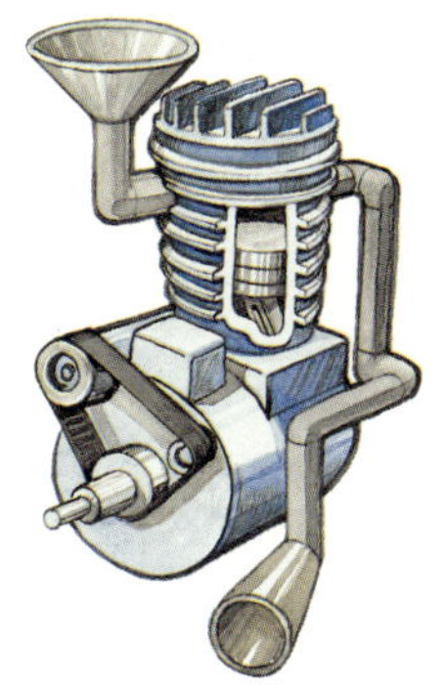

**자동차 엔진의 효율**
자동차 엔진 자체의 효율은 25~35%이고, 바퀴에서 나오는 효율은 15% 정도이다. 즉, 연료의 에너지가 100J이면 이 가운데 자동차가 달리는 데 사용되는 에너지는 15J에 불과하다.

# 4 | 에너지 전환과 열에너지

스카이다이빙은 비행기에서 뛰어내리는 스포츠이다. 높은 상공에서 낙하해도 스카이다이버가 다치거나 죽는 경우는 거의 없다. 왜 그럴까? 스카이다이버가 비행기에서 뛰어내린 직후에는 중력에 의해 가속되지만 어느 순간부터는 낙하 속력이 계속 증가하지 않는다. 이는 감소한 위치 에너지가 운동 에너지로 전환되지 않았다는 것을 보여 준다. 위치 에너지는 어디로 사라진 것일까?

**| 역학적 에너지는 열에너지로 전환된다 |** 스카이다이빙에는 2가지 힘이 작용하는데, 중력과 공기 저항이 그것이다. 스카이다이버가 처음 떨어질 때에는 중력 가속도가 공기 저항보다 더 커서 떨어지는 속도가 점점 증가하지만 몇 초 후에는 낙하 속도가 일정해진다. 속도가 빨라질수록 공기의 저항이 커지기 때문이다. 어느 순간 중력 가속도와 그 반대 방향으로 작용하는 공기의 저항이 균형을 이루어 가속도는 0이 된다. 가속도가 0이라는 것은 속력이 일정하다는 뜻이다. 이 때의 일정한 속력을

'종단 속도'라고 한다. 종단 속도는 스카이다이버의 신체가 향하는 방향과 팔과 다리의 자세에 따라 달라진다. 보통 스카이다이버가 팔과 다리를 쭉 편 자세로 낙하할 때의 종단 속도는 시속 약 200km이다. 이 정도의 속력으로 땅에 낙하한다면 바로 사망이다.

그래서 스카이다이버는 마지막에 낙하산을 펼쳐 공기의 저항을 크게 하여 속도를 감소시킨 다음 안전하게 착지한다. 낙하산을 펴면 일단 저항이 많이 커지므로 처음엔 속력이 줄어들지만 결국 이 때에도 등속 운동을 하게 된다.

바람이 불지 않을 때 떨어지는 빗방울이나 눈의 속력도 공기의 저항 때문에 거의 일정한 값을 가진다.

스카이다이버나 빗방울처럼 일정한 속력으로 낙하할 때, 중력에 의한 위치 에너지는 감소하지만 속력은 일정하다. 따라서 운동 에너지는 증가하지 않고 일정하다. 그러면 감소한 위치 에너지는 어디로 간 것일까? 감소한 위치 에너지는 공기의 저항에 의해 열에너지로 전환된다.

**스카이다이버**
종단 속도는 200km/h이다. 스카이다이버는 몸의 위치를 변화시켜 종단 속도를 조절한다. 다리나 머리로 떨어지면 공기의 저항을 덜 받으므로 최대 종단 속도를 얻을 수 있다. 팔과 다리를 쭉 펴면 최소 종단 속도를 얻을 수 있다.

**｜일은 열에너지로 전환된다｜** 제주도 서귀포 포구에서 계곡을 1km 정도 거슬러 올라가면 천지연 폭포가 나온다. 기암 절벽 위에서 우레와 같은 소리를 내며 쏟아져 내리는 하얀 물기둥은 장관을 이룬다. 높이가 22m 정도 되는, 천지연 폭포 위의 물은 중력에 의한 위치 에너지를 갖고 있다. 이 물이 연못에 떨어질 때에는 위치 에너지가 운동 에너지로 전환된다. 연못에 떨어진 다음에는 운동 에너지가 열에너지로 전환된다. 열에너지는 물의 온도를 높일 수 있으므로 폭포 아래로 떨어진 물은 폭포 위의 물보다 온도가 높을 것이다. 그 차이는 얼마나 될까? 답은 0.05℃이다. 그러나 이 정도의 차이는 거의 확인할 수 없다.

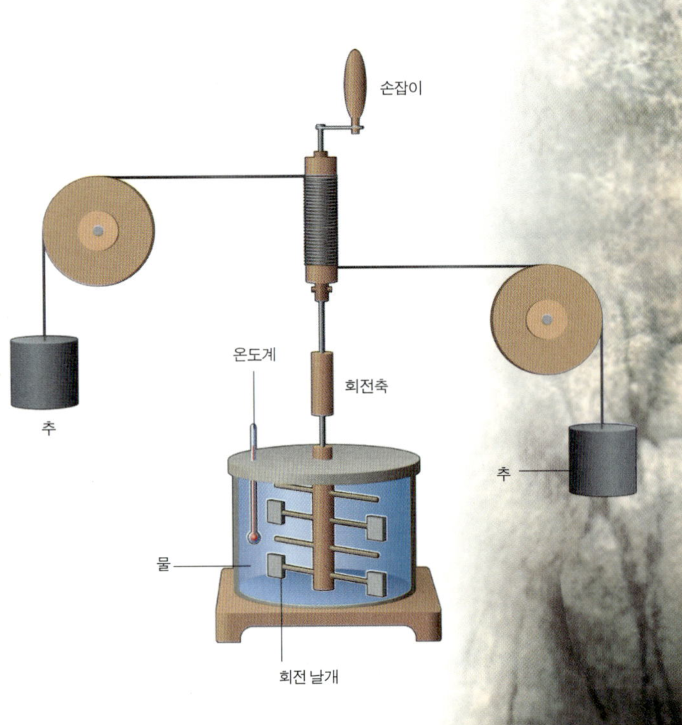



**줄의 실험 장치** 줄은 1843년에 열과 역학적인 일 사이의 정량적인 관계를 정밀하게 측정하여 발표했다. 그는 추에 매달린 줄에 의해 움직이는 회전 날개를 물 속에 넣고 물의 온도가 올라가는 것을 측정하였다.

영국의 과학자 줄James Prescott Joule, 1818~1889은 역학적 에너지가 열에너지로 바뀐다는 사실을 확인하기 위해 실제 폭포에서 이와 같은 온도 차이를 측정해 보았다. 온도 측정에 실패한 줄은 위의 그림과 같은 실험 장치를 만들었다.

추를 낙하시켜 중력에 의한 위치 에너지를 소비하면서 물을 저으면 열이 발생한다. 즉, 이 장치의 위쪽에 있는 축에 매단 추를 일정한 거리만큼 낙하시킨다. 그러면 추가 떨어지면서 장치의 내부에 있는 날개를 회전시켜 물을 세차게 젓는다. 이 때 마찰에 의한 열이 발생하면서 물의 온도가 상승한다. 이것을 온도계로 측정한 것이다.

줄의 이 실험은 일이 직접 열로 전환되는 것을 확인했다는 점에서 매우 중요하다. 줄은 또다른 실험에서 발생한 열량과 소비한 에너지의 비례 관계를 간단하게 밝혔다. 줄은 '저항의 양쪽에 전압을 걸어 전류를 흐르게 하면 저항에서 열이 발생하고, 이 때 발생하는 열량은 저항과 전류의 제곱의 곱에 비례한다.'는 사실을 알아냈던 것이다. 전류가 흐를 때 저항에 의해 도체에 발생하는 열을 '줄열'이라고 하는데, 줄은 이를 통해 열과 에너지 사이의 정량적인 관계를 밝혔다.

| 에너지 전환과 열의 환산 비율 | 에너지의 단위에는 국제 단위인 줄(J) 이외에 열에너지의 크기를 나타내는 칼로리(cal)가 있다. 둘은 어떤 관계에 있을까?

현재 우리 나라에서 사용하는 에너지 단위는 J이고, 열량의 공식 단위도 J이다. 하지만 일상 생활에서는 열량의 단위로 cal를 주로 사용한다. 1cal는 물 1g의 온도를 1℃ 상승시키는 데 필요한 열량이다. 전열기로 1cal의 줄열을 발생시키기 위해서는 4.2J의 전기 에너지가 필요하다. 따라서 '4.2J = 1cal'라는 관계가 성립된다.

천지연 폭포 이야기로 돌아가 보자. 질량이 1kg인 물이 높이 22m인 폭포 위에 있을 때 중력에 의한 위치 에너지는 약 200J이다. 200J은 약 48cal(200÷4.2)에 해당한다. 물 1kg의 온도를 1℃ 상승시키기 위해서는 1,000cal의 열이 필요하다. 따라서 높이 22m인 천지연 폭포의 물이 낙하하면 온도는 약 0.05℃ 상승한다는 것을 알 수 있다.

# 4.2J=1cal

질량이 1kg인 물이 높이 22m인 폭포 위에 있을 때 중력에 의한 위치 에너지는 약 200J이다. 200J은 약 48cal에 해당하고, 물 1kg의 온도를 1℃ 상승시키기 위해서는 1,000cal의 열이 필요하다. 따라서 높이 22m인 천지연 폭포의 물이 낙하하여 중력에 의한 위치 에너지가 모두 열에너지로 전환된다고 가정하면 물의 온도는 약 0.05℃ 상승한다.

# 5 화학 반응과 에너지

추운 겨울날 밖에서 오랫동안 떨다 보면 따뜻한 방 안이 그리워진다. 이럴 때 휴대용 주머니 난로와 파스난로는 아주 유용하다. 주머니에 넣거나 속옷에 붙이기만 해도 따뜻한 열을 내기 때문이다. 불이 붙는 것도 아닌데 왜 열이 나는 걸까?

**| 화학 반응과 에너지 출입 |** 2001년 9월 11일, 뉴욕의 세계 무역 센터 빌딩에 비행기가 충돌하면서 불이 붙는가 싶더니 1시간 정도 지난 후 결국 무너지고 말았다. 이렇게 짧은 시간에 건물이 붕괴한 것은 비행기와 충돌할 때 받은 충격 때문이 아니었다. 직접적인 이유는 충돌할 때 비행기 연료가 불타면서 발생한 많은 열로 인해 건물을 지탱하는 철 구조물이 녹아 내렸기 때문이라고 한다.

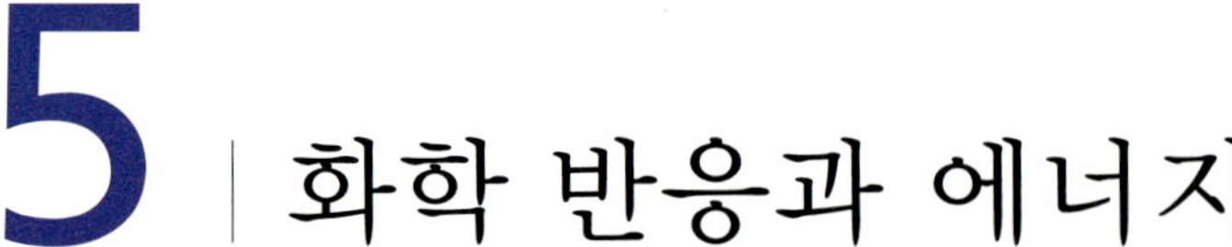

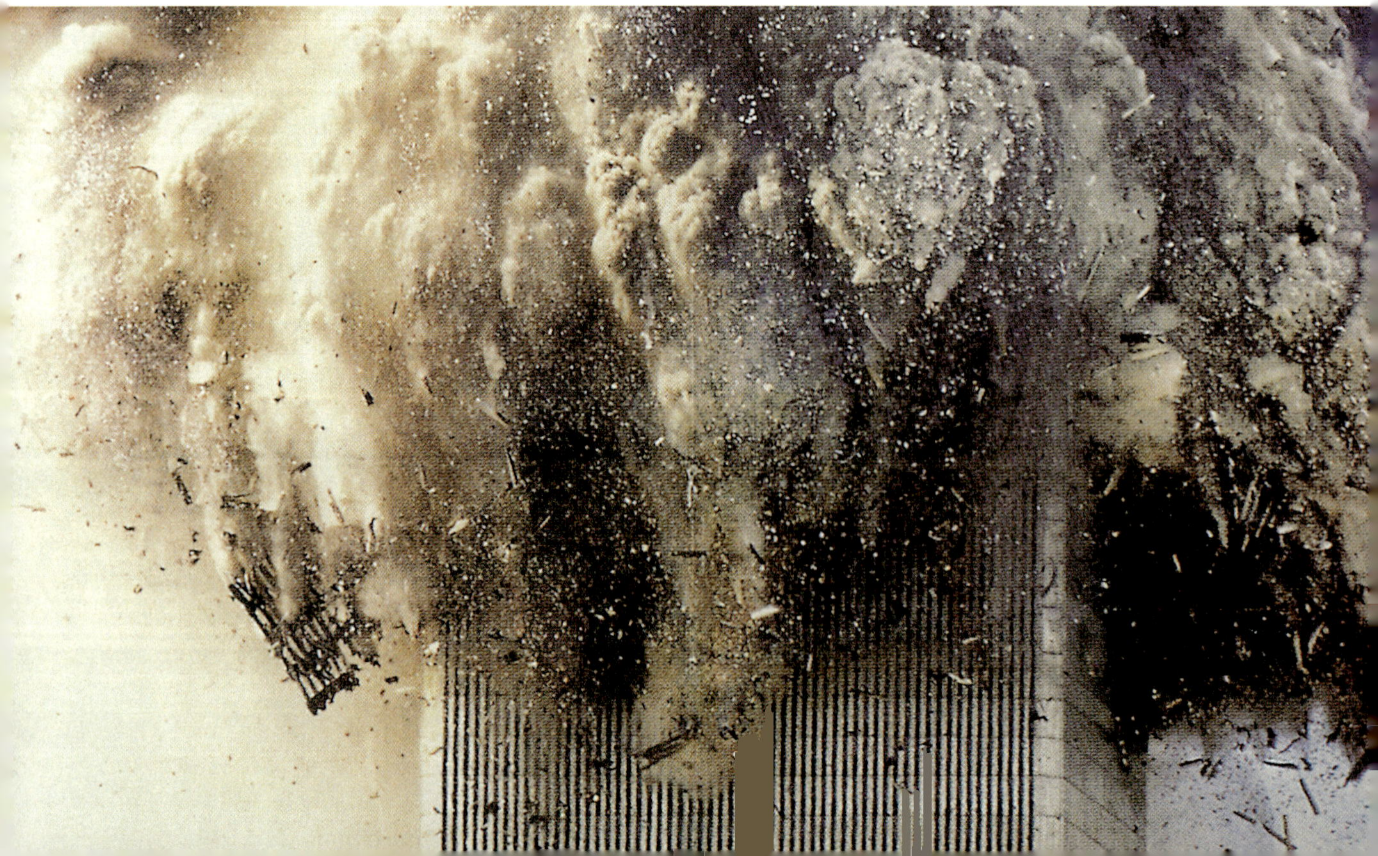

연소는 화학 변화의 한 종류로, 물질이 산소와 반응하면서 열과 빛을 발생시키는 반응이다. 물질과 산소의 반응이 급격하게 일어나면 폭탄이 폭발하는 것과 같은 엄청난 에너지가 생긴다. 세계 무역 센터 빌딩이 무너진 것은 비행기가 충돌할 때 일어난 급격한 연소 반응으로, 엄청난 에너지가 짧은 시간에 폭발적으로 발생했기 때문이다.

우리 주위에서는 화학 반응이 끊임없이 일어나고 있다. 연소나 폭발처럼 그 변화를 쉽게 알 수 있는 빠른 화학 반응도 있고, 쇠가 녹슬거나 지하의 석회암이 수억 년의 기간 동안 서서히 녹는 것과 같은 느린 화학 반응도 있다. 이러한 화학 반응이 일어날 때에는 반드시 에너지가 출입하는데, 그 에너지의 대부분은 열에너지이다. 그 외에 전기 에너지나 빛에너지 등이 출입하는 경우도 있다.

| **에너지 방출 반응과 에너지 흡수 반응** | 화학 반응에는 몇 개의 물질이 화합하여 한 종류의 화합물을 만드는 것도 있고, 한 물질이 몇 가지의 새로운 물질로 분해되는 것도 있다. 또한 화합물끼리 접촉하여 그 성분 원소를 교환함으로써 새로운 화합물을 만드는 것도 있다. 이러한 화학 반응에 참여하는 화합물은 원자들의 다양한 결합으로 이루어지는데, 각각의 결합의 세기는 화합물마다 조금씩 다르다. 그래서 화학 반응으로 원자들 사이의 결합이 바뀌면 남아 있는 에너지가 방출되거나, 필요한 에너지가 흡수된다.

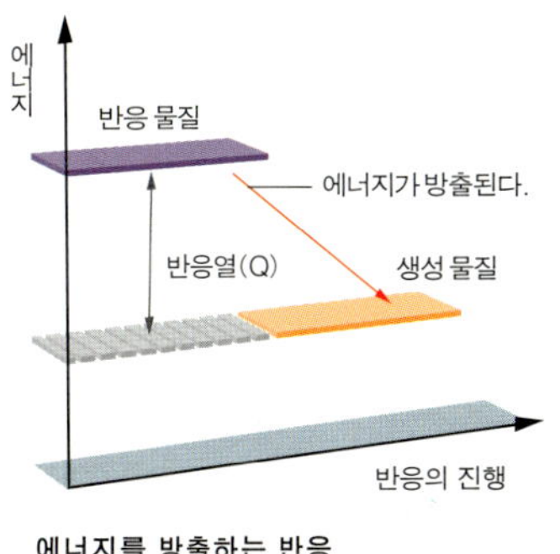


에너지를 방출하는 반응

물질이 연소하거나 폭발할 때는 많은 열이 발생한다. 반응성이 매우 강한 나트륨 금속을 물 속에 넣으면 수소 기체가 생긴다. 이 경우에도 많은 열이 발생하기 때문에 그 열에 의해 수소 기체에 불이 붙어 폭발할 수도 있다. 또한 산과 염기가 반응하여 물이 생성되는 중화 반응이 일어날 때에도 열이 발생한다. 이런 반응들의 경우에는 에너지가 방출되었기 때문에 생성 물질이 가진 에너지가 반응 물질이 가진 에너지보다 작다.

반대로 에너지를 흡수하면 생성 물질이 가진 에너지가 반응 물질이 가진 에너지보다 많아진다. 물은 전기 에너지를 가해 주거나 고온으로 가

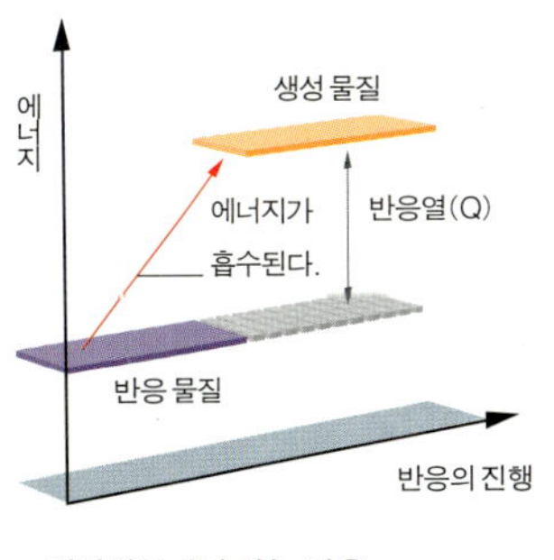


에너지를 흡수하는 반응

열하면 수소와 산소로 분해되는 반응을 한다. 또한 식물은 태양으로부터 흡수한 에너지를 이용하여 이산화탄소와 물에서 포도당을 합성한다.

**｜에너지를 방출하는 반응이 저절로 일어나지 않는 이유｜** 에너지를 방출하는 반응이 일어나면 에너지의 일부가 주위로 방출되면서 물질이 만들어지기 때문에, 반응이 일어난 후에 생성된 물질은 반응 전보다 안정된 상태를 유지한다. 그러므로 에너지를 방출하는 반응은 쉽게 일어날 수 있다. 그러나 나무가 스스로 불꽃을 내면서 타지 않는 것처럼, 열이 많이 발생하는 연소 반응도 저절로 일어나지는 않는다. 나무를 태우려면 먼저 불을 이용하여 가열해 주어야 한다.

물질에 화학 반응이 일어나기 위해서는 먼저 기존의 물질을 구성하는 원자들 사이의 결합이 끊어져야 한다. 이 결합을 끊기 위해서는 일정량의 에너지가 필요하다. 다시 말해, 에너지를 방출하는 반응이라도 새로운 물질이 만들어지려면 먼저 에너지를 흡수해야 하는 것이다.

이 때 반응 물질이 흡수하는 에너지를 '활성화 에너지' 라고 한다. 이렇

**식물의 광합성** 식물의 잎에서는 토양으로부터 흡수한 물과 잎의 기공으로 받아들인 이산화탄소를 이용하여 포도당과 산소를 생성하는 광합성 반응이 일어난다. 이 과정은 에너지원으로 태양의 빛에너지를 흡수하여 사용하는 흡열 반응이다.

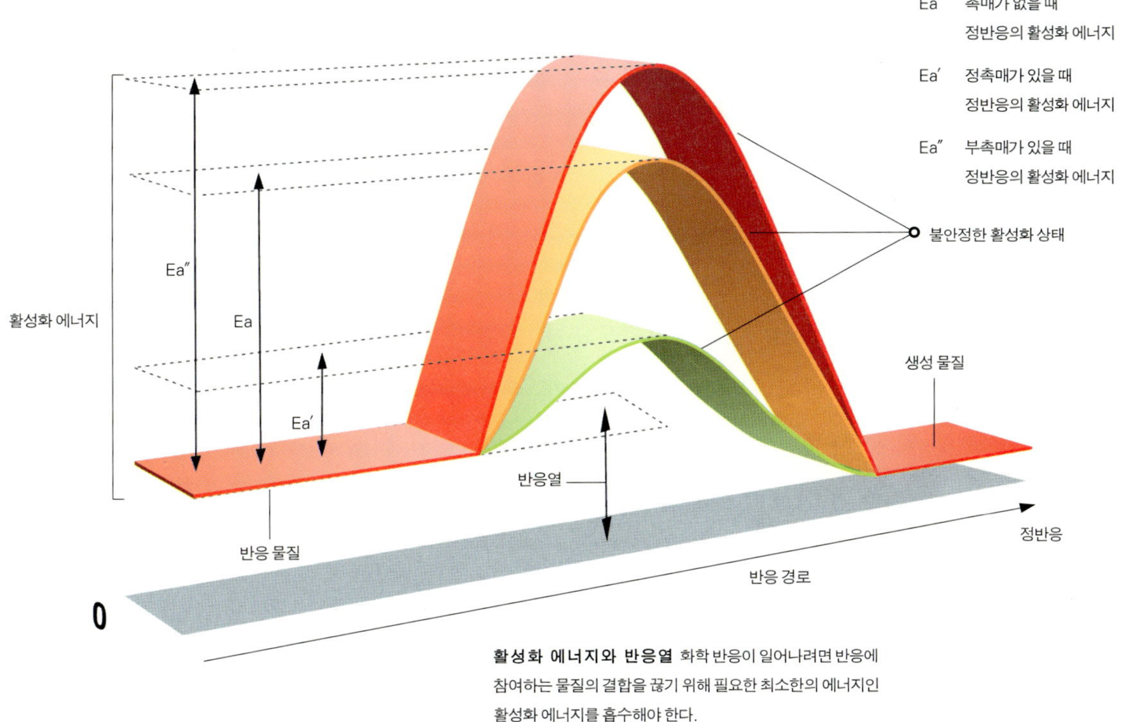


**활성화 에너지와 반응열** 화학 반응이 일어나려면 반응에 참여하는 물질의 결합을 끊기 위해 필요한 최소한의 에너지인 활성화 에너지를 흡수해야 한다.

게 반응 물질이 에너지를 흡수한 상태는 매우 불안정하기 때문에 빠르게 에너지를 방출하면서 새로운 생성 물질이 된다. 아무리 에너지를 많이 방출하여 생성 물질이 안정화되는 반응일지라도, 활성화 에너지가 큰 반응은 쉽게 일어나지 않는다. 반면 활성화 에너지가 작은 반응은 주위에서 열을 조금만 흡수해도 쉽게 일어날 수 있기 때문에 반응이 빠르게 일어난다.

에너지를 방출하는 반응의 경우에는 반응에 필요한 최소한의 활성화 에너지만 공급하면, 그 이후는 에너지를 방출하면서 안정한 낮은 에너지 상태의 생성 물질이 되는 반응이 빠르게 일어날 수 있다. 그러나 에너지를 흡수하는 반응의 경우에는 활성화 에너지를 공급하고도 불안정한 높은 에너지 상태의 생성 물질이 되기 위해서 계속적으로 에너지를 공급해 주어야 하기 때문에 반응이 빠르게 일어나지 않는다.

이러한 활성화 에너지의 크기를 변화시켜 반응의 속도를 조절하기 위해 촉매를 사용한다. 우리가 흔히 소독약으로 사용하는 과산화수소는 물과 산소로 분해되는 반응을 한다. 과산화수소를 분해하여 산소를 빠르게 모으는 실험을 할 때는 요오드화칼륨과 같은 정촉매를 사용하면 활성화 에너지를 작게 해 산소 발생 반응을 빠르게 할 수 있다. 시판되고 있는 소독용 과산화수소수에는 인산과 같은 부촉매가 소량 혼합되어 있는데, 그것은 과산화수소의 분해 반응을 지연시켜 오래 보관하기 위해서이다.

화학 공업의 발달에서 이러한 촉매의 역할은 매우 크다. 촉매는 소량만 사용하더라도 반응 속도를 빠르게 혹은 느리게 조절해 줄 뿐만 아니라, 반응이 일어나는 동안 촉매 자체는 변하거나 없어지지 않기 때문에 계속해서 사용할 수 있다. 그러므로 반응 과정에 가장 적절한 촉매를 개발하면 많은 경제적 이득을 얻을 수 있다.

**| 방출하는 에너지를 이용하자 |** 화학 반응이 일어날 때 출입하는 에너지는 우리 생활에 매우 중요한 의미가 있다. 우리는 석탄이나 석유 등의 연료를 연소시킬 때 발생하는 열에너지를 다양하게 이용한다. 발생한 열을 직접 난방에 이용하기도 하고 자동차와 같은 기계 장치를 가동하는 데도 이용한다. 또한 발생한 열로 발전기를 돌려 전기를 만들어 낸다. 미래의 대체 에너지로 각광받고 있는 연료 전지도 기본 원리는 수소와 산소가 결합하여 물이 생성되는 과정에서 발생하는 전기 에너지를 얻는 것이다. 인간의 체온도 혈액 속의 영양분이 화학 반응을 일으킬 때 발생하는 열에 의해 일정하게 유지된다.

주머니 난로도 화학 반응이 일어날 때 발생하는 열을 이용하는 것이다. 주머니 난로 속에는 미세한 철가루와 염화나트륨, 탄소 가루 등이 섞여 있다. 주머니 난로의 포장 비닐을 뜯으면 철가루가 공기 중의 산소와 반응하면서 열을 방출한다. 이 반응은 우리가 일상 생활에서 흔히 보는 철이 녹스는 현상과 같다. 그런데 자연 상태에서 철이 녹스는 반응은 매우 느리게 일어날 뿐만 아니라 발생하는 열도 느끼기 힘들 정도로 적다. 주머니 난로는 이 반응을 빠르게 일어나게 하여 한꺼번에 많은 열을 내게 하는 것이다.

## 반응이 일어날 때 출입하는 열의 이용

휴대용 주머니 난로는 철이 공기 중의 산소와 결합하여 산화철을 생성할 때 방출하는 열을 이용한 것이다. 철가루와 함께 섞어 준 염화나트륨, 탄소가루 등은 철가루의 반응을 빠르게 일어나게 하는 일종의 촉매 역할을 한다. 또한 철가루는 매우 미세한 것을 이용하는데, 이는 철의 표면적을 넓혀 산소와의 반응이 활발하게 일어나게 하기 위해서이다. 타박상 치료에 사용하는 휴대용 냉각 팩 안에는 질산암모늄과 물이 든 비닐 봉지가 들어 있다. 냉각 팩을 힘주어 누르면 내부의 비닐 봉지가 터지면서 물이 나와 질산암모늄을 녹이는데, 이 때 주위로부터 열을 흡수하기 때문에 팩이 차가워진다.

# 6 | 생물과 에너지

시계에 전지를 넣어 주지 않으면 시계 바늘은 움직이지 않는다. 에너지가 공급되지 않기 때문이다.
마찬가지로 사람도 음식물을 섭취하여 에너지를 얻어야 살아갈 수 있다. 그러면 음식물 속의 에너
지는 어디에서 비롯된 것일까? 또 생물체에서는 어떻게 이용될까?

**| 생태계에서 에너지의 흐름 |**  자연 다큐멘터리 〈동물의 왕국〉에서는
다음과 같은 장면을 흔히 볼 수 있다.

아프리카의 넓은 초원에서 가젤들이 한가로이 풀을 뜯어 먹고 있다. 넓
디 넓은 초원의 풀들은 높게 자라 있고, 바람에 살랑살랑 흔들리고 있다.
이 때 어디에선가 부스럭거리는 소리가 나면서 긴박한 상황이 감지된다.
갑자기 가젤 한 마리가 높이 뛰어오르는 것을 시작으로 가젤 무리가 급박
하게 어디론가 달려간다. 그 때까지 풀숲 사이로 천천히 다가오던 사자는
순간 전력을 다해 가젤 무리를 향해 달려간다. 불쌍한 가젤 한 마리가 사
자에게 목을 물려 발버둥을 치지만, 사자는 한번 문 먹잇감을 절대로 놓지
않는다. 드디어 가쁜 숨을 내쉬며 가젤은 최후를 맞이한다. 사자 가족의
한 끼 식사가 마련된 것이다. 이 때 하이에나와 같은 동물들은 사자에 비
해 힘은 약하지만 떼로 몰려와 사자의 먹이를 호시탐탐 노린다. 하늘에서
도 독수리 떼가 먹이에 눈독을 들이고 있다.

생태계에서 생물들은 서로 먹고 먹히며 산다. 육식 동물은 초식 동물을 먹고, 초식 동물은 녹색 식물을 먹고 산다. 물론 사람처럼 돼지고기·소고기·배추·무 등과 같이 육식 동물, 초식 동물, 녹색 식물을 모두 먹는 경우도 있다. 이처럼 동물은 어떤 대상을 먹이로 삼아 살아가지만 식물은 스스로 살아갈 수 있다. 다시 말해, 동물은 식물이 없으면 살 수 없지만 식물은 동물이 없어도 충분히 살아갈 수 있다. 식물은 무엇을 먹고 살까?

**독립 영양 생물**
식물처럼 다른 생물이 없어도 스스로 양분을 만들어 살아갈 수 있는 생물을 말하며, 자가 영양 생물이라고도 한다. 동물처럼 스스로 양분을 만들어 내지 못해 다른 생물을 잡아먹어야만 살 수 있는 생물을 종속 영양 생물이라고 한다.

| **생물 에너지의 근원, 태양** |　　식물은 빛에너지를 흡수하여 무기물로부터 포도당과 같은 양분을 만든다. 식물이 광합성을 통해 만든 영양 물질은 초식 동물로 전달되고, 육식 동물은 초식 동물을 먹고 에너지를 얻는다. 결국 빛에너지가 식물로 이동되고, 식물에 저장된 에너지는 다른 동물로 이동되는 것이다.

달리거나 운동할 때 우리 몸에서 솟아나는 힘은 원래 태양 에너지에서

온 것이다. 태양 에너지는 우리가 먹은 음식에 들어 있고, 음식물 속의 에너지는 식물이나 식물을 먹은 동물에게서 온 것이다. 이렇게 지구의 모든 생물들은 직·간접적으로 태양의 빛에너지에 의존하여 살아간다. 따라서 생물이 이용하는 에너지의 근원은 태양 에너지라고 할 수 있다.

| **세포 호흡과 에너지** |  동물이나 식물, 미생물 등 생물이 에너지를 얻는 과정을 '세포 호흡'이라고 한다. 세포 호흡은 물질을 분해하여 에너지를 발생하는 과정으로 소화와는 구별된다. 소화는 섭취한 고분자의 영양분이 소화관으로 이동하면서 흡수하기 쉬운 작은 알갱이로 나뉘는 과정이다.

소화관을 통해 흡수된 영양소는 몸을 구성하는 모든 세포에 보내져서 세포 호흡에 이용된다. 세포에서는 양분과 산소를 결합시켜 분해한다. 이 때 방출된 에너지는 심장 박동, 호흡 운동 등과 같은 생명 활동에 쓰인다.

우리가 달리기를 할 때, 걸을 때, 휴식을 취할 때와 같이 활동의 종류에 따라 필요한 에너지량이 다르므로 에너지 균형을 이루기 위해 섭취하는 에너지량이 달라져야 한다. 만약 에너지 균형이 이루어지지 않으면 체중이 변화한다. 섭취한 음식물의 에너지량이 인체에서 소모한 에너지량보다 적을 경우에는 체내에 저장된 *글리코젠, 지방과 심지어는 단백질까지

**글리코젠**
동물의 간이나 근육에 저장되어 있는 탄수화물의 일종. 포도당이 전환된 것으로, 에너지 대사에 매우 중요한 물질이다.

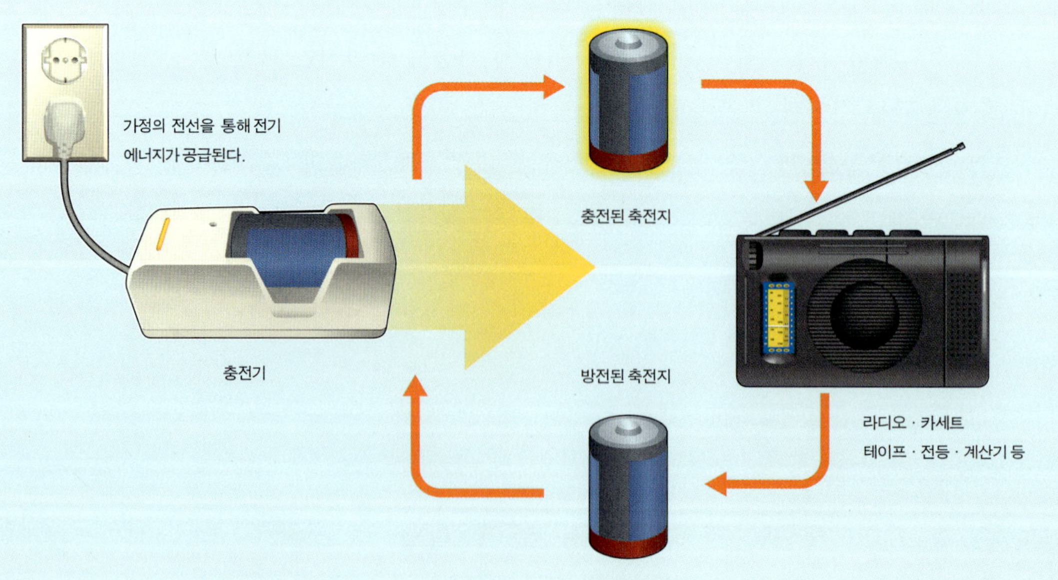

에너지원으로 사용되어 체중이 감소한다. 이와 반대로 섭취한 에너지량이 더 많으면 체중이 증가하게 된다.

| **생물이 이용할 수 있는 에너지** | 세포에서 양분을 분해하여 얻은 에너지를 직접 이용할 수 있을까? 생물은 포도당과 같은 고분자 화합물의 화학 결합 에너지를 방출한다. 이 에너지는 여러 중간 단계를 거쳐 사용하기 쉬운 형태의 물질에 저장되었다가 생활 에너지가 필요할 때 이용된다. 이 때 에너지 저장 물질을 *ATP라고 한다. ATP에 저장되지 않는 에너지는 열에너지로 방출된다. 이와 같이 세포 호흡 과정에서 방출되는 열에너지는 체온을 일정하게 유지하는 데 이용된다.

모든 생물이 살아가는 데 필요한 생활 에너지는 ATP가 분해될 때 방출되는 에너지다. ATP가 분해되어 ADP가 되며 ADP에 에너지가 공급되면 ATP가 다시 생성된다. 포도당의 에너지가 ATP에 저장되는 것은 마치 배터리(축전지)가 충전되는 것과 유사하다. 식물이 광합성을 통해 포도당을 합성하는 과정에서도 ATP는 매개 물질이 된다. 즉, 식물이 흡수한 빛에너지는 먼저 ATP에 저장되었다가 물과 이산화탄소를 이용하여 포도당을 합성하는 데 쓰인다.

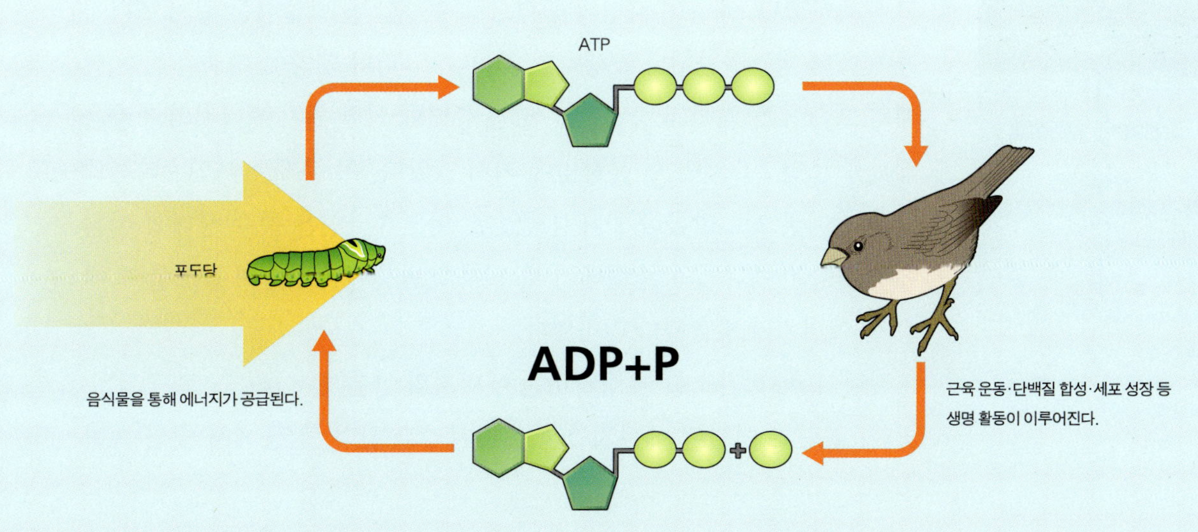



**광합성**
식물은 뿌리에서 흡수한 물과 잎의 기공을 통해 흡수된 이산화탄소를 이용하여 생명 활동에 필요한 유기물인 포도당을 생성해 낸다. 이 때 빛에너지가 이용된다.

**ATP Adenosin Tri-Phosphate**
아데노신에 인산이 3개 결합된 화합물로, 모든 생물체에서 에너지를 저장하고 전달하는 유기 화합물이다. 생물의 체내에서는 에너지를 주고받는 것을 매개하는 역할을 하므로 생물체에게는 매우 중요하다. 먹이에서 끌어낸 에너지는 일단 ATP로 옮겨지고, 근육은 ATP를 소비하여 운동하며 간장에서는 ATP를 소비하여 글리코젠이나 단백질의 합성이 이루어진다.

# 7 | 신재생 에너지

에너지 자원은 한정되어 있는 데 반해 에너지 소비가 급격하게 늘면서 인류는 에너지 위기를 맞고 있다. 고갈되지도 않고 써도 다시 생겨나는 신재생 에너지는 에너지의 대안이 될 수 있을까? 새로운 에너지 자원에는 어떤 것들이 있을까?

**| 모든 에너지의 근원, 태양 |** 햇빛만 잘 이용해도 지구상의 모든 사람이 쓸 수 있는 전기를 얻을 수 있다고 한다. 지금도 과학자들은 햇빛을 전기로 바꾸는 실험에 열중하고 있고, 햇빛으로 만든 전기의 양도 해마다 크게 늘어나고 있다. 태양 에너지는 우리가 살아가는 데 가장 핵심이 되는 에너지로, 태양에서 1초 동안에 방출되는 에너지의 양은 $3.98 \times 10^{26}$J 정도로 어마어마하다. 그러면 인류 생활의 바탕을 이루는 태양 에너지는 어디에서 온 것일까?

19세기의 과학자들에게 태양 에너지의 원천을 찾는 것은 매우 어려운 문제였다. 과학자들은 태양 에너지의 원천을 중력에 의한 위치 에너지라고 추측하였다. 태양이 자신의 중력으로 수축할 때 방출하는 위치 에너지가 빛에너지로 전환된다고 생각한 것이다. 그러나 태양이 탄생한 이후 현재의 모습이 될 때까지 방출할 수 있는 중력에 의한 위치 에너지의 총량을 계산해 보면 2,000만 년 분량밖에 되지 않았다. 이 문제는 아인슈타인의 상대성 이론으로 말끔하게 해결되었다. 아인슈타인은 특수 상대성 이론에서 질량은 에너지의 한 형태이며, 원자핵 반응에서 질량이 감소할 때 매우 큰 에너지가 방출된다고 하였다.

질량이 $m$kg 감소할 때 방출하는 에너지의 양은 '$E = mc^2$'으로 구할 수 있다. 질량과 연결된 에너지를 핵에너지라고 한다. 진공에서 빛의 속력

**태양 전지**
우주선에는 태양 전지를 사용한다.
태양 전지는 일반 전지보다 가볍고
오래 사용할 수 있다.

$c$는 초속 30만km이다. 1kg의 수소 원자핵이 핵융합 반응을 일으키면 약 6.9g의 질량이 소멸하기 때문에 $6.2 \times 10^{14}$J의 에너지가 발생한다. 태양이 1초에 방출하는 에너지의 양은 $3.98 \times 10^{26}$J이므로 태양에서는 1초에 약 6,000억kg의 수소가 핵융합 반응을 일으키고 있다고 추정된다. 이와 같은 수소 핵융합 반응에서 나오는 에너지가 바로 태양의 에너지원이다.

| **수소 에너지란 무엇인가?** | 수소 에너지는 미래의 청정 에너지원 가운데 하나이다. 수소가 연소될 때는 공해 물질이 거의 배출되지 않는다. 또 지구 표면을 덮은 바다에는 13억 7,000만km³의 물이 있고, 바닷물 1,000g에는 108g의 수소가 있으므로 그 양도 무궁무진하다.

수소 에너지란, 수소를 연소시켜서 얻는 에너지를 말한다. 수소를 연소시키면 같은 질량의 가솔린보다 3배나 많은 에너지를 방출한다. 또 수소는 일반 연료·자동차·비행기·연료 전지 등 현재의 에너지 시스템에서 사용되는 거의 모든 분야에 응용될 수 있다. 따라서 미래의 에너지 시스템에 가장 적합한 에너지원으로 각광을 받고 있다.
이와 같은 수소의 에너지가 실용화되기 위해서는 제조·수송·저장·전환

▼ **태양열 발전** 거울을 이용하여 햇빛을 높은 탑 위에 있는 발전기로 집중시켜 전기를 생산한다.

**▲ 풍력 발전**
바람은 높이 올라갈수록 강하게 불기 때문에 대형 풍력 발전기일수록 기둥을 높이 세워야 한다. 대형 풍력 발전기는 기둥의 높이가 100m나 되는 것도 있다.

등 여러 분야의 화학적인 문제가 해결되어야 한다. 수소를 경제적으로 대량 생산할 수 있는 제조법, 경제적인 저장과 수송 방법, 연료 전지 등의 이용법이 앞으로 연구할 과제이며 해결해야 할 문제점이다. 과학자들은 수소를 안정적이고 대량으로 값싸게 제조하여 보급하면 현재의 에너지 시스템에 큰 변화가 일어날 것이라고 확신한다.

| **풍력 에너지** | 풍력은 바람으로부터 얻는 에너지다. 아주 오래 전부터 사람들은 항해를 하거나 풍차를 돌리고 물을 퍼 올리는 데 풍력을 이용했다. 최근에는 전기를 생산하는 데 풍력을 이용하기 시작했다. 우리 나라에도 제주도와 대관령 등에 풍력 발전기가 설치되어 있다. 풍력 발전이란 자연의 바람을 이용하여 풍차를 돌리고, 이것으로 발전기를 돌리는 발전 방식을 말한다.

**풍력 발전기** 풍력 발전기는 수평 방향 바람의 운동 에너지를 터빈의 회전 운동 에너지로 바꾼다. 회전 운동 에너지는 발전기에 의해 전기 에너지로 전환된다. 풍력 발전기의 출력은 터빈의 크기와 바람의 속력에 따라 정해진다.

풍력을 이용해 효율적으로 전기 에너지를 얻기 위해서는 초속 5m 이상의 바람이 지속적으로 불어야 한다. 따라서 풍력 발전소는 사막이나 바다와 가까운 지역에 많이 세운다. 풍력 에너지는 환경 오염 물질을 발생시키지 않는 깨끗한 에너지이기 때문에 세계 각국에서 그 활용에 큰 관심을 보이고 있다. 최근의 풍력 발전기는 풍력 에너지의 약 30%를 발전기를 돌리는 에너지로 전환시킬 수 있다.

**| 지열 에너지 |** 지열은 지구의 내부에서 외부로 나오는 열을 말한다. 이러한 지열은 수증기, 온수 및 화산 분출 등에 의해서 지표로 유출된다. 지열은 지구의 모든 표면에서 방출되지만 그 양은 지역에 따라 크게 다르다. 지열 에너지는 지구 자체가 가지고 있는 에너지이므로 굴착하는 깊이에 따라 잠재력이 무한하다고 할 수 있다. 현재 지열 에너지는 온천 등의 관광 자원이나 난방의 열원 등으로 직접 이용되는 경우가 많다. 앞으로는 지열 발전을 통하여 전기 에너지를 얻는 방식으로 나아갈 전망이다.

**| 파력 에너지 |** 바닷가에 가면 쉴 새 없이 파도가 치는 것을 볼 수 있다. 파도 때문에 수면은 주기적으로 상하 운동을 하는데, 이를 이용하여

지열 발전

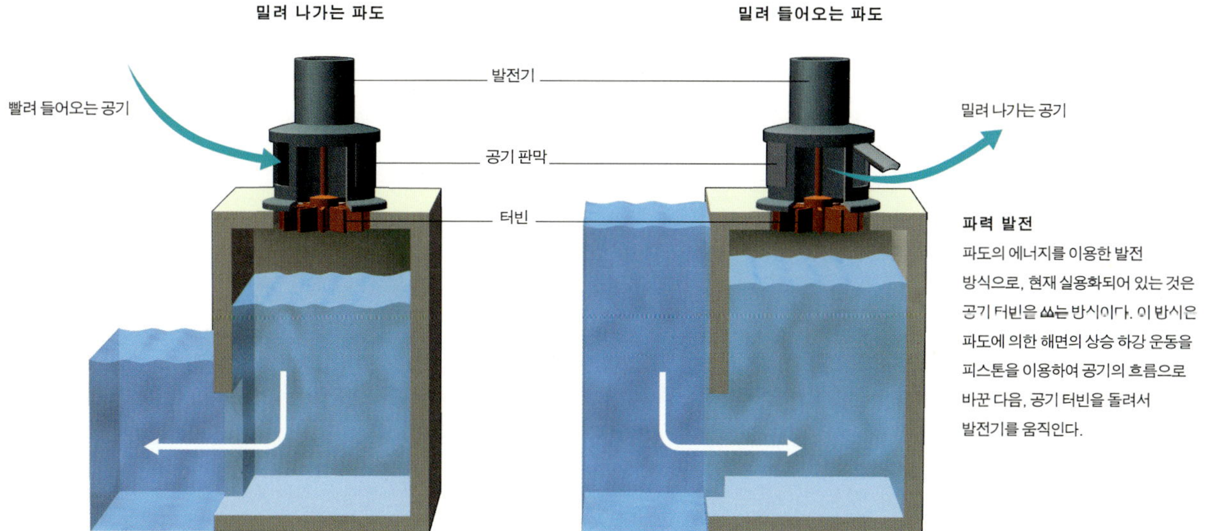



**파력 발전**

파도의 에너지를 이용한 발전 방식으로, 현재 실용화되어 있는 것은 공기 터빈을 쓰는 방식이다. 이 방식은 파도에 의한 해면의 상승 하강 운동을 피스톤을 이용하여 공기의 흐름으로 바꾼 다음, 공기 터빈을 돌려서 발전기를 움직인다.

전기 에너지를 생산하는 것을 '파력 발전'이라 한다. 미국·일본·영국·노르웨이 등의 나라에서 파력 발전에 관한 많은 연구를 해 왔으며, 현재 50여 종의 파력 발전 장치가 고안되어 있다.

| 바이오 에너지 |  바이오매스란 나무나 풀·가축의 분뇨·음식물 쓰레기 등을 에너지원으로 사용하는 것을 말한다. 즉 나무의 줄기·뿌리·잎 등이 대표적인 바이오매스이며, 석유나 석탄과 같은 화석 자원은 포함시키지 않는다.

화학 공학·생물 공학·유전 공학 등의 기술을 이용하면 바이오매스는 알코올이나 메테인가스, 수소가스, 그리고 전기 에너지로 전환시킬 수 있다. 예를 들어 사탕수수에서 알코올을 뽑아 내고, 가축의 분뇨나 공장의 폐수, 음식물 쓰레기 등을 미생물로 발효시켜 메테인이나 수소 기체를 얻기도 한다.

| 대안 에너지를 찾아서 |  지금까지 인류는 석유·석탄·천연 가스 등을 비롯한 화석 연료를 주로 에너지 자원으로 사용해 왔다.

화석 연료에만 의존하는 에너지 사용은 고갈 문제뿐만 아니라 국가 간의 분쟁, 전 지구적인 기후 변화를 일으키고 있다. 이처럼 인류 문명을 위협하는 화석 연료를 대신할 수 있는 대안 에너지에는 어떤 것들이 있을까?

석탄, 석유, 원자력 및 천연 가스가 아닌 태양 에너지, 풍력, 소수력, 연료전지, 해양 에너지, 바이오 에너지, 지열 에너지 등 기후 변화도 거의 일으키지 않으며 안전한 에너지 자원을 신재생 에너지<sup>new renewable energy</sup>라고 한다. 1970년대 초 석유 파동 당시에 대체 에너지<sup>alternative energy</sup>라는 말을 쓰기도 했으나, 최근에는 신재생 에너지라는 용어를 많이 사용한다. 태양이 존재하는 한 사라지지 않는 태양 에너지, 지구상에서 바람이 부는 동안 끊임없이 생겨나는 바람 에너지, 그 외에 수소 에너지, 지열 에너지 등은 공해 물질도 내놓지 않고 한 번 쓰면 사라지는 것이 아니라 언제까지나 계속 쓸 수 있으므로 모두 신재생 에너지에 속한다. 이러한 신재생 에너지는 화석 연료를 대체할 수 있는 최선의 대안이라고 할 수 있다.

**신재생 에너지**
우리 나라에서는 8개 분야의 재생 에너지(태양열, 태양광 발전, 바이오매스, 풍력, 소수력, 지열, 해양 에너지, 폐기물 에너지)와 3개 분야의 신에너지(연료전지, 석탄핵화가스화, 수소 에너지) 등 총 11개 분야를 신재생 에너지로 지정하고 있다.

## 태양에서 일어나는 수소 핵융합 반응을 어떻게 검증할까?

태양이 방출하는 에너지원이 수소 핵융합 반응에서 나오는 것이라면 태양의 내부에서는 다음과 같은 반응이 일어나고 있다.

수소＋중수소 → 헬륨＋중성미자

수소 원자핵이 핵융합 반응을 하여 헬륨 원자핵이 되는 과정에서 나오는 에너지가 바로 태양 에너지이다. 과학자들은 태양에서 1초당 약 6,000억kg의 수소가 핵융합 반응을 일으키고 있다고 추정한다. 질량 $2 \times 10^{30}$kg인 태양이 생겨났을 때 구성 물질의 대부분이 수소였으므로, 태양에는 약 1,000억 년 동안 사용할 수 있는 에너지가 있는 셈이다.

태양에서 수소 원자핵의 핵융합 반응이 일어나고 있는 것을 검증하는 방법은 없을까? 만약 실제로 핵융합 반응이 일어나고 있다면 막대한 수의 중성미자가 지구에 도달할 것이다. 이 중성미자는 우리의 신체를 1초 동안 약 100조 개가 광속으로 통과한다. 그러나 중성미자는 다른 물질과 상호 작용을 거의 하지 않으므로 우리 몸을 통과하더라도 전혀 느낄 수 없다.

태양에서 오는 중성미자는 일본의 사이타마에 있는 슈퍼 카미오칸데라는 검출기를 이용해 검출한 적이 있다. 슈퍼 카미오칸데의 거대한 수조 안에는 물 5만t이 들어 있다. 중성미자는 다른 물질과 상호 작용을 거의 하지 않지만 수많은 중성미자 중에는 수조 안에 있는 막대한 양의 물과 충돌하여 전자를 튀어나오게 하는 것이 있을 수 있다. 과학자들은 이 검출기를 이용하여 태양에서 온 중성미자가 그 진행 방향으로 전지를 튀어나오게 한다는 사실을 확인하였다. 이를 통해 태양에서 일어나는 핵융합 반응을 지구에서 검증할 수 있었다.

슈퍼 카미오칸데

# 사람이 할 수 있는 일의 양은 얼마나 될까?

인간 체력의 한계에 도전하는 철인 3종 경기는 수영과 사이클, 마라톤을 연속해서 하는 지구력 경기다. 철인 3종 경기에 참가한 선수가 대회에서 규정한 제한 시간 내에 경기를 완주하면 철인 칭호를 받게 된다. 평범한 사람과 비교해서 철인 칭호를 받는 사람이 할 수 있는 일의 양은 얼마나 될까? 무한대로 높일 수 있을까?

에너지의 관점에서 사람이 할 수 있는 일의 양이 얼마나 될 수 있는지 살펴보자.

영양학에서 사용하는 에너지의 단위는 킬로칼로리(kcal)이다. 보통 성인 남성이 하루에 음식물로 섭취해야 할 에너지는 2,400kcal이다. 음식물은 화학 에너지를 가지고 있는데, 이는 연소될 때 열로 변한다. 1cal는 4.2J에 해당되므로 2,400kcal는 10,080,000J이다. 이 값을 1시간에 사용하는 에너지의 양으로 환산하면

2,800Wh(10,080,000 ÷ 3,600)가 된다. 이 에너지가 전부 사람의 근육 노동에 이용된다고 가정하고, 24시간 연속해서 일을 한다면 사람은 일률이 약 120W인 작업 기계라고 할 수 있을 것이다(2,800h ÷ 24시간 = 약 120W). 그러나 사람은 자고 있을 때에도 호흡과 혈액의 순환 등의 기초 활동에 에너지를 소비한다. 따라서 사람이 근육 노동을 할 때의 평균적인 일률은 100W 이하이다. 사람의 근육 노동의 효율이 0.3이라고 할 때, 100W의 일률로 1년 동안 할 수 있는 일의 양은 기껏해야 100kWh 이하이다(100W × 365일 × 8시간 × 0.3 = 87,600Wh = 87.6kWh). 이것을 전기 요금으로 환산하면 약 5,000원이다.

인류는 약 200년 전까지만 해도 동력원으로 사람이나 말의 근육에 의존하였다. 자연이 주는 풍력이나 수력은 범선이나 물레방아와 같이 한정된 지역에서만 이용할 수 있었다. 그러나 과학 기술의 발달과 함께 증기 기관·발전기·모터 등의 새로운 동력원이 발명되면서 큰 변화를 가져왔다.

산업자원부의 통계에 따르면, 우리 나라에서 2000년 한 해 동안 사용한 1차 에너지의 양은 1인당 4,100만kcal였다. 이는 4만 8,000kWh에 해당한다. 이 에너지 가운데 25%를 유효하게 이용하였다고 보고 사람의 근육 노동량을 1년에 100kWh라고 하면, 1인당 약 120명 분량의 노동력을 이용한 것이 된다.

이러한 에너지 소비량의 증가는 사람들의 생활에도 큰 변화를 주었다. 밤에도 낮처럼 환한 상태에서 생활하게 되어 24시간 활동이 가능해졌다. 에너지 소비량의 증가는 1970년대 이후 우리 나라의 사회 경제적 변화를 이해하는 중요한 열쇠의 하나이다.

# 영구 기관을 만들 수 있을까?

레오나르도 다 빈치 Leonardo da Vinci, 1452~1519

인류는 오래 전부터 영구적으로 스스로 움직이는 기관을 꿈꾸어 왔다. 이런 기관을 발명할 수만 있다면 현재 인류의 생존을 위협하는 에너지 문제는 간단히 해결된다. 그러나 스스로 끝없이 돌아가는 영구 기관의 실현 가능성은 없다. 그런데도 일부 사람들은 영구 기관을 개발하려는 시도를 멈추지 않고 있다. 영구 기관은 정말 만들 수 없을까?

외부에서 에너지를 받지 않고도 계속 동작하면서 일을 할 수 있는 가상의 장치를 '영구 기관'이라고 한다. 어느 시대에나 사람들은 영구 기관의 꿈을 꾸었다. 특히 중세 시대에는 여러 영구 기관이 실제로 고안되기도 하였다.

르네상스 시대의 대표적인 과학 기술자였던 레오나르도 다 빈치도 몇 개의 영구 기관에 대한 기록을 남기고 있다. 자신이 생각한 것인지 아니면 당시에 알려져 있던 생각을 정리한 것인지 명확하지는 않다. 하지만 기록의 마지막에는 "영구 기관을 꿈꾸는 사람은 마치 연금술사와도 같다. 쓸모없는 고생은 그만두는 것이 좋다."고 노력의 공허함을 주장하기도 하였다.

16세기에는 이탈리아에서 아르키메데스의 나선 펌프로 물을 끌어올려 그 물로 물레방아를 돌려 곡식을 빻게 하고, 다시 나선 펌프를 돌리는 장치가 만들어졌다고 한다.

17~18세기에는 물레방아의 동력을 이용하는 경우가 많았는데, 산업이 발달함에 따라 영구 기관의 출현에 큰 기대를 걸었다고 한다. 그러나 많은 발명가들의 노력은 헛수고로 끝나고 말았다. 1775년 파리의 과학아카데미는 많은 가정을 파괴하고 재산과 시간과 재능까지 모두 소진시킨다는 이유를 들어 "앞으로 영구 기관에 관한 연구 보고는 받지 않는다."라는 성명을 발표하기도 하였다.

그러나 불로 물을 퍼올리는 증기 기관과 같은 새로운 발명품이 나타나자 많은 사람은 다시 영구 기관의 발명에 빠져들었다. 볼타의 전지가 등장하자 사람들은 전지를 사용하면 영구 기관을 만들 수 있을지도 모른다는 희망을 갖기도 하였다.

이탈리아의 잠보니는 1812년 금박과 은박을 수백 장 쌓아서 전지를 만들었다. 볼타의 전지는 소금물로 적신 천으로 금속판을 녹였지만, 이 전지에는 물기가 전혀 없었다. "볼타 전지에서 만들어지는 전기는 접촉에 의한 것으로 화학 작용이 아니다."라는 사실을 밝히려고 한 것이다. 만약 화학 작용이라면 영구 기관으로서의 의의를 잃기 때문이었다. 그러나 볼타 전지도 오래 사용하면 금속이 부식하여 손상된다는 사실이 알려졌다. 또 전류를 계속 흐르게 하면 기전력, 즉 전기를 흐르게 하는 원동력이 점점 작아진다는 사실이 밝혀졌다. 이러한 생각은 결국 전지를 구성하고 있는 극판이 녹아서 전류가 흐르게 된다는 생각으로 발전하여 전지는 영구 기관이 아니라는 생각에 이르게 되었다.

이처럼 영구 기관을 만들려는 수많은 시도가 이루어졌으나 어느 누구도 성공하지 못하였다. 무수한 시도가 실패로 끝났다는 사실을 통해 사람들은 영구 기관이 불가능하다는 것을 확신하였고, 이는 에너지 보존 법칙을 확립하는 계기가 되었다.

# 8 현대 과학 산책

❶ 21세기의 화두, 생명 공학　❷ 초미세 세계의 과학, 나노 기술

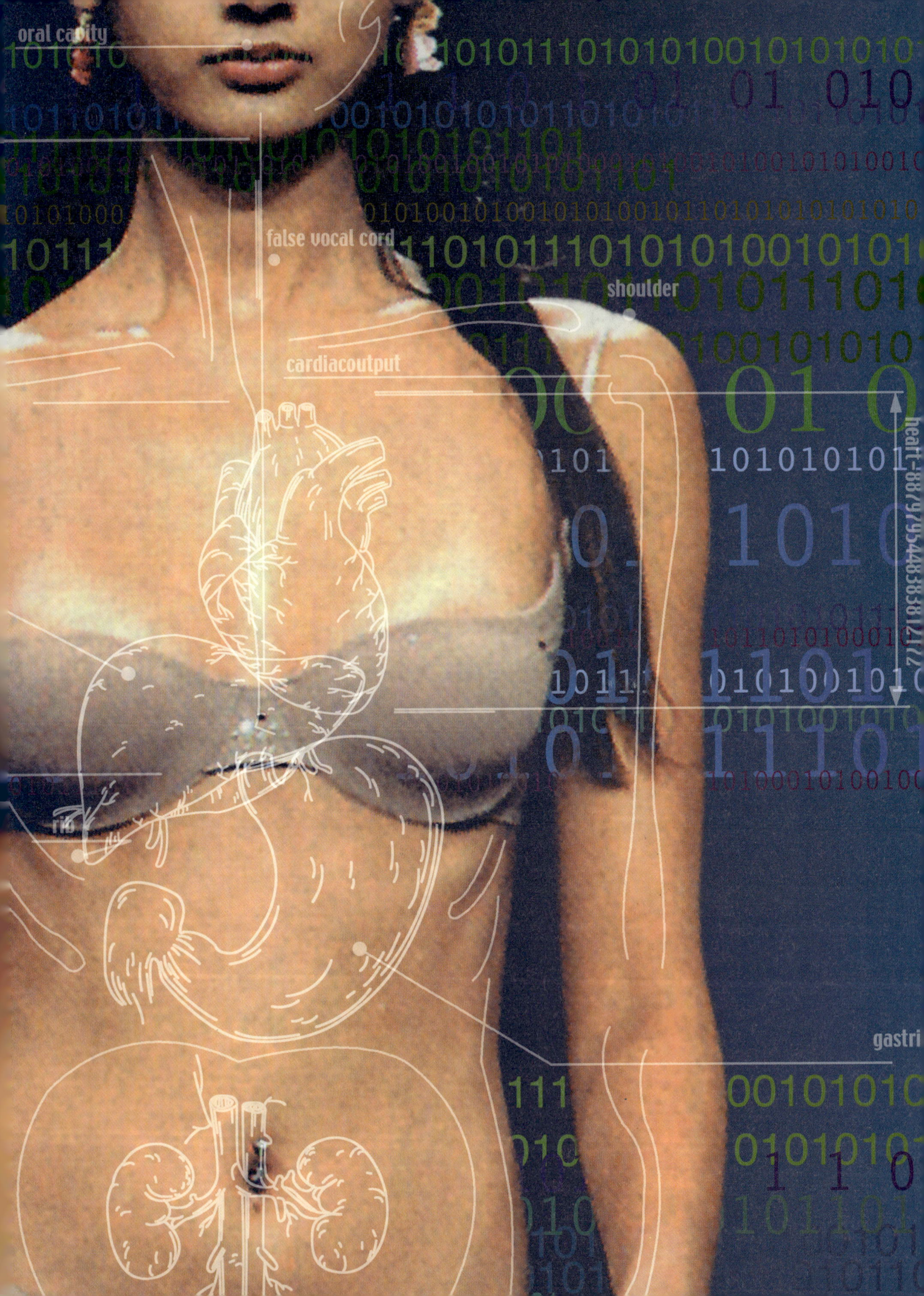

oral cavity
false vocal cord
shoulder
cardiacoutput
rib
gastri

# 1. 21세기의 화두, 생명 공학

복제 동물, 인간 배아 복제, 인간 지놈 프로젝트, 유전자 조작 식품 ……. 생명 공학과 관련된 이 같은 말들은 이미 우리에게 익숙하며, 21세기는 생명 공학의 시대가 될 것이라고 한다. 생명의 본질과 인류의 삶을 뒤흔들 수도 있는 생명 공학, 그것은 과연 무엇이며 어떤 문제점을 가지고 있을까?

**|영화 가타카가 보여 주는 것들|** 그리 멀지 않은 미래의 이야기다. 아이는 태어나자마자 사망 예상 시간과 원인을 알 수 있다.

"신경 정신병 가능성 60%, 조울증 가능성 42%, 집중력 상실증 가능성 89%, 심장 장애 가능성 99%, 일찍 사망할 가능성이 있고 수명은 약 30.2년 ……."

영화 속에 그려진 미래 세계에서는 인간의 모든 유전자를 알게 되어 피 한 방울·피부 한 조각·오줌·머리카락·침 등으로 인간의 특성을 분석할 수 있다. 그 사회에서는 인공 수정을 통해 아이를 낳는데, 부모가 가진 모든 결점을 없애고 가장 우수한 유전자만을 가진 완벽한 아이를 만든다. 이 아이들은 엘리트로 키워져서 사회의 모든 중요한 일을 담당하게 된다. 그러나 그 사회에서도 남녀가 자연의 섭리에 따라 사랑을 하고 그 결과로 잉태되어 태어나는 아이들이 있다. 이런 아이들은 열등한 형질을 가질 수밖에 없다. 미래 사회에서 그들은 '사회 부적격자'로 낙인찍히고 만다.

**가타카**
유전자 조작을 통해 태어날 아이의 운명을 좌우한다는 소재를 다룬 영화로, 인간성이 무시되고 완벽함만이 최고의 미덕이 된다는 비정한 미래 세상을 제시한다.

영화는 제도를 통해 모든 가능성을 배제해 버린 극도로 통제된 사회의 모습을 보여 준다. 〈가타카〉는 극단적으로 왜곡된 미래 사회의 우울한 모습을 그리면서도 자신의 처지를 극복하는 인간의 모습을 보여 주고 있다.

**형질**
동식물이 가진 모양·크기·성질 같은 고유한 특질을 통틀어 일컫는 말이다.

**|생명체의 정보가 담긴 유전자|** 유전자란 어떤 생물의 *형질에 대한 정보가 들어 있는 물질을 말한다. 유전자가 DNA<sup>deoxyribo nucleic acid</sup>라는 사실은 이미 밝혀졌으며, 1953년에 왓슨<sup>James Dewey Watson,1928~</sup> 과 크릭<sup>Francis Harry Compton Crick, 1916~</sup>은 이중 나선 모양의 DNA 구조를 밝혀냈다.

유전자는 염색체 속에 들어 있는데, 하나의 염색체 속에는 엄청난 길이의 DNA 사슬이 꼬이고 또 꼬여 있다. 이것은 마치 몇 가닥의 새끼줄을 여러 번 겹쳐 꼬아서 만든 동아줄과 비슷하다.

〈DNA가 중층적으로 꼬여서 염색체를 이루는 모양〉

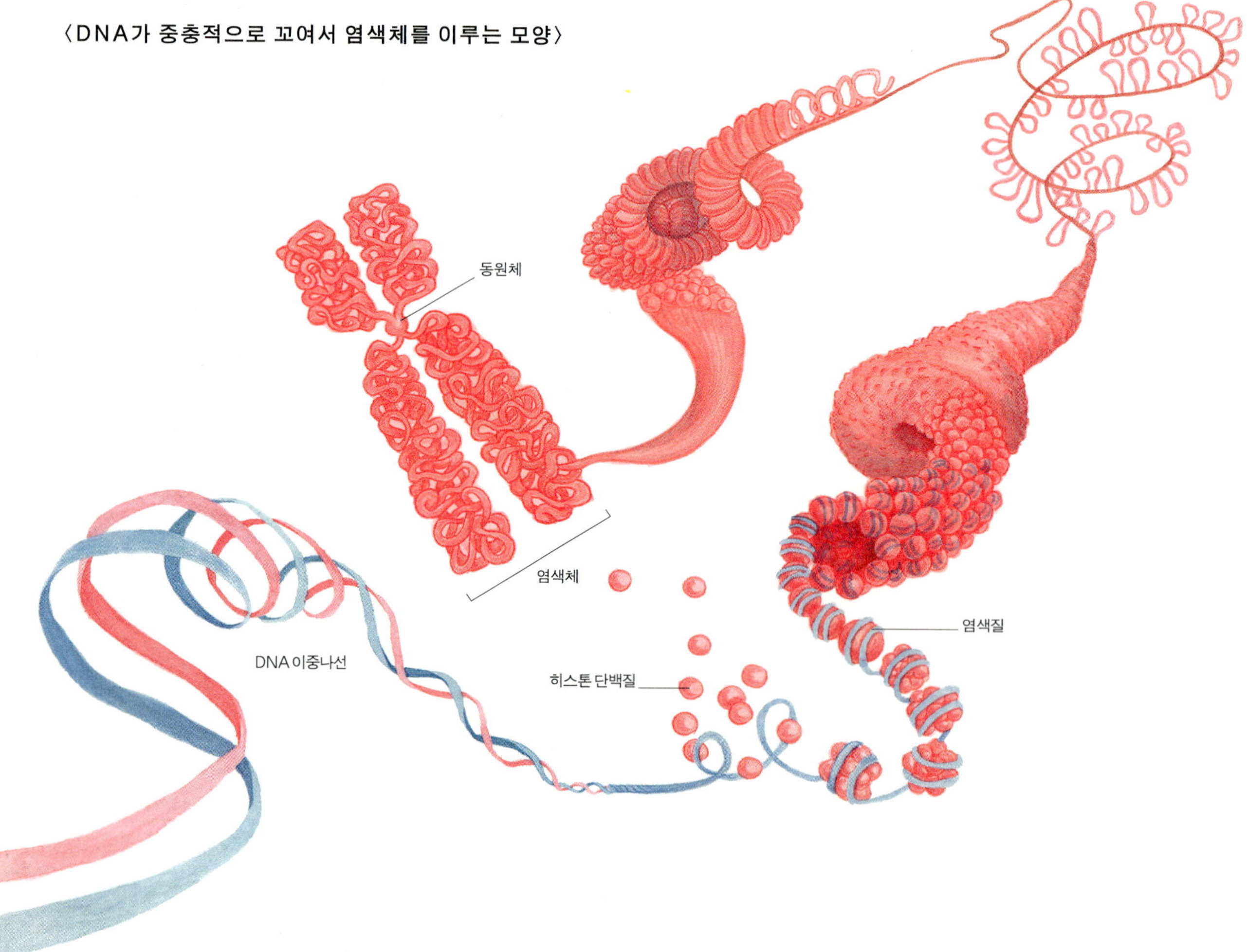

사람은 수정란이 세포 분열을 하여 약 100조 개의 세포로 구성된 하나의 개체
가 된다. 세포가 분열할 때는 DNA가 복제되어 나누어지므로 신체 어느 부분
의 세포도 똑같은 DNA를 가지게 된다. 따라서 피나 머리카락 등 세포가 포함
된 신체의 일부분을 분석하면 개인의 정보를 알 수 있다.

사람의 형질이 나타나려면 우선 유전자가 있어야 한다. 그런데 유전자가 발현
되려면 환경 조건이 잘 갖춰져야 한다. 형질은 유전적 요소와 환경적 요소의
영향을 동시에 받는 것이다. 만약 모든 형질이 유전자에 의해서만 나타난다면
우리에게는 교육도 필요 없을지 모른다. 그러나 인간은 환경, 즉 영양 상태, 교
육 정도, 자신의 노력 정도에 따라 유전적으로 주어진 운명을 바꿀 수 있다.

|**인간 지놈 프로젝트**| 1990년부터 시작된 *인간 지놈 프로젝트human genome
project는 사람의 전체 유전자 지도를 작성하는 것은 물론 DNA 전체의 배열을
밝히는 작업이다. 이것은 사람의 키나 눈의 색깔, 몸무게, 피부색뿐만 아니
라 성격, 유전적 질환 등에 이르기까지 형질이 어떤 유전자에 의해 어떻게
나타나는지를 밝히려는 매우 방대한 일이다.

현재 인간 지놈 프로젝트가 완성되어 인간의 유전 정보를 모두 알 수 있게 되
었다. 이는 베일에 싸여 있는 생명의 신비를 밝히는 데 획기적인 역할을 하고
있으며, 이를 통해 유전적 질환을 진단하고 치료하는 새로운 방법이 확립될 것
으로 기대되고 있다.

그러나 이것은 인간 지놈 프로젝트를 위해 자신의 유전자를 제공한 사람의
형질을 전세계에 알리는 것이 되어, 한편에서는 개인의 정보가 함부로 유통되
는 것에 대해 엄중히 경고하고 있다. 또 생명 윤리의 중요성을 주장하는 학자
들은 인간 유전 정보의 상품화를 포함한 인명 경시 풍조가 확산될 것을 우려하
고 있다.

|**유전자 조작**| 인간 지놈 프로젝트가 가능했던 것은 1970년 이후 유전자를
조작하고 분석하는 기술이 발달했기 때문이다. 1970년대에 과학자들은
DNA를 잘라서 재조합 DNA를 만드는 방법을 알게 되었다. 그리고 분자 생

물학의 새로운 기술들로 인해 유전병을 치료하거나 식물과 동물, 미생물의 유전자를 조작하여 필요한 물질을 생산할 수 있게 되었다.

한 가지 예를 들어 보자. 사람 몸에서 인슐린을 생산하도록 하는 유전자를 잘라 대장균의 DNA에 결합시키고 이것을 다시 대장균에 주입하여 증식시키면 대장균이 인간의 인슐린을 생산한다. 그런데 대장균은 분열 속도가 20분에 1회로 매우 빠르기 때문에 인슐린의 대량 생산이 가능해졌고, 인슐린에 의존하는 당뇨병 환자들에게 값싸게 인슐린을 제공하게 되었다.

이 일이 성공한 뒤 유전 공학 기술을 이용한 의약품 생산은 황금알을 낳는 거위로 인식되었고, 1980년대에는 분자 생물학을 상업적으로 이용하려는 시도가 일었다. DNA를 조작하는 기술을 포함한 생명 공학은 발전을 거듭하는 듯하다. 그러나 일부 연구자들은 불확실하고 부적절하다고 여겨지는 생체 실험에 대해 비난하고 있다. 그 대표적인 논쟁이 유전자 변형 식품에 대한 것이다.

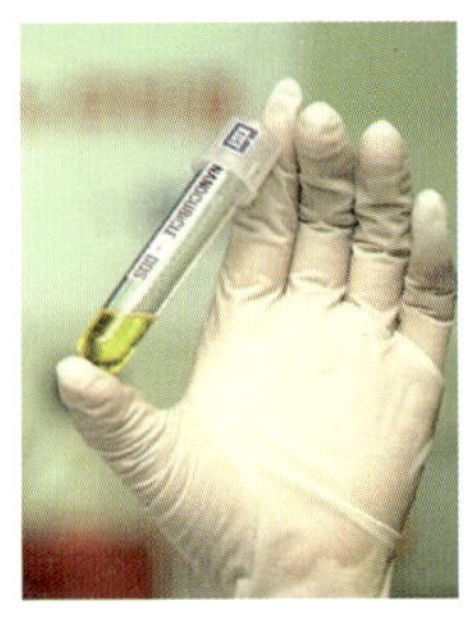

먹는 인슐린 YONHAP NO-107 KIMS
한국과학기술연구원(KIST) 정서영 박사 연구팀이 국내 최초로 개발한 먹는 인슐린 나노 큐비클.

녹색 도라지꽃
우송정보대 도시원예조경과 김학현(동양자원식물연구소 소장) 교수가 도라지 품종개발 연구 도중 우연히 발견해 대량 배양중인 세계 최초의 연녹색 꽃잎을 지닌 도라지.

**|과학과 윤리|** 곡식의 유전자를 변형시켜 병충해에 강하고 수확량이 많은 품종을 개발한다면, 가난한 나라의 식량 문제가 어렵지 않게 해결될 것이다. 뿐만 아니라 유전자 변형 식품을 통해 각종 질병을 치료할 수 있는 물질을 생산한다면, 암이나 노화 같은 문제도 해결할 수 있을 것이다. 그러나 이 같은 새로운 생물의 출현이 생태계의 질서와 인체에 장기적으로 어떤 영향을 줄지는 아직 모른다. 제초제에 죽지 않는 슈퍼 잡초나 살충제에 죽지 않는 곤충이 나타날 가능성도 있다. 이러한 문제가 해결되지 않은 상황에서 유전자 변형 식품을 생산하는 것은 매우 위험하고 무책임한 일이 될 수 있다.

유전자 변형 식품을 둘러싼 논쟁의 초점은 다음 3가지이다.

첫째, 식품의 안전성 문제이다. 유전자 변형 식품은 생산된 지 얼마 되지 않았으므로 장기간에 걸쳐 인체에 어떠한 영향을 미칠지 정확히 알 수 없다.

둘째, 유전자를 조작한 새로운 식물 종이 생태계에 미치는 영향에 관한 문제이다. 생태계 질서에 대한 장기적인 영향 역시 알 수 없기 때문이다.

셋째, 과연 인간이 유전자를 마음대로 조작해도 되는가 하는 윤리적인 문제이다.

결론적으로 유전자 변형 식품이 우리의 건강과 환경에 미치는 영향에 대해 무조건 과신하는 것은 금물이며, 유전자 변형 식품의 안전성을 보장할 수 있는 대책을 세운 후 유전자 변형 식품의 식용 여부를 판단하여야 할 것이다.

유전자 변형 생물이나 식품이 생태계와 사람의 건강에 미칠 영향에 대해서는 아직 검증되지 않아 논쟁의 불씨가 남아 있다. 더욱이 유전 공학을 둘러싼 논쟁은 과학 기술만의 문제가 아니고 윤리적·사회적 문제를 동반하는 복합적인 것이다. 하지만 으로부터 출발한 생명 공학이 인간의 더 나은 삶에 대한 희망을 열어 주고 있는 것만은 부정할 수 없다.

**국내 최초의 식물 꽃가루 대량 배양** 목원대 생명산업학부 김문자 교수 연구팀이 국내 최초로 식물 꽃가루 대량 배양 기술을 성공하였다. 연구에 참여했던 학생이 배양중인 고추묘 실험관을 살펴보고 있다.

**유전자 변형 식품 반대 시위** 유전자 변형 식품을 금지시켜 달라는 수천 명의 시위대가 이탈리아 제노아 시내를 행진하고 있다. 한 시위자가 돼지 가면을 쓴 채 '유전자의 악몽'이라고 적힌 피켓을 들고 있다.

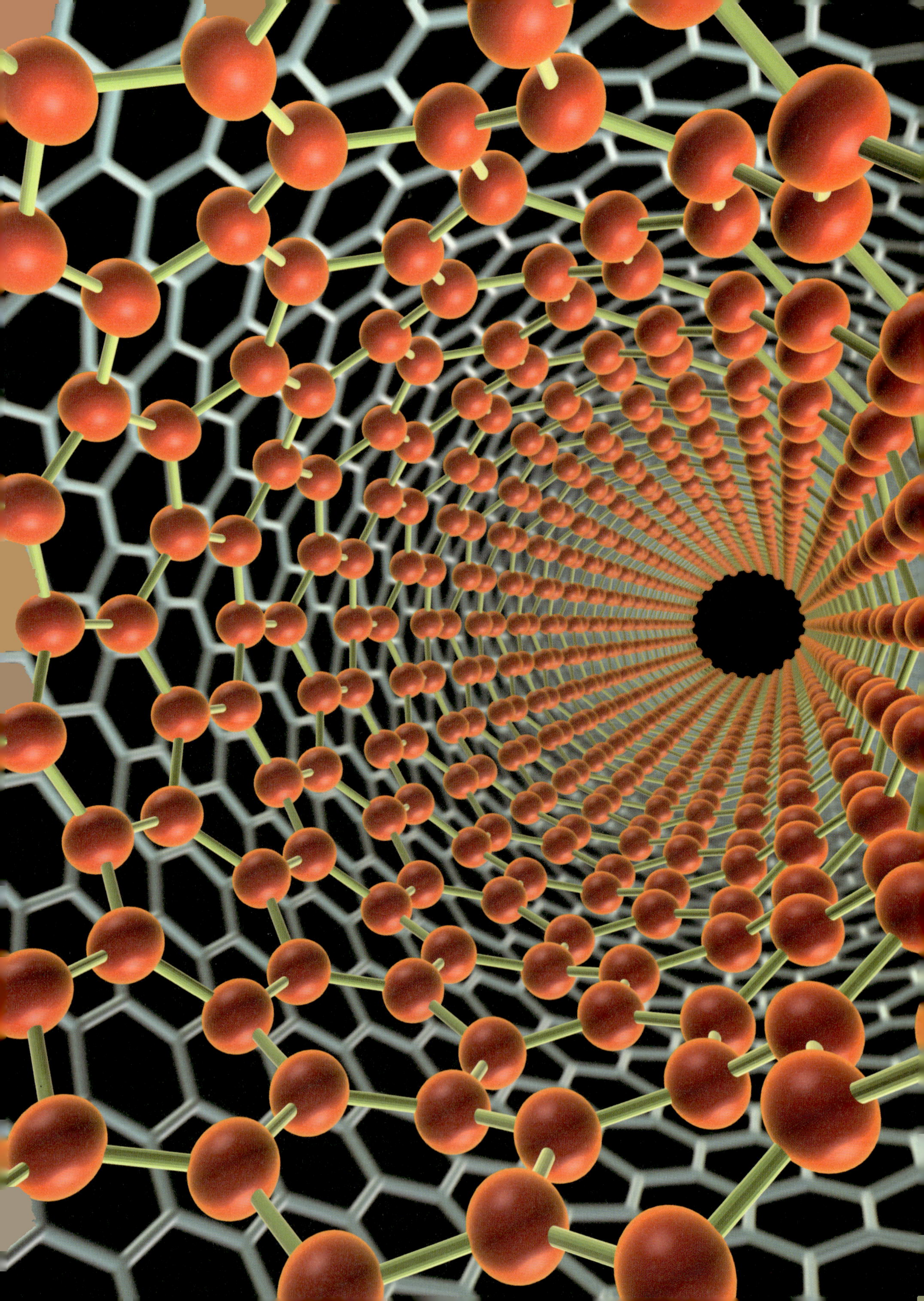

# 2. 초미세 세계의 과학, 나노 기술

1959년, 미국의 물리학자 리처드 파인만은 한 강연에서 브리태니커 백과 사전 24권을 지름 1.6mm의 핀 머리 부분에 기록할 수 있다고 하였다. 그 때 대부분의 사람들이 믿지 못했던 이 같은 일이 이제는 가능해지고 있다. 파인만의 생각은 21세기를 이끌어 갈 나노 기술 연구의 초석이 되었다고 한다. 나노 기술이란 무엇일까?

리처드 파인만 Richard P. Feynman, 1918~1988 미국의 이론 물리학자로 1965년에 양자 전기 역학의 연구로 노벨 물리학상을 받았다. 그는 당시의 소형화 기술과 관련하여 "미래에는 글자 하나를 2만 5,000분의 1배로 축소하는 것이 가능해져서, 브리태니커 백과 사전 24권을 바늘 끝에 기록할 수 있는 시대가 올 것이다."라고 말했다.

**|인류와 물질 과학|** 인류 문명의 역사는 소재의 발달과 함께 이어져 왔다. 아주 오래 전 인류는 자연 상태의 돌을 그대로 사용하거나 다듬어서 사용했다. 뒤이어 불을 사용하게 되면서 청동기, 철기의 물질 문명을 발전시켰다. 초기에는 자연 상태의 물질을 그대로 사용하는 것이 전부였다. 그러나 시간이 지나면서 물질에 대한 정보와 지식이 쌓이고, 물질을 이용할 수 있는 기술이 발달하여, 자연 상태의 재료보다 더 우수한 성질을 가진 재료들을 직접 만들 수 있게 되었다. 지금까지 인류가 사용해 온 물질은 대부분 만질 수 있거나 현미경으로나마 볼 수 있는 크기의 것이었다. 그러나 지금의 과학자들은 이보다 훨씬 작은 물질에 관심을 집중하고 있다. 왜 그럴까?

**|21세기의 첨단 기술|** 흔히 20세기가 마이크로$^{micro}$의 세기였다면, 21세기는 나노$^{nano}$의 세기가 될 것이라고 말한다. 나노$^{nano}$는 '작다'는 의미이다. 이

말은 $10^{-9}$을 표현하기 위한 용어로, 난쟁이를 뜻하는 그리스 어 'nanos'에서 유래했다. 나노는 지금까지 우리가 작은 것을 나타낼 때 사용했던 단위인 마이크로보다 1,000분의 1만큼 작은 크기이다. 곧 1나노미터(nm)는 10억 분의 1m($10^{-9}$m)의 크기이다. 나노 물질은 보통 원자 3~4개 정도가 나란히 배열되었을 때의 크기이며, 이것은 세포나 바이러스보다 훨씬 더 작다.

나노의 세계를 처음 제시한 사람은 노벨 물리학상을 수상한 리처드 파인만이다. 파인만은 원자 설계도에 따라 원자를 하나하나 쌓아 가면서 조립하면 모든 물체와 장치를 만드는 것이 가능하다고 밝히고는, 동료 학자들에게 원자의 수준에서 물질을 통제해 보라는 과제를 냈다. 약 30년 뒤, 캘리포니아 IBM 연구소의 과학자들은 35개의 제논 원자를 니켈의 결정체 표면 위에 정렬시켜 'IBM'이라는 글자를 만들어 냈다.

이것은 주사 터널링 현미경scanning tunneling microscope, STM 덕분에 가능했다. 1981년 로러Heinrich Rohrer, 1933~와 비니히Gerd Binnig, 1947~가 발명한 주사 터널링 현미경을 이용하면 매우 작은 크기의 원자도 관찰할 수 있다. 이 기구는 개별 원자들이 분명하게 구별될 수 있을 정도로 세밀하게 도체나 반도체 표면의 상을 보여 준다. 더 나아가 원자를 1개씩 집어서 원하는 위치에 옮겨 놓는 작업도 할 수 있게 되었다. 주사 터널링 현미경을 발명한 공로로 두 사람은 1986년에 노벨 물리학상을 받았다. 이것은 마이크로의 세계보다 1,000배 더 작은 초미세 구조 물질인 나노 기술의 시작을 의미했다.

나노 기술NT, nano technology은 원자나 분자 수준에서 물질을 가공하거나 조립해 새

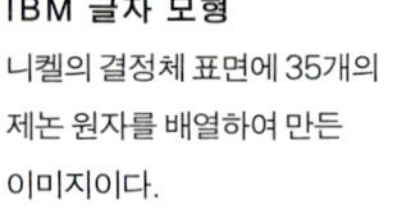

**IBM 글자 모형**
니켈의 결정체 표면에 35개의 제논 원자를 배열하여 만든 이미지이다.

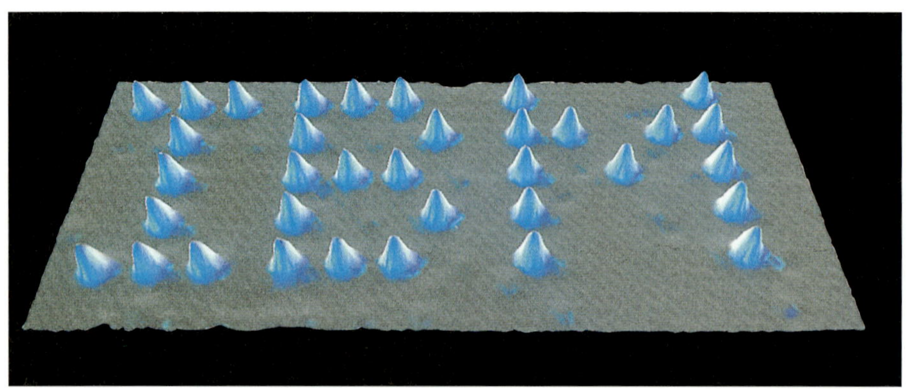

로운 물질로 만들어내는 기술을 뜻하는데, 이것은 단순한 소형화나 미세화와는 다르다. 나노 크기의 물질에서는 기존의 물질과는 전혀 다른 성질이 나타나기 때문이다. 먼저, 크기가 작아질수록 물질의 강도는 증가한다. 둘째, 아주 작은 물체는 표면적의 효과로 화학적 반응성이 높아진다. 셋째, 나노 세계에서는 거시 세계와는 다른 전기적 현상을 갖는다. 이러한 나노 기술은 나노 세계의 물질 특성을 이용하여 이루어진다. 나노의 세계에서는 원자를 마음대로 조작할 수 있기 때문에 앞으로 획기적인 기술 개발이 이루어질 것으로 기대된다.

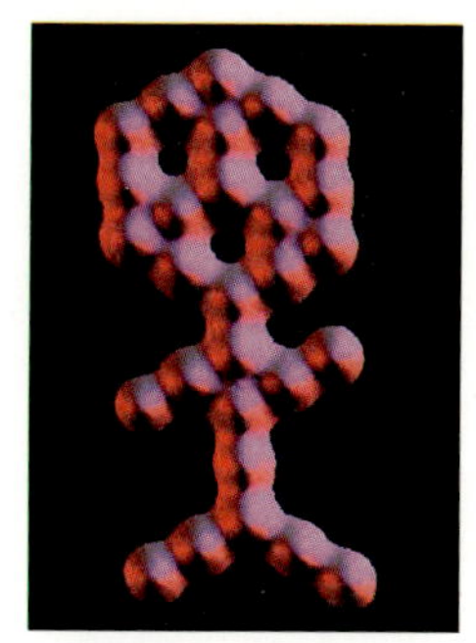

백금의 결정면에 일산화탄소 분자를 배열하여 만든 이미지.

**|축구를 할 수 없는 축구공|** 물질이 어떤 곳에 사용되는 것은 그 성질이 용도에 적합하기 때문이다. 이러한 물질의 성질은 물질을 구성하는 원자의 종류에 따라 다르지만, 구성 원자의 배열에 따라서도 많이 달라진다. 한 예로 다이아몬드와 흑연은 같은 탄소 원자로 되어 있지만, 구성 원자의 배열이 다르기 때문에 겉모양과 성질이 서로 완전히 다르다. 한편 1985년 미국에서는 같은 탄소로 이루어졌지만 다이아몬드나 흑연과는 전혀 다른 성질을 가진 획기적인 물질이 발견되어, 전세계 과학자들의 관심을 한 몸에 받았다. 화학자 스몰리 Rechard E. Smalley, 1943~ 와 컬 Robert F. Curl Jr., 1944~ , 크로토 Harold W. Kroto, 1939~ 는 헬륨 가스 안에서 흑연에 레이저 광선을 쏘아 주었을 때 새롭게 생기는 검은색 분말에 주목했다. 그들은 이 물질을 분석하여 흑연이나 다이아몬드와는 전혀 다른 탄소 원자 60개로 이루어진 분자($C_{60}$)라는 것을 알아 냈다. 이들은 자신들이 발견한 새로운 분자가 축구공 모양의 구조일 것이라 생각하고 * '풀러렌Fullerene' 이라는 이름을 붙였다.

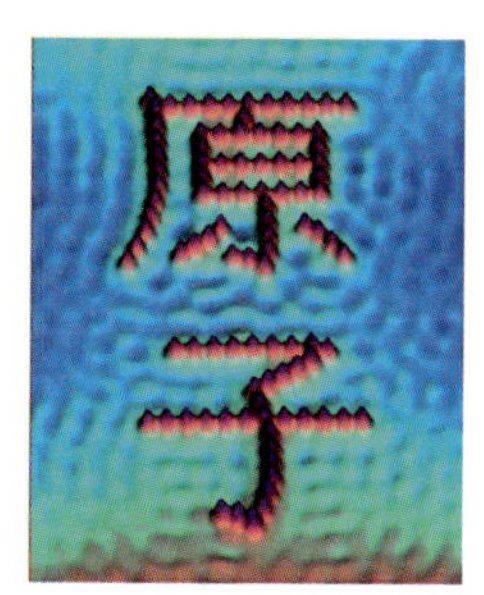

구리의 결정체 표면에 철 원자를 배열하여 만든 이미지.

그 뒤 풀러렌의 구조가 밝혀져 이들의 생각이 맞았다는 것이 입증되었다. 60개의 탄소 원자로 이루어진 풀러렌은 독립적이고 완전한 구조를 가지고 있다. 축구공 모양을 하고 있으며 흑연, 다이아몬드처럼 탄소 원자만으로 이루어진 안정된 물질이다. 최근에는 더 많은 탄소 원자로 이루어진 $C_{70}$, $C_{76}$, $C_{84}$ 나 $C_{59}N$ 과 같이 탄소 원자 1개를 다른 종류의 원자로 바꾼 풀러렌도 연구되고 있다. 이 같이 풀러렌은 실험실에서 인공적으로 만들어지고 있지만, 자연계에도 아주 적은 양이 존재하고 있고 운석 조각에서도 추출되었다는 보고도 있다.

**풀러렌 Fullerene**
미국의 건축가 벅민스터 풀러(Richard Buckminster Fuller)가 1967년 몬트리올 만국 박람회를 위해 설계한 돔(geodesic dome)의 형태가 풀러렌의 분자 구조와 똑같기에 풀러의 이름을 따서 풀러렌이라 불렀다. 이 구조가 축구공 모양으로 생겨서 과학자들은 '버키볼(bucky ball)' 이라고도 부른다.

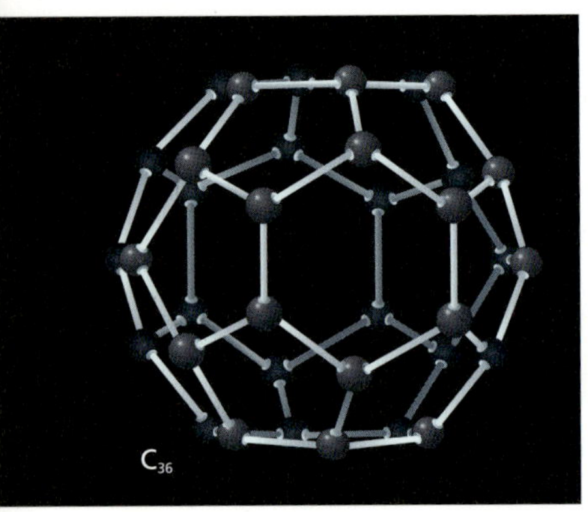


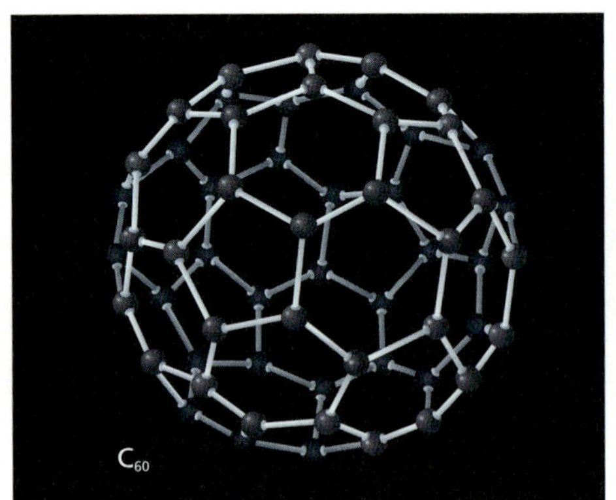


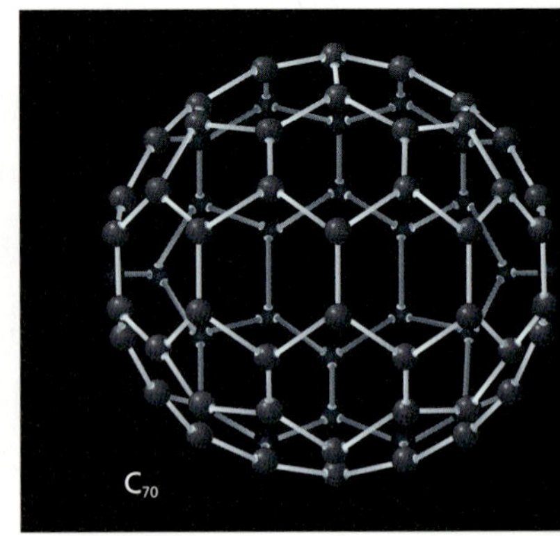


**▲ 풀러렌의 분자 모형**
1985년 스몰리 등에 의해 탄소 원자만으로 이루어진 $C_{60}$의 풀러렌이 발견된 이후, 다른 개수의 탄소로 이루어진 풀러렌 분자들이 계속 만들어지고 있다. 풀러렌은 대칭 구조로 이루어져 있어 매우 단단하고, 내부의 비어 있는 공간은 다른 물질을 담아 운반할 수 있기 때문에 과학 분야에서 응용성이 높은 새로운 물질로 각광받고 있다.

풀러렌은 다이아몬드를 능가하는 단단함을 가지고 있을 뿐만 아니라 고온과 고압에도 견딜 수 있다. 또한 특이한 전기적 반응을 일으키는데, 다른 물질과 어떻게 결합했는가에 따라 도체·반도체·초전도체의 기능을 한다. 텅 비어 있는 풀러렌 내부에 약 성분을 넣는 방법으로 약을 만들어 인체 내의 특정 기관으로 전달하는 것도 가능하다. 그 밖에도 응용 가능성이 매우 넓기 때문에 다양한 분야에서 연구되고 있다. 스몰리 등은 풀러렌을 발견한 공로로 1996년 노벨 화학상을 받았다. 풀러렌의 발견은 나노 기술의 불을 지피는 계기가 되었다.

**차세대 신소재, 탄소 나노 튜브** 1991년, 일본의 이지마 박사는 다른 물질을 합성하던 중 흑연 전극에 붙어 있는 미지의 검은 물질을 발견했다. 이 물질은 지름이 몇 나노미터밖에 안 되는 매우 미세한 대롱 형태의 튜브 구조를 가지고 있었는데, 이것이 바로 탄소 나노 튜브이다.

탄소 나노 튜브에서는 하나의 탄소 원자가 3개의 다른 탄소 원자와 결합되어 있고 육각형 벌집무늬를 이루고 있다. 육각형 모양을 가진 그물을 원통형으로 둥글게 말면 나노 튜브 구조가 된다. 이 때 그물을 어떤 각도로 마느냐 또는 튜브의 지름이 어느 정도 되느냐에 따라 전기적 도체가 되기도 하고, 반도체가 되기도 한다. 탄소 나노 튜브의 굵기는 머리카락의 10만분의 1 정도이고 속은 비어 있다. 이것은 구리보다 전기를 더 잘 전도하며, 열 전달 능력도 매우 우수하다. 탄소 나노 튜브의 이러한 성질은 이상적인 반도체 재료로 이용될 수 있음을 알려 준다.

탄소 나노 튜브를 이용한 전자 기기는 더 작고, 더 빠르고, 더 우수한 성능을 가지게 될 것이다. 현재 최첨단 집적 회로의 기억 용량이나 크기와 비교했을 때 엄지손톱만한 면적에 브리태니커 사전 전질의 100배에 가까운 정보를 기억시킬 수 있다고 한다. 또 탄소 원자들 사이의 결합은 실리콘보다 훨씬 강하기 때문에, 공기 중에서 매우 강하고 화학적으로도 안정적이다. 이러한 특성을 가졌기 때문에 초강력 섬유나 열과 마찰에 잘 견디는 표면 재료로 사용할 수 있다.

나노 튜브를 섬유에 활용하면 매우 가벼우면서도 강도는 강철보다 훨씬 큰 섬유를 만들 수 있다고 한다. 튜브 속의 빈 공간에 약품을 넣었다가 필요할 때에 빼서 쓰는 기술, 튜브 바깥 표면에 다른 분자들을 부착시켜 이용하는 기술 등도 연구중이다.

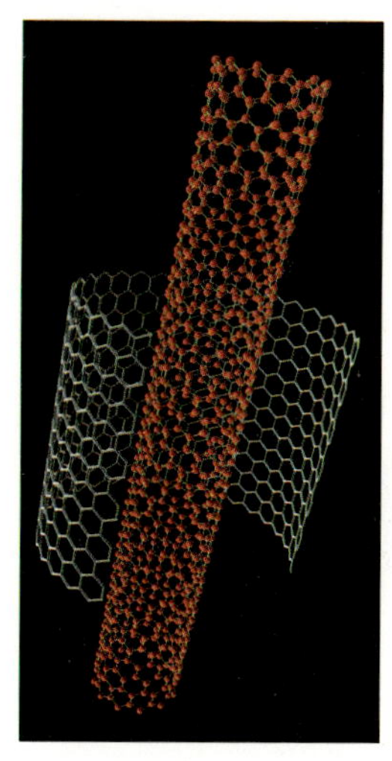

**탄소 나노 튜브**
탄소가 가늘고 긴 대롱 모양으로 연결된 것으로, 1991년 일본 이지마 박사가 처음 발견했다. 지름이 머리카락 굵기의 10만분의 1에 불과하지만 전기 전도율은 구리와 비슷하고 강도는 철강보다 100배 높다.

**|꿈의 나노 물질, 그래핀|** 연필심에 사용되어 우리에게 친숙한 흑연은 탄소들이 벌집 모양의 육각형 그물처럼 배열된 평면들이 층으로 쌓여 있는 구조인데, 이 흑연의 한 층을 그래핀Graphene이라 부른다. 그래핀은 0.2nm의 두께로 물리적, 화학적 안정성이 매우 높다. 2004년 영국의 가임Andre Geim과 노보셀로프Konstantin Novoselov 연구팀이 상온에서 투명테이프를 이용하여 흑연에서 그래핀을 떼어 내는 데 성공하였고, 그 공로로 이들은 2010년 노벨 물리학상을 받았다.

그래핀은 구리보다 100배 이상 전기가 잘 통하고, 반도체로 주로 쓰이는 실리콘보다 100배 이상 전자의 이동성이 빠르다. 강도는 강철보다 200배 이상 강하며, 최고의 열전도성을 자랑하는 다이아몬드보다 2배 이상 열전도성이 높다. 또한, 빛을 대부분 통과시키기 때문에 투명하며 신축성도 매우 뛰어나다.

이러한 그래핀의 활용 분야는 매우 다양하다. 높은 전기적 특성을 활용한 초고속 반도체, 투명 전극을 활용한 휘는 디스플레이, 디스플레이만으로 작동하는 컴퓨터, 높은 전도도를 이용한 고효율 태양전지 등이 있는데, 특히 구부릴 수 있는 디스플레이, 손목에 차는 컴퓨터나 전자 종이를 만들 수 있어서

**그래핀**
그래핀은 눈으로 볼 수 없을 만큼 매우 얇고 투명하지만, 강도가 세고 열전도성이 높을 뿐 아니라 전자 이동도 빠르다. 2010년 노벨 물리학상을 수상한 분야라 앞으로의 연구에 더 기대가 모아진다.

미래의 신소재로 주목받고 있다.

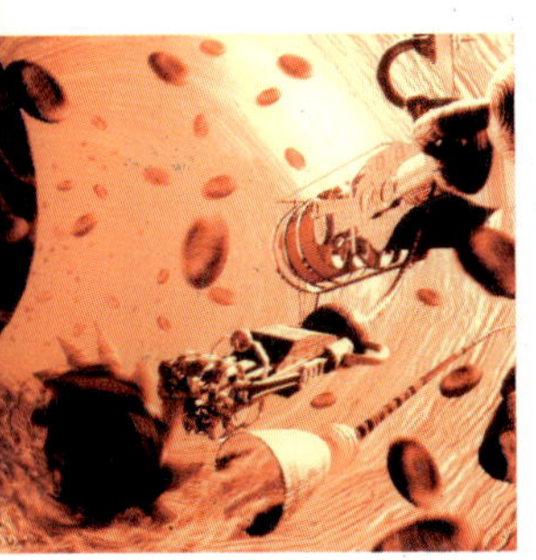

**나노 로봇**
나노 과학을 이용하면
백혈구보다 더 작은 나노 로봇이
혈관 속을 돌아다니며 나쁜
바이러스나 암세포를 제거하고,
필요한 약물을 상처 부위로
운반해 치료하는 등의 역할을
수행할 수 있을 것이라고
기대하고 있다.

 나노 기술은 앞으로 정보 통신·생명 공학·의료·환경·에너지 분야뿐만 아니라 더욱 넓은 범위에서 산업 발전에 기여할 것으로 보인다. 나노 기술을 이용하면 초소형 가전 제품 생산이 가능해지며, DNA 구조를 이용한 동식물의 복제나 강철 섬유 같은 새로운 물질의 제조도 가능해진다. 생명 공학과 관련해서는 눈에 보이지 않을 만큼 작은 나노 로봇을 백혈병 환자 몸에 투입하여 백혈구를 없애는 것처럼 각종 질병과 싸우는 역할을 맡길 수 있으며, 아주 작은 암세포도 검출할 수 있는 초고감도 생체 센서도 만들 수 있다. 최근 개발된 나노 로봇은 초미니 송곳을 장착하여 혈관 사이를 다니면서 지방분을 제거한다고 하며, 암세포에 항암제를 전달하는 나노 로봇도 개발하고 있다고 한다. 이처럼 초소형 로봇이 인체 안에서 수술을 하거나, 원자나 분자를 조립해서 새로운 기능을 가진 물질을 만드는 나노 과학 기술은 이미 1950년대에 파인만이 예견한 것이다.

나노 기술은 여러 학문이 연계되어 개발해야 한다는 특성이 있다. 물리학·화학·생물학·공학에 이르기까지 다양한 분야의 사람들이 함께 연구 해야만 한다. 따라서 정보를 공유하고 협동하는 태도가 무엇보다 필요하다.

# 부록

**ㄱ**

간뇌 80
간접 순환 88
갈라파고스 100
갈릴레이 42
갈바니 196, 199
객성 142
게리케 109, 187
게리케의 실험 111
결합 44
고위도 저압대 89
고체 69
공유 결합 48
관성 54
관성력 43, 65
관성의 법칙 54
광합성 30, 241
교류 191
구텐베르크 불연속면 91
궤도 46
균일 혼합물 115
그레이 187
극 고압대 89
금강석 131, 180
금성 139
금속 결합 50
금속 194
기계적 풍화 174
기체 69
길버트 186

**ㄴ**

나노 기술 263
나노 로봇 267
나트륨 이온 47
남극 펭귄 97

남극 97
내핵 91
냉각 팩 239
뉴턴 42
뉴턴의 운동 법칙 53

**ㄷ**

단백질 170
단층 32
달 138
대류 84
대리암 129
대안 에너지 248
대장균 167
대전 187
대체 에너지 248
대체 전류 207
데모크리토스 107
도르래 219
도체 187, 192, 264
독수리 성운 143
돌턴 112
돌턴의 원자설 112
동물 전기 199

**ㄹ**

라부아지에 109, 120
라이덴병 206
러더퍼드 189
레만면 91
레우키포스 106
렌츠의 법칙 204
리처드 파인만 263
리히터 규모 32

**ㅁ**

마그네슘 195

마그데부르크 반구 실험 110
마력 218
마르코니 208
마찰력 55
말머리 성운 145
맥반석 127
맥스웰 206
맨틀 35, 38, 91
맨틀의 대류 92
메모리 효과 197
멘델레예프 123
모세관 현상 28
모스 굳기계 131
모즐리 123
모호면 91
목성 139
무기물 135
무선 통신 208
무역풍 88
물리 변화 154
물질 114
물질의 상태 68
뮤신 166
밀도 84

**ㅂ**

바람 84
바르한 177
바이러스 264
바이오매스 248
박리 작용 175
반도체 264
반려암 128
반응 물질 237
발산형 경계 38
방사성 원소 92
방출 235

**● 홍 준 의**

글쓰기란 참 어렵다. 학생들을 가르치면서 가졌던 생각들, 연구와 집필을 통해 나름대로 생각했던 문제들을 막상 글로
표현하려니 손이 따라주질 않아 애태우기도 했다. 즐거움과 어려움이 교차한 4년이라는 시간 끝에 책이 세상의 빛을 보게
되었다. 함께 애쓰신 모든 분께 감사드린다.

jun0572@hanmail.net

**● 최 후 남**

물리·화학·생물·지구과학으로 나누어서 익힌 지식은 자연 현상과 생활을 통합적으로 이해하는 데 도움을 주지 못한다.
과학의 네 분야를 유기적으로 연계시켜 한눈에 이해할 수 있는 책을 만들기 위해 세 분의 선생님과 많은 땀을 흘렸다.
친구들아, 과학과 친해지는 데 이 책이 도움이 되었니?

silverhm@hanmail.net

**● 고 현 덕**

어린 시절, 밤하늘을 가로지르는 별똥별을 바라보며 내가 느꼈던 신비와 전율을 바쁘게 살아가는 학생들과 함께
나누었으면 좋겠다. 그들이 과학이 열어주는 거칠 것 없는 꿈의 세계를 한껏 맛보며 삶의 작은 여유를 누릴 수 있기를
간절히 기대해 본다.

odyssey2000@empal.com

**● 김 태 일**

이 책을 쓰기 시작한 것이 2002년이었든가, 2003년이었든가? 책을 쓰는 과정은 내 부족한 글발과 철학을 깨달아 가는
과정이었다. 하지만 몇 번의 방학을 반납하게 한 수많은 회의와 난상 토론, 많은 분들의 헌신적인 노력으로 세상에 나온
책이니만큼 뿌듯한 마음을 가져도 좋으리라.

field84@hanmail.net

## ● 편 집 후 기 ●

● **편 집 주 간 한 필 훈** / 새로운 시도는 멋있다. 그 멋진 몸짓은 수많은 이들의 창조성과 땀과 눈물로 이루어진다. 책 만들기에 참여한 모든 분께 머리 숙여 감사드린다.

● **크 리 에 이 티 브 디 렉 터 김 영 철** / 행복한 책 만들기. 그래서 모두가 행복해지길 바라며……

● **편 집 장 정 미 영** / 호기심과 열정으로 시작한 과학 만들기는 쉽지 않았다. 과학과 씨름하는 동안 잘 자라준 두 아이와 사랑하는 남편에게 미안하고 고맙다.

● **편 집 장 이 영 란** / '막막한 어둠으로 별빛조차 없는 길일지라도…… 걸어걸어 가다보면 뜨겁게 날 위해 부서진 햇살을 보겠지'를 몇 번이나 흥얼거렸던가.

● **아 트 디 렉 터 황 일 선** / 가능성을 향해 도전하는 것은 정말 아름다운 일이다. 끝까지 변함없는 관심과 믿음을 지켜 주신 모든 스태프들과 사랑하는 아내에게 감사의 마음을 전하고 싶다.

● **책 임 디 자 인 박 주 용** / 내가 아는 지식을 모두 끌어내어 작업을 했다. 내가 어릴 적, 어머니께서 과학을 좋아할 수 있도록 도와 주신 것처럼, 많은 학생들이 이 책을 통해 과학과 친해졌으면 좋겠다.

● **디 자 인 김 지 혜** / 이 책을 통해서 학생들이 한 발더, 좀더 깊이 자신에 꿈에 다가갈 수 있으면 좋겠다.

● **표 지 디 자 인 윤 현 이** / 진정 '살아있는' 책을 만들기 위해 주경야경한 모든 이들에게 박수를……

● **사 진 작 가 양 철 모** / 아이들에게 좋은 것을 보여주기 위해 한몫했다는 것은 신나는 일이다. 노력하신 모든 분들께 감사하다.

● **일 러 스 트 레 이 터 박 현 정** / 과학이라는 소재로 information graphic의 진수를 보여 주고 싶어 열심히 했는데…… 분명 여러 사람의 열정이 그대로 담긴 대단한 책이 될 것이다.

● **일 러 스 트 레 이 터 이 형 수** / 2005년 여름부터 시작한 작업…… 해를 넘겨 당초 예상보다 긴 시간이 지났다. 아쉬움도 많지만 작업에 참여한 모든 분들과 따스한 봄을 맞이하고 싶다.

● **일 러 스 트 레 이 터 정 민 아** / 고등학교만 졸업하면 과학과 마주치게 되는 일은 없으리라 생각했다. 하지만 일러스트 작업을 하면서 과학과 뒤늦은 화해를 한 것 같다.

● **일 러 스 트 레 이 터 허 현 경** / 어렵다고 느꼈던 과학이 내게 슬금슬금 다가와 말을 걸어 그림을 그리는 내내 즐거웠다.

● **일 러 스 트 이 경 훈** / 딱딱하지 않으면서도 정확하게 정보를 전달할 수 있는 그림을 그리고자 고민하고 많은 노력을 기울였다. 만족스러운 결과에 보람과 뿌듯함을 느낀다.

● **일 러 스 트 레 이 터 오 한 기** / 정말 살아있는 과학을 표현할 수 있을까? 어떻게 그려야 살아있는 느낌을 줄 수 있을까? 이번 작업이 살아 있는 그림을 그릴 수 있는 밑거름이 되리라 믿는다.

● **전 자 현 미 경 사 진 Ph.D 윤 철 종** / 생명과학 분야에서도 인체는 신비함 그 자체이다. 흑백으로 보이는 전자현미경을 통해 그 신비함을 마주하는 것 또한 즐거운 모험임을……

● 자 료 제 공 및 출 처 ●

## 그림

_EpS 이형수 / **168-169** 소화는 어떻게 이루어질까?_박현정 / **170-171** 우리 몸을 이루는 물질_박현정 / **172-173** 혈액을 이루는 물질들_EpS 이형수 / **173** 혈소판의 작용_박현정 / **174** 결빙 작용에 의한 풍화_박현정 / **176** 석회 동굴_정민아 / 버섯바위의 생성원리_박현정 / **177** 사구의 생성원리_박현정 / 침식작용과 해식동굴의 생성원리_박현정 / **180-181** 다이아몬드와 흑연의 엇갈린 운명_박현정 / **182-183** 공기로 빵을 만든 과학자, 하버_허현경 / **187** 마찰 전기 실험_박현정 / **188-189** 원자 모델의 진화_EpS 이형수 / **190** 전류의 방향_박현정 / **191** 교류_박현정 / **192** 도선의 길이와 굵기에 따른 저항_박현정 / **193** 전해질_박현정 / **195** 지하 기름저장고의 녹 방지_EpS 이형수 / **196** 볼타전지의 원리_박현정 / **198** 연료전지의 원리_박현정 / **200** 막대자석 주위의 자기장_박현정 / **201** 앙페르의 오른나사의 법칙_박현정 / **202** 앙페르의 실험_박현정 / 전류가 흐르는 고리와 코일 주위의 자기장_박현정 / **203** 전자기 유도 실험_박현정 / **204** 렌츠의 법칙_박현정 / **205** 전자석의 원리_박현정 / **206** 라이덴병_박현정 / **208** 무선전화기에서 나오는 전자기파_박현정 / **209** 전자기파_박현정 / **212** 프랭클린의 실험_허현경 / **213** 번개가 치는 과정_박현정 / **218** 나사의 원리_박현정 / 도구를 사용할 때의 일_정민아 / **219** 거중기의 원리_박현정 / **221** 수력발전의 원리_박현정 / **223** 에너지의 전환과 운반_정민아 / **225** 역학적 에너지의 전환_오한기 / **228** 장대높이뛰기_오한기 / **229** 스트레스_이지선 / 자동차 엔진의 효율_이경훈 / **231** 스카이다이빙_이경훈 / **232** 줄의 실험기_박현정 / **232-233** 폭포_EpS 이형수 / **235** 에너지를 방출하는 반응_박현정 / 에너지를 흡수하는 반응_박현정 / **236** 식물의 광합성과 흡열반응_정민아 / **237** 활성화 에너지와 반응열_박현정 / **239** 쿨 패드와 핫 패드의 원리_EpS 이형수 / **241** 태양 에너지의 순환_이경훈 / **242-243** ATP의 원리_박현정 / **243** 광합성_박현정 / **246** 풍력발전기의 원리_EpS 이형수 / **247** 파력 발전의 원리_박현정 / **252** 영구기관을 만들 수 있을까?_허현경 / **256** 사이보그 걸_박승희 / **258** 유전자의 구조_정민아 / **262** 나노튜브_EpS 이형수 / **266** 풀러렌의 종류_박현정 / **267** 나노튜브_EpS 이형수 / **269** 축구_오한기

**캐 릭 터**_허현경


## 사 진 제 공

**167** 췌장 투과 전자현미경 사진_윤철종 박사 / **168-169** 췌장, 위점막, 대장점막, 십이지장, 대장균 전자현미경 사진_윤철종 박사

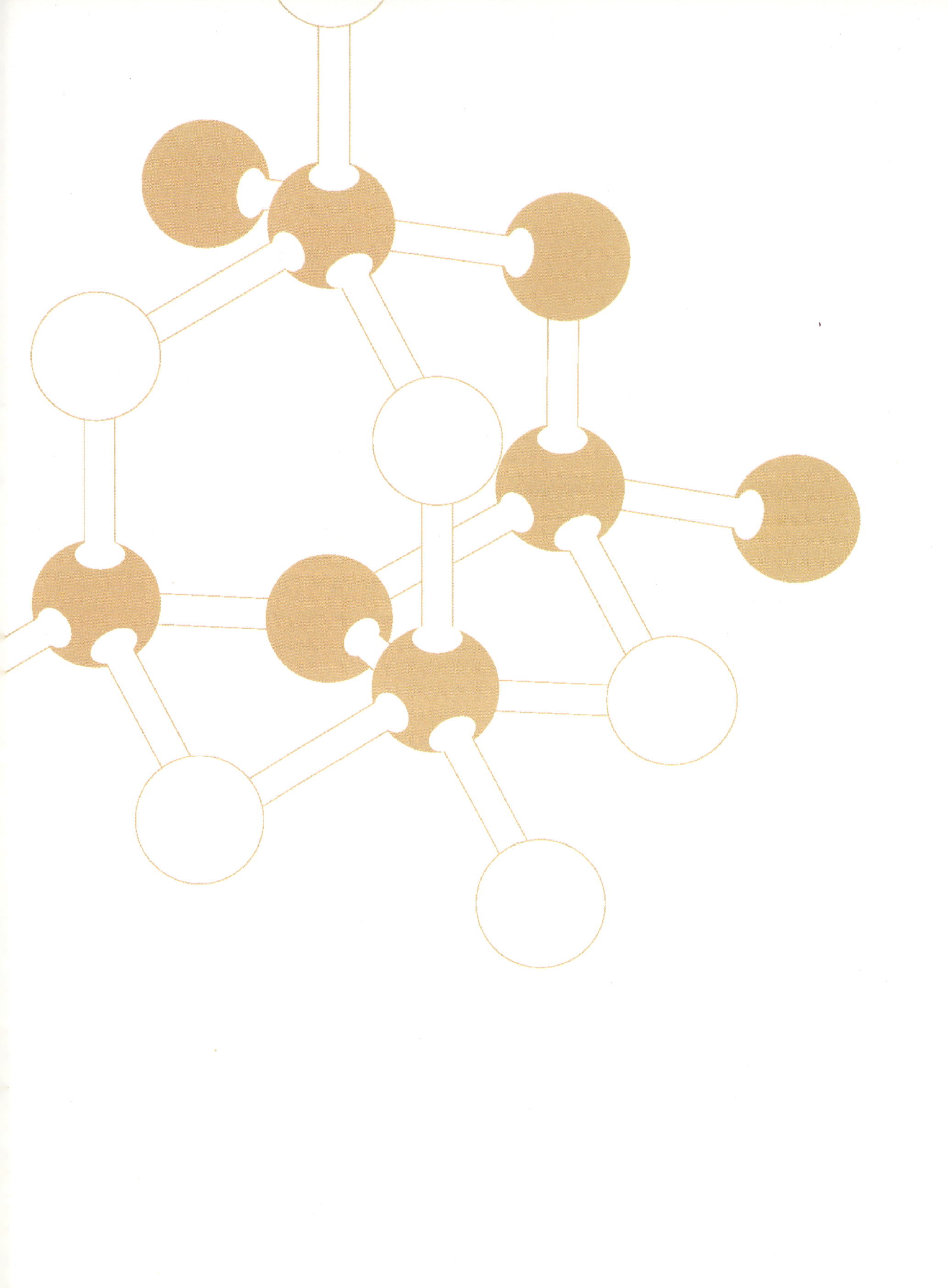

# 살아있는 과학 교과서 1권
## 과학의 개념과 원리


**1판 1쇄 발행일** 2006년 3월 20일
**2판 1쇄 발행일** 2011년 6월 20일
**2판 8쇄 발행일** 2022년 8월 16일

**지은이** 홍준의 최후남 고현덕 김태일

**발행인** 김학원
**발행처** (주)휴머니스트출판그룹
**출판등록** 제313-2007-000007호(2007년 1월 5일)
**주소** (03991) 서울시 마포구 동교로23길 76(연남동)
**전화** 02-335-4422  **팩스** 02-334-3427
**저자·독자 서비스** humanist@humanistbooks.com
**홈페이지** www.humanistbooks.com
**유튜브** youtube.com/user/humanistma  **포스트** post.naver.com/hmcv
**페이스북** facebook.com/hmcv2001  **인스타그램** @humanist_insta

**편집주간** 황서현  **편집** 정미영 이영란 김혜경 정은미  **크리에이티브 디렉터** AGI 김영철
**본문 디자인** 황일선 박주용 김지혜 최지섭 차덕준  **일러스트 디렉터** 곽영권
**일러스트** 박현정 이형수 정민아 오한기 허현경 이경훈  **사진** 양철모(바라스튜디오)
**표지 디자인** 김태형  **사진 및 자료 제공** 동아사이언스 동아일보 연합뉴스 토픽 멀티비츠이미지
장미란 서성원 윤철종 황금부엉이 한국지질자원연구원(지질박물관) PMC프로덕션
**용지** 화인페이퍼  **인쇄** 청아디앤피  **제본** 민성사

ⓒ 홍준의 최후남 고현덕 김태일 휴머니스트, 2006

ISBN 978-89-5862-091-4 43400